全国高等学校中药资源与开发、中草药栽培与鉴定、中药制药等专业

国家卫生健康委员会"十三五"规划教材

土壤与肥料学

主　编　王光志

副主编　赵利梅　刘大会　李烜桢　王引权

编　者（以姓氏笔画为序）

王引权（甘肃中医药大学）　　　　　杨　野（昆明理工大学）

王光志（成都中医药大学）　　　　　陈　江（成都中医药大学）

刘　伟（山东省分析测试中心）　　　赵　容（辽宁中医药大学）

刘大会（湖北中医药大学）　　　　　赵利梅（浙江中医药大学）

刘新伟（华中农业大学）　　　　　　胡　杨（南京中医药大学）

孙　楷（中国中医科学院）　　　　　晋小军（甘肃农业大学）

严福林（贵州中医药大学）　　　　　董　鲜（云南中医药大学）

李烜桢（河南农业大学）　　　　　　谢彩霞（河南中医药大学）

人民卫生出版社

·北　京·

图书在版编目（CIP）数据

土壤与肥料学 / 王光志主编. —北京：人民卫生
出版社，2022.7
ISBN 978-7-117-33035-0

Ⅰ.①土… Ⅱ.①王… Ⅲ.①土壤学－高等学校－教
材②肥料学－高等学校－教材 Ⅳ.①S15②S14

中国版本图书馆 CIP 数据核字（2022）第 059390 号

人卫智网	www.ipmph.com	医学教育、学术、考试、健康，
		购书智慧智能综合服务平台
人卫官网	www.pmph.com	人卫官方资讯发布平台

土壤与肥料学
Turang yu Feiliaoxue

主　　编：王光志
出版发行：人民卫生出版社（中继线 010-59780011）
地　　址：北京市朝阳区潘家园南里 19 号
邮　　编：100021
E - mail：pmph @ pmph.com
购书热线：010-59787592　010-59787584　010-65264830
印　　刷：保定市中画美凯印刷有限公司
经　　销：新华书店
开　　本：850×1168　1/16　印张：16
字　　数：388 千字
版　　次：2022 年 7 月第 1 版
印　　次：2022 年 7 月第 1 次印刷
标准书号：ISBN 978-7-117-33035-0
定　　价：65.00 元
打击盗版举报电话：010-59787491　E-mail：WQ @ pmph.com
质量问题联系电话：010-59787234　E-mail：zhiliang @ pmph.com
数字融合服务电话：4001118166　E-mail：zengzhi @ pmph.com

出版说明

高等教育发展水平是一个国家发展水平和发展潜力的重要标志。办好高等教育,事关国家发展,事关民族未来。党的十九大报告明确提出,要"加快一流大学和一流学科建设,实现高等教育内涵式发展",这是党和国家在中国特色社会主义进入新时代的关键时期对高等教育提出的新要求。近年来,《关于加快建设高水平本科教育全面提高人才培养能力的意见》《普通高等学校本科专业类教学质量国家标准》《关于高等学校加快"双一流"建设的指导意见》等一系列重要指导性文件相继出台,明确了我国高等教育应深入坚持"以本为本",推进"四个回归",建设中国特色、世界水平的一流本科教育的发展方向。中医药高等教育在党和政府的高度重视和正确指导下,已经完成了从传统教育方式向现代教育方式的转变,中药学类专业从当初的一个专业分化为中药学专业、中药资源与开发专业、中草药栽培与鉴定专业、中药制药专业等多个专业,这些专业共同成为我国高等教育体系的重要组成部分。

随着经济全球化发展,国际医药市场竞争日趋激烈,中医药产业发展迅速,社会对中药学类专业人才的需求与日俱增。《中华人民共和国中医药法》的颁布,"健康中国 2030"战略中"坚持中西医并重,传承发展中医药事业"的布局,以及《中医药发展战略规划纲要(2016—2030 年)》《中医药健康服务发展规划(2015—2020 年)》《中药材保护和发展规划(2015—2020 年)》等系列文件的出台,都系统地筹划并推进了中医药的发展。

为全面贯彻国家教育方针,跟上行业发展的步伐,实施人才强国战略,引导学生求真学问、练真本领,培养高质量、高素质、创新型人才,将现代高等教育发展理念融入教材建设全过程,人民卫生出版社组建了全国高等学校中药资源与开发、中草药栽培与鉴定、中药制药专业规划教材建设指导委员会。在指导委员会的直接指导下,经过广泛调研论证,我们全面启动了全国高等学校中药资源与开发、中草药栽培与鉴定、中药制药等专业国家卫生健康委员会"十三五"规划教材的编写出版工作。本套规划教材是"十三五"时期人民卫生出版社的重点教材建设项目,教材编写将秉承"夯实基础理论、强化专业知识、深化中医药思维、锻炼实践能力、坚定文化自信、树立创新意识"的教学理念,结合国内中药学类专业教育教学的发展趋势,紧跟行业发展的方向与需求,并充分融合新媒体技术,重点突出如下特点:

1. 适应发展需求,体现专业特色 本套教材定位于中药资源与开发专业、中草药栽培与鉴定专业、中药制药专业，教材的顶层设计在坚持中医药理论、保持和发挥中医药特色优势的前提下，重视现代科学技术、方法论的融入，以促进中医药理论和实践的整体发展，满足培养特色中医药人才的需求。同时，我们充分考虑中医药人才的成长规律，在教材定位、体系建设、内容设计上，注重理论学习、生产实践及学术研究之间的平衡。

2. 深化中医药思维，坚定文化自信　中医药学根植于中国博大精深的传统文化，其学科具有文化和科学双重属性，这就决定了中药学类专业知识的学习，要在对中医药学深厚的人文内涵的发掘中去理解、去还原，而非简单套用照搬今天其他学科的概念内涵。本套教材在编写的相关内容中注重中医药思维的培养，尽量使学生具备用传统中医药理论和方法进行学习和研究的能力。

3. 理论联系实际，提升实践技能　本套教材遵循"三基、五性、三特定"教材建设的总体要求，做到理论知识深入浅出，难度适宜，确保学生掌握基本理论、基本知识和基本技能，满足教学的要求，同时注重理论与实践的结合，使学生在获取知识的过程中能与未来的职业实践相结合，帮助学生培养创新能力，引导学生独立思考，理清理论知识与实际工作之间的关系，并帮助学生逐渐建立分析问题、解决问题的能力，提高实践技能。

4. 优化编写形式，拓宽学生视野　本套教材在内容设计上，突出中药学类相关专业的特色，在保证学生对学习脉络系统把握的同时，针对学有余力的学生设置"学术前沿""产业聚焦"等体现专业特色的栏目，重点提示学生的科研思路，引导学生思考学科关键问题，拓宽学生的知识面，了解所学知识与行业、产业之间的关系。书后列出供查阅的相关参考书籍，兼顾学生课外拓展需求。

5. 推进纸数融合，提升学习兴趣　为了适应新教学模式的需要，本套教材同步建设了以纸质教材内容为核心的多样化的数字教学资源，从广度、深度上拓展了纸质教材的内容。通过在纸质教材中增加二维码的方式"无缝隙"地链接视频、动画、图片、PPT、音频、文档等富媒体资源，丰富纸质教材的表现形式，补充拓展性的知识内容，为多元化的人才培养提供更多的信息知识支撑，提升学生的学习兴趣。

本套教材在编写过程中，众多学术水平一流和教学经验丰富的专家教授以高度负责、严谨认真的态度为教材的编写付出了诸多心血，各参编院校对编写工作的顺利开展给予了大力支持，在此对相关单位和各位专家表示诚挚的感谢！教材出版后，各位教师、学生在使用过程中，如发现问题请反馈给我们（renweiyaoxue@163.com），以便及时更正和修订完善。

人民卫生出版社

2019 年 2 月

教材书目

序号	教材名称	主编	单位
1	无机化学	闫 静 张师愚	黑龙江中医药大学 天津中医药大学
2	物理化学	孙 波 魏泽英	长春中医药大学 云南中医药大学
3	有机化学	刘 华 杨武德	江西中医药大学 贵州中医药大学
4	生物化学与分子生物学	李 荷	广东药科大学
5	分析化学	池玉梅 范卓文	南京中医药大学 黑龙江中医药大学
6	中药拉丁语	刘 勇	北京中医药大学
7	中医学基础	战丽彬	南京中医药大学
8	中药学	崔 瑛 张一昕	河南中医药大学 河北中医学院
9	中药资源学概论	黄璐琦 段金廒	中国中医科学院中药资源中心 南京中医药大学
10	药用植物学	董诚明 马 琳	河南中医药大学 天津中医药大学
11	药用菌物学	王淑敏 郭顺星	长春中医药大学 中国医学科学院药用植物研究所
12	药用动物学	张 辉 李 峰	长春中医药大学 辽宁中医药大学
13	中药生物技术	贾景明 余伯阳	沈阳药科大学 中国药科大学
14	中药药理学	陆 茵 戴 敏	南京中医药大学 安徽中医药大学
15	中药分析学	李 萍 张振秋	中国药科大学 辽宁中医药大学
16	中药化学	孔令义 冯卫生	中国药科大学 河南中医药大学
17	波谱解析	邱 峰 冯 锋	天津中医药大学 中国药科大学

序号	教材名称	主编	单位
18	制药设备与工艺设计	周长征 王宝华	山东中医药大学 北京中医药大学
19	中药制药工艺学	杜守颖 唐志书	北京中医药大学 陕西中医药大学
20	中药新产品开发概论	甄汉深 孟宪生	广西中医药大学 辽宁中医药大学
21	现代中药创制关键技术与方法	李范珠	浙江中医药大学
22	中药资源化学	唐于平 宿树兰	陕西中医药大学 南京中医药大学
23	中药制剂分析	刘 斌 刘丽芳	北京中医药大学 中国药科大学
24	土壤与肥料学	王光志	成都中医药大学
25	中药资源生态学	郭兰萍 谷 巍	中国中医科学院中药资源中心 南京中医药大学
26	中药材加工与养护	陈随清 李向日	河南中医药大学 北京中医药大学
27	药用植物保护学	孙海峰	黑龙江中医药大学
28	药用植物栽培学	巢建国 张永清	南京中医药大学 山东中医药大学
29	药用植物遗传育种学	俞年军 魏建和	安徽中医药大学 中国医学科学院药用植物研究所
30	中药鉴定学	吴啟南 张丽娟	南京中医药大学 天津中医药大学
31	中药药剂学	傅超美 刘 文	成都中医药大学 贵州中医药大学
32	中药材商品学	周小江 郑玉光	湖南中医药大学 河北中医学院
33	中药炮制学	李 飞 陆兔林	北京中医药大学 南京中医药大学
34	中药资源开发与利用	段金廒 曾建国	南京中医药大学 湖南农业大学
35	药事管理与法规	谢 明 田 侃	辽宁中医药大学 南京中医药大学
36	中药资源经济学	申俊龙 马云桐	南京中医药大学 成都中医药大学
37	药用植物保育学	缪剑华 黄璐琦	广西壮族自治区药用植物园 中国中医科学院中药资源中心
38	分子生药学	袁 媛 刘春生	中国中医科学院中药资源中心 北京中医药大学

成员名单

主任委员　黄璐琦　中国中医科学院中药资源中心
　　　　　段金廒　南京中医药大学

副主任委员　（以姓氏笔画为序）

王喜军　黑龙江中医药大学

牛　阳　宁夏医科大学

孔令义　中国药科大学

石　岩　辽宁中医药大学

史正刚　甘肃中医药大学

冯卫生　河南中医药大学

毕开顺　沈阳药科大学

乔延江　北京中医药大学

刘　文　贵州中医药大学

刘红宁　江西中医药大学

杨　明　江西中医药大学

吴啟南　南京中医药大学

邱　勇　云南中医药大学

何清湖　湖南中医药大学

谷晓红　北京中医药大学

张陆勇　广东药科大学

张俊清　海南医学院

陈　勃　江西中医药大学

林文雄　福建农林大学

罗伟生　广西中医药大学

庞宇舟　广西中医药大学

宫　平　沈阳药科大学

高树中　山东中医药大学

郭兰萍　中国中医科学院中药资源中心

唐志书　陕西中医药大学
黄必胜　湖北中医药大学
梁沛华　广州中医药大学
彭　成　成都中医药大学
彭代银　安徽中医药大学
简　晖　江西中医药大学

委　　员（以姓氏笔画为序）

马　琳	马云桐	王文全	王光志	王宝华	王振月	王淑敏
申俊龙	田　侃	冯　锋	刘　华	刘　勇	刘　斌	刘合刚
刘丽芳	刘春生	闫　静	池玉梅	孙　波	孙海峰	严玉平
杜守颖	李　飞	李　荷	李　峰	李　萍	李向日	李范珠
杨武德	吴　卫	邱　峰	余伯阳	谷　巍	张　辉	张一昕
张永清	张师愚	张丽娟	张振秋	陆　茵	陆兔林	陈随清
范卓文	林　励	罗光明	周小江	周日宝	周长征	郑玉光
孟宪生	战丽彬	钟国跃	俞年军	秦民坚	袁　媛	贾景明
郭顺星	唐于平	崔　瑛	宿树兰	巢建国	董诚明	傅超美
曾建国	谢　明	甄汉深	裴妙荣	缪剑华	魏泽英	魏建和

秘 书 长　吴啟南　郭兰萍

秘　　书　宿树兰　李有白

前　言

土壤与肥料是农业生产的基本资料，是人类赖以生存的重要自然资源与环境资源。土壤与肥料学是基于土壤科学和植物营养科学的一门综合性学科，是农学类专业的一门重要的专业基础课，也是高等学校中药资源与开发、中草药栽培与鉴定专业的专业基础课。本教材是在参考相关土壤与肥料学教材和专著的基础上，为适应新形势下中药产业的发展和教育教学、学科建设及人才培养的需求而编写的。编写中紧扣中药资源与开发、中草药栽培与鉴定专业对土壤与肥料知识和技能的要求，注重突现"重视基础，有所取舍，拓宽视野，重视应用"的原则，将土壤与肥料学的相关基础知识和中药学结合，力求体现土壤与肥料学科的新知识、新技术和新动向，体现农学学科和中药学学科的交叉融合，为中药的种植生产提供必要的理论基础和专业技能。

本书除绪论外，共分十章。第一章讲述土壤的物质组成；第二章讲述土壤的基本性质；第三章讲述土壤的形成与分类；第四章讲述土壤资源与管理；第五章讲述植物营养与施肥原理；第六章至第九章分别讲述大量元素肥料，中、微量元素肥料，复混肥料和有机肥料；第十章讲述现代施肥技术；同时将实验指导附后供学生参考。绪论由王光志编写；第一章、第三章由王引权领衔，组织胡杨、孙楷编写；第二章、第四章由李烜桢领衔，组织赵容、谢彩霞编写；第五章至第七章由赵利梅领衔，组织晋小军、董鲜、严福林编写；第八章至第十章由刘大会领衔，组织杨野、刘新伟、刘伟编写；实验指导由陈江编写。

本书适用于全国高等学校中药资源与开发、中草药栽培与鉴定专业的本科生使用，也可供中药学类、药学类和农学类相关专业的学生及从业者参考使用。

本书的编写参阅了大量相关专著、教材和文献，得到了参编单位和人民卫生出版社的大力支持，在此一并致以深切的谢意！

本书的编写是一个尝试，限于编者水平有限，难免有错误和不足之处，敬请同行和读者批评指正！

编者

2022 年 2 月

目　录

绪论

绪论课件

学习目标

掌握：土壤与肥料的相关概念。

熟悉：土壤与肥料学的研究任务和发展概况。

了解：土壤与肥料的作用。

第一节 土壤与肥料的概念

一、土壤的概念及其基本组成

1. 土壤的概念　人类对土壤的认识，经历了漫长的阶段。最初，土壤的概念等同于土地。土壤的英文 soil 来源于拉丁语 solum，后者就表示"土地"的意思。随着自然科学的不断发展分化，人们从不同的利用角度、不同的方法，对土壤进行了大量研究，积累了很多知识，也产生了不同的认识。如：工程学家常把土壤作为一种物质材料来对待，他们认识和区别土壤的主要依据是它的组成和性质，特别是它的力学性质和物理学性质；生态学家则从地球化学观点出发，认为土壤是地球表层系统中，具有丰富的生物多样性，进行活跃的能量和物质循环的活跃生命层；环境科学家认为土壤是重要的环境因素，是环境污染物的"缓冲带"和"过滤器"。因此，不同学科对土壤的概念认识有别。

在农业生产中，土壤是植物生长的基地。而土壤之所以能生长植物，是由于它具有肥力。土壤肥力的发挥，除取决于土壤自身因素外，如土壤的物质组成、土壤的性质等，也取决于外部因素，如环境条件、土壤耕作管理等。因此，农业生产中土壤和土地的概念密不可分。因此，土壤学家和农学家将土壤定义为"土壤是指发育于陆地表面，具有肥力特征，能生长绿色植物的疏松结构表层"。按照土壤的形成发育过程，通常将未经人为开垦耕作的土壤称为自然土壤；将经过耕作的土壤称为农业土壤。

2. 土壤的基本组成　自然界的土壤多种多样，无论是自然土壤，还是农业土壤，均由无机矿物质、有机质、水分、空气和生物等多种物质组成（绪论图 1）。

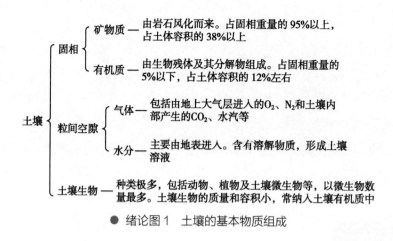

● 绪论图1　土壤的基本物质组成

以上各种组分,对于不同类型的土壤,其固相、液相和气相的比值变化较大。如砂质土及某些侵蚀严重的土壤,其有机质含量可低至千分之几,而泥炭土有机质含量可达百分之七八十。土壤中水分和空气的组成变化更大,由于两者共存于土壤的空隙里,因此可以随土壤的致密或疏松程度不同而有很大变化,也会随土壤的干湿变化而出现互相消长的变化。在土壤的基本组成中,土壤的生物组成,特别是微生物组成,对土壤的发育、土壤物质及能量的循环、植物的正常生长具有重要意义。

二、土壤肥力的概念及其产生过程

1. 土壤肥力的概念　土壤肥力(soil fertility)是土壤最本质的特性和基本属性,其概念是在对土壤的充分认识和土壤相关理论的逐步完善下形成的。西方土壤学家一度将土壤供应养料的能力视作土壤的肥力。土壤学家威廉斯认为土壤肥力是土壤在植物生活的全过程中,同时而又持续不断地供给植物有效养分及水分的能力。从以上来看,肥力因素至少包括有效养分和水分。我国的土壤学家对肥力也有不同的认识,如《中国农业土壤概论》认为"土壤的肥力,就是土壤的体质和生命力。""所谓肥力……就是在一定自然环境条件下,土壤稳、匀、足、适地对植物供应水分、养分的能力。"《中国土壤》(科学出版社,1978年)认为"肥力是土壤的本质",土壤肥力是"土壤为植物生长供应和协调营养条件和环境条件的能力"。书中将所说的营养条件和环境条件具体说明为"水分和养分是营养因素,温度和空气是环境因素,水既是环境因素又是营养因素"。从上述定义来看,土壤的肥力因素至少包括水分、养分、空气和温度四者。因此一般将水、肥、气、热称为四大肥力因素,水、肥、气是物质基础,热是能量条件,四大因素互相作用,就构成土壤的肥力。综上,可以归纳为:土壤肥力是指土壤在一定程度上持续供给和调节植物正常生长发育所必需的水分、养分、空气和能量的综合能力。

2. 土壤肥力的产生过程　土壤肥力不是固定不变的,会随着土壤自身以及环境因素的改变而变化,土壤肥力有自身的发生和发展规律。

从肥力的产生或演变过程来看,土壤肥力有自然肥力和人为肥力的区别。前者指土壤在成土自然因子(气候、生物、母质、地形和年龄)的综合作用下发育而来的肥力,它是自然成土过程的产物,其产生和发展较缓慢;只有从来不受人为因素影响的土壤才具有自然肥力。后者是在自然肥力的基础上,通过耕作熟化发育而来的肥力,是耕作、施肥、灌溉及其他农业技术措施等人为因素作用下所产生的结果。

自从人类从事农事活动以来,自然植被逐渐被农作物代替,自然生态系统也逐渐被农田生态系统代替。随着人类对土地资源需求的逐渐扩大和利用强度不断提高,人为因素对土壤的发育演化影响越来越大,并成为决定土壤肥力发展方向的基本动力之一,只用不养或不合理耕作、施肥、灌溉,必然会导致土壤肥力的递减,只有用养结合,持续培肥土壤,才能保持土壤肥力的可持续性。

从理论上讲,肥力在生产上都可以发挥出来并产生经济效果,但在生产实际中,由于土壤性质、环境条件、土壤管理和生产技术的限制,只有一部分肥力能在当季发挥并产生效益,这一部分肥力称为有效肥力,而没有直接发挥出来的肥力,称为潜在肥力,然而两者之间没有截然的界限,可以发生相互转化。正确地管理和利用土壤资源,是两种肥力相互转化的关键。

三、肥料的概念及其种类

农业生产中作物的种植发展离不开肥料。人类对肥料的认识和使用,经历了漫长的时间。我国的农田施肥大约始于殷商时期,当时就有施肥可以增产的记载,到战国时期已十分重视并强调农田施肥。在国外,在文艺复兴时期,欧洲国家有人开始探索植物营养理论。1840年德国化学家李比希提出了"矿质营养学说",对土壤学、植物生理学及整个生物学科及农业科学都产生了重要影响,推动了化学肥料的应用与发展。经过一个多世纪的研究探索,世界各国在肥料的研究使用方面,积累了不少经验,提出了系统理论和实践技术。

凡是直接或间接供给作物生长发育所需养分,改善土壤理化性质、生物性质以提高作物产量和品质的物质,统称为肥料(fertilizer)。根据肥料的来源和性质不同,分为有机肥料和无机肥料。

有机肥料通常称为农家肥,是农村就地取材,利用各种农业废弃物如人畜禽粪尿、绿肥、厩肥、堆肥、沤肥和沼气肥等就地积制而成的自然肥料的统称。有机肥料具有养分全面、肥效缓慢持久的特点,除能给作物提供全面营养,有效促进作物生长外,还可以增加和改善土壤有机质,改善土壤结构,增强土壤保水保肥能力,促进土壤微生物多样性,是作物稳定高产、培养地力、增强农业后劲的关键,在药用植物种植方面,对于绿色、安全、优质的中药生产尤为重要。随着肥料工业的发展,目前的有机肥料朝着工业化、标准化方向发展。

无机肥料也称化学肥料,简称化肥,是工厂经过化学工业加工而形成的具有高营养元素含量的无机化合物。无机肥料具有养分含量高、肥效发挥快、便于贮藏的特点,是实现农业快速生产的重要因素。为适应农业现代化发展的需要,化学肥料生产除继续增加产量外,正朝着高效复合化、施肥机械化、运肥管道化、水肥喷灌智能化方向发展。在农业生产中,无机肥料和有机肥料配合施用,可起到互补长短、缓急相济的作用。

由于一种肥料常有多种属性,除上述分类外,还可根据肥料的性状,分为固体和流体肥料;按肥料的化学性质,可分为化学酸性、化学碱性和化学中性肥料;按肥料被植物选择吸收后对土壤反应的影响,可分为生理中性、生理碱性和生理酸性肥料;按肥料中养分对植物的有效性,可分为速效、迟效和长效肥料。

随着科学技术突飞猛进的发展,肥料科学领域的新知识、新理论、新技术不断涌现,肥料向复合高效、缓释控释和环境友好等多方向发展。因此,把利用新方法、新工艺生产的具有上述特征的肥料称为新型肥料,以区别于传统化肥工业生产的化学单质肥料、复合肥料以及未经深加工的有机肥料。为适应农业生产的新要求,新型肥料作为一种有助于改善环境质量和农产品质量、提高农作物产量的农用生产资料发展迅速。

四、土壤与肥料学的概念及其地位

土壤与肥料学是基于土壤学和植物营养学的一门综合性学科,与农业生产密切相关,是农学类专业的一门重要的专业基础课,也是中医药类院校中药资源与开发、中草药栽培与鉴定专业的重要专业基础课。主要内容包括土壤的形成和演变,土壤的物质组成、理化性质以及土壤的利用和管理;养分对植物的作用和植物对各种养分的需求特征,主要肥料的性质、作用及在土壤中的转化和施用等。

第二节　土壤与肥料在农业生产中的作用

一、土壤是植物生长繁育和生物生产的基础

农业生产包括植物生产和动物生产两部分,其基本特点是生产出具有生命的生物有机体,最基本的任务是发展人类赖以生存的绿色植物和动物的生产,如农作物、药用植物、观赏植物等的栽培生产,动物的养殖等。绿色植物生长发育需要5个基本要素,即光能、热能、空气、水分和养分。其中水分和养分通过根系从土壤中获取吸收,在这个过程中,土壤是养分转化和循环的枢纽,发挥着营养库的作用;在一定程度上,土壤还起着稳定和缓冲环境变化的作用。此外,植物的根系在土壤中伸展,获得土壤的机械支撑,从而可以让植物得以直立不倒伏。这一切说明,在自然界,植物的生长繁育必须以土壤为基础。良好的土壤能给植物提供充分的养分、水分供应,提供合适的通气环境和适宜的温度,从而使植物的根系充分伸展,发挥其机械支撑、吸收和物质合成的功能。而从食物链的关系看,所有的动物均以植物为食料得以繁育生长。因此,土壤不仅是植物生产的基础,也是动物生产的基础。没有繁茂的植物生产,就不可能有动物生产和整个农业生产。要发展农业生产,就必须重视土壤资源的合理利用、开发与保护。

二、土壤是自然界中相对可再生的自然资源

土壤资源指具有农、林、牧业生产力的各种类型土壤的总称。土壤资源同水资源、大气资源一样,是维持人类生存和发展的必要条件,是社会经济发展最基本的物质基础。土壤资源与光、热、水、气资源一样,被称为可再生资源,但从土壤的数量和人类社会的历史而言,又是不可再生的,如,在地球表面形成1cm厚的土壤,约需要300年的时间,因此,土壤不是取之不尽、用之不竭的资源,其具有数量有限性和质量可变性的特点。土壤肥力是在自然和人为成土因素长期共同作用下形成的,在成土过程中,土壤生物可以不断繁衍、死亡,土壤腐殖质不断合成和分解,土壤

养分及其元素不断积聚和淋溶,这些过程都处于周而复始的动态平衡中,土壤肥力就是在这种循环和平衡中不断发育和提高。因此,只要科学合理利用和管理土壤,就可以保持土壤肥力的永续利用,而违背自然规律,破坏土壤环境,滥用土壤,则会引起土壤肥力的下降和破坏,造成土壤质量的退化,因此,土壤资源具有质量可变性的特点。

三、土壤是陆地生态系统的重要组成部分

任何生物群体与其所处的环境组成的统一体,都会形成不同类型的生态系统。自然界的生态系统小可到一株植物的根际微环境,大可至森林、湖泊、海洋,乃至地球上一切生态系统的生物圈。复杂的生态系统中,陆地生态系统是由绿色植物(生产者)、动物(消费者)为主要组分的地上部亚系统和以土壤微生物(分解者)为主体的地下部亚系统组成,其中土壤是陆地生态系统中最活跃的生命层。土壤中的绿色植物通过光合作用,转化并储藏能量,同时通过吸收环境中的水分和养分,合成、转化并贮存有机物;土壤中存在的原生动物、蚯蚓、昆虫、脊椎动物等,以现有的绿色植物为食物,经过消化和转化,消耗物质和能量;土壤中存在数量巨大、种类繁多的微生物,这些微生物可通过破碎、分解还原进入土壤的动植物残体和动物排泄物,来控制土壤养分对植物的有效供给,影响地上植物的生长和群落构成。土壤中的绿色植物、动物和微生物在空间上彼此分开、各自独立,在结构和功能上相互联系、相互依存、相互作用,通过这种相互的调节和反馈机制来维持并支撑整个陆地生态系统的平衡和稳定。

四、肥料是作物产量、品质和食物安全的保障

施肥在农业生产中起着十分重要的作用,肥料是现代农业生产中投入最大的一类农业生产资料,约占农业生产总投入的二分之一。据联合国粮食及农业组织(IFO)统计,肥料在农产品增产中的作用占40%~60%,解决好肥料的生产及施用问题事关重大。

栽培作物的目的是获得有价值的产品。合理施用有机肥料和无机肥料,不仅可为植物提供养分,而且能改善土壤理化性质、生物性状,提高土壤肥力,提高作物产量。高等植物所必需的营养元素包括碳、氢、氧、氮、磷、钾、钙、镁、硫、铁、硼、锰、铜、锌、钼、氯及镍等17种元素。任何一种元素的缺失都会影响到作物的正常生长发育。例如,缺氮会导致植株矮小细弱,叶面呈黄绿、黄橙等非正常绿色,严重缺氮时,作物显著早衰并早熟,产量显著下降,只有通过增施氮肥,才能减轻其危害。在施肥中,特别是有机肥料,除提供作物各个时期生长所需的养分外,还能提供作物生长所需的如维生素、激素等刺激性物质,增强作物的抗逆性。

肥料也是作物品质的保证,合理施肥,可以提升作物产品的使用价值和经济价值。如增施氮肥,能提高农产品中蛋白质的含量,提高油料作物的含油量。磷肥能提高作物产品中的总磷量,增加作物绿色部分的粗蛋白含量,促进蔗糖、淀粉和脂肪合成。钾肥可以增加禾谷类作物籽粒中蛋白质的含量,提高大麦籽粒中胱氨酸、亮氨酸、酪氨酸和色氨酸等氨基酸的含量;促进豆科作物根系生长,使根瘤数增多,固氮作用增强,从而提高籽粒中蛋白质含量。有机肥料养分全面,既含有多种无机元素,又含有多种有机养分,还含有大量微生物和酶,具有任何化学肥料都不可比拟

的优越性,对改善农产品品质,保持其营养风味具有特殊作用。

随着农业集约化水平的提高,化肥、农药的大量投入,农业面源污染对环境的负面影响和食品安全性的问题日益突出。如,土壤中氮肥的过量投入导致农产品特别是蔬菜的硝酸盐含量超标;化学农药的大量使用导致农产品污染,并在土壤中残留,给未来农业生产带来长期影响;农田、蔬菜及中药栽培土壤重金属污染情况日趋严重,土壤质量逐年下降。只有严格肥料使用和农产品中污染物的监测管理,推广平衡配套施肥技术,提高肥料利用率,改善施肥方法,发展节肥施肥技术,才能减少其对农产品及环境的污染,增加土壤有机养分投入,培肥耕地地力,改善农产品品质,保障人类健康。

第三节 土壤与肥料学的研究任务

一、维持和提高土壤质量是土壤学研究的核心

土壤质量(soil quality)是指土壤在生态系统中保持生物的生产力、维持环境质量、促进动植物健康的能力,是土壤肥力质量、环境质量和健康质量的综合表征。土壤肥力质量即土壤提供植物养分和生产生物物质的能力;土壤的环境质量是指土壤容纳、吸收和降解各种环境污染物的能力;土壤健康质量是土壤影响或促进人类和动植物健康的能力。因此,土壤质量是保障土壤安全和资源可持续利用的能力标志,是现代土壤学研究的核心。

工业化、城市化、农业集约化等导致土、水、气环境污染日益严重,土壤质量不断恶化,已严重危害生态环境和农产品安全,进而威胁人体健康,制约社会经济的可持续发展。保护和提升土壤质量,保护土壤环境,是作物产品质量安全和农业持续发展的重要保障,也是防止土壤质量退化、构建良性生态系统的最重要举措。

未来一段时间内土壤质量研究工作应主要集中在土壤质量指标与评价方法、土壤质量演变过程与机制、土壤质量动态监测与预测预警及对策研究方面,并逐步向土地质量方向拓展,主要内容包括:①土壤质量保持与提高的途径和关键技术研究,如土壤质量分类划区与不同类型土壤质量保持与提高研究,可持续土地管理决策支持系统与优化模式的建立,主要退化生态系统土壤质量恢复重建的关键技术及其集成与实验示范研究等;②土壤质量变化的发生过程、机制、规律与调控研究,重点对土壤质量产生明显影响的因素和主要退化方式及调控手段开展研究;③土壤质量与水、大气环境质量以及动植物和人类健康的关系研究,如污染物在水 - 土界面的反应、释放和迁移,农业污染对地表水和地下水水质的影响,土壤 - 植物品质 - 动物和人类健康的互作关系研究等;④土壤和土地质量数据库及信息化研究,如土地质量动态监测中的"3S"技术和信息网络技术,土地质量数据库及其动态更新,土壤质量变化趋势的建模、预测与预警,土壤与作物适应性专家系统等。

此外,土壤学还须进一步完善土壤质量标准的内涵研究。迄今为止,人们对土壤质量和土壤质量标准的相关基准与规程等内涵问题缺乏统一认识,对土壤质量标准的确定、评价体系的构建、土壤演变规律和调控因子以及调控措施等诸多问题还有待进一步完善,需要土壤学家、农学家、生态环境学家以及标准领域的专家共同努力,建立和完善土壤质量标准。

二、保持土壤肥力，提高肥料利用率是土壤与肥料学研究的关键问题

我国耕地后备资源严重不足，要实现食物的安全目标，维持单位面积作物的高产增产势在必行。针对这种现实，土壤的高强度利用和肥料的高投入难以避免。如何保持土壤资源高强度利用的同时，又能维持和提高土壤肥力，是我国农业可持续发展中所要解决的关键问题之一。为了实现食物安全保障目标，在今后相当长的时间内肥料的投入仍将继续增加，导致肥料利用率低下与土壤肥力不平衡，影响农产品质量和环境质量，并造成严重的资源和经济损失。如何提高肥料资源的利用率，寻求合理可行的关键技术对策，是我国农业可持续发展和生态环境建设中亟待解决的重大问题。

因此，农业生产必须将保持高产优质与环境相协调两者兼顾。在保证高产的前提下，深入研究养分资源高效利用的机制和途径，寻求土壤 - 植物系统养分 - 环境效应的最佳平衡，建立和完善相应的理论和技术体系。主要研究内容包括：有机质积累、转化的环境因素与调控机制研究；土壤有机质对高生产力条件下生态系统稳定性的影响机制；土壤养分转化的生物学过程；土壤根际过程与养分资源高效利用的途径和机制；高生产力条件下养分资源综合管理理论与技术；土壤肥力的演变规律与评价体系及主要驱动因子；高度集约化农业施肥对环境影响及防治；肥料在农田生态系统的转化规律与损失；环境友好型多功能肥料的研制等。

三、土壤资源保护是实现土壤资源可持续利用的基础

土壤资源是地球陆地生态系统的重要组成部分，是指与农、林、牧业生产密切相关的土壤类型的总称，是人类生活和生产最基本、最广泛、最重要的自然资源。土壤资源具有可更新和可培育的属性，具有数量有限性和质量可变性的特点。正确利用土壤资源，可以不断提高土壤肥力，生产更多的农产品和药用植物，满足人类生活和医疗保健的需要；不恰当的培育措施，会降低土壤肥力和生产力，甚至导致资源衰竭。土壤资源的合理利用与保护是发展农业和保持良性生态循环的基础和前提。

我国的土壤学在资源保护和生态环境建设方面任务艰巨，土壤资源利用必须坚定不移地走可持续发展道路。根据我国的国情，土壤资源保护与生态环境建设要以可持续发展理论为指导，研究建立适合我国国情的土壤资源合理利用的措施、管理办法、政策和制度，在注重土壤资源数量管理的同时，加强土壤质量管理和土壤生态环境管护，不断探索土壤高强度利用与环境协调的有效措施和途径，实现土壤资源的可持续利用。重点研究领域包括：土壤管理的知识与实践体系；人为活动对土壤与环境的影响；城市与城郊土壤对人类健康和城市农业的危害；土壤侵蚀的模拟和控制；盐碱土的管理与改良利用；区域性及全国性土地的可持续性利用与发展、经济与环境；不同土地利用方式下土壤的退化原因、状况，耕作施肥的集约化管理模式；表征土地可持续利用的有效性指标等。

四、土壤环境污染的防治与修复研究是土壤安全的保证

土壤污染是指人类活动产生的污染物进入土壤并积累到一定程度，引起土壤质量恶化并危害

生态或人体健康的现象。我国土壤污染是在经济社会发展过程中长期累积形成的，主要原因有：企业生产经营活动中排放的废水、废气、废渣；农业生产活动中农药、肥料、农膜等的不合理使用及不当的耕作方式；生活和医疗垃圾的不恰当处理等。与水体及大气污染相比，土壤污染较隐蔽，具有滞后性、累积性、不均匀性、难可逆性的特点。土壤污染的特点决定了其治理修复的成本高、周期长、难度大。土壤修复是指通过物理、化学和生物的方法转移、吸收、降解和转化土壤中的污染物，使其浓度降低到可接受水平，或将有毒有害的污染物转化为无害物质的技术措施。根据修复原理分为物理修复、化学修复和生物修复，由于土壤污染的复杂性，有时需要采用多种技术联合修复。

我国从"十五"期间开始研发土壤污染治理与修复技术，"十二五"以来，在国家专项资金支持下，初步建立了针对不同土壤污染物、污染程度、土地利用类型等的土壤污染治理与修复技术。但我国土壤污染防治工作起步较晚，土壤修复领域仍有较长的一段路要走。

目前的研究重点应集中在：①土壤环境污染控制、修复技术体系研究，如研发不同行业污染土壤的物理、化学修复关键技术与修复设备，农田土壤重金属污染的物化修复、生物修复，农田土壤有机污染生物强化与修复，污染土壤修复剂及功能材料的研制等；②土壤环境污染与修复调控机制研究，如土壤污染物分布规律、传输、迁移和分配过程，污染物在土壤胶体 - 溶液 - 生物界面的形态、分布及生态行为，根际土壤中土壤组分 - 生物 - 污染物之间的互作机制，污染物间及其与无机营养元素间的互作机制，土壤重金属污染的生物修复分子机制等；③土壤环境污染监测技术与设备体系研究，如土壤污染化学、生物与生态监测方法与技术与设备，在线监测技术与设备，土壤环境遥感监测技术与装备，土壤环境污染预测、预警方法与技术等；④连作障碍的生态过程与调控，如从生态系统角度研究主要连作障碍的诱导因子与作用过程，作物对连作障碍的响应与防御机制，土壤对连作障碍的反馈，土壤连作障碍的诊断指标与方法，连作障碍的生态系统防治原理与技术等。

五、加强作物营养与肥料的基础研究

植物在生长发育过程中受诸多因素影响，施肥是影响最大的因素之一。植物需要的养分量，不决定于单一养分量的高低，而是决定于多种养分的数量和比例。多种养分处于一个最适量比范围，可达到作物生产的高产和高效益。此外，矿质养分在气候因子和生物因子的配合下，对植物体内化合物的合成有很大影响；它们通过影响生理、生化过程，在很大程度上影响植物体内化合物的含量，进而影响作物品质。因此，加强作物营养与肥料的基础研究，对发展新兴农业、中药栽培产业，具有十分重要的意义。

重点研究内容包括：①植物营养生理，如营养元素生理、产量生理和逆境生理等；②植物的根际营养，如根 - 土界面微域中养分、水分及其他物质转化规律和生物效应，植物 - 土壤 - 微生物即环境因素之间物质循环、转化的机制及调控措施等；③植物营养遗传，如不同植物种类及品种的矿质营养效率基因型差异的生理生化特征、生态变异和遗传控制机理，高效营养基因型植物新品种的筛选培育等；④植物的土壤营养，如土壤中养分的行为，土壤养分与土壤肥力的关系等；⑤优质肥料的设计与生产研究，如高效复合（复混）肥料的设计生产，缓释、控释和环境友好肥料的研发，生物肥料的研发、推广和应用等。

六、加强新技术和新方法在土壤与肥料学中的应用

土壤与肥料学的快速发展,很大程度上依赖于基础学科的理论创新和技术创新。土壤物质形态和性质研究技术方面,同位素生物地球化学法元素识别技术、稳定性同位素等用于土壤-植物系统中生命元素循环、迁移和去向研究的标记及示踪;同步光谱显微镜技术和不同辐射技术成为土壤界面过程研究的新技术,可探讨微米和亚微米空间化学特征、颗粒物质及其对表面和亚表面水质量及土壤微环境的影响、亚微米尺度下微生物群落信息、黏土矿物和有机质的相互作用机制以及土壤物理化学生物界面交互作用等研究,为深入揭示土壤中复杂生物地球化学过程提供了可能。新的遥感技术和制图技术应用于土壤调查和土壤-作物系统动态变化的监测与制图,红外发射光谱法、发射性反射光谱法和光栅分类法等技术不断提高土壤监测的准确性。

近年来,土壤学与其他基础科学的渗透融合,大力推动了土壤学新方向的研究及其分支学科的发展。生物学参与的土壤物质和过程的研究,衍生出土壤生物物理研究分支学科;微生物学、微形态学、土壤颗粒与土壤结构的交叉派生出土壤微生境和微生态研究方向;分子生物学技术的突飞猛进,与土壤的交叉发展了分子土壤学、土壤蛋白质组学研究;化学结构、化学计量与土壤颗粒基本物质分子组成的交叉和综合形成了分子模拟方向;数学、地统计学和土壤学的交叉形成了土壤计量学;数字技术、信息技术的发展使得土壤信息系统研究和数字土壤研究成为现实,改变了传统土壤学分析的模糊和定性的形象;土壤学与生态毒理、环境毒理、化学毒理、风险管理等学科的交叉融合奠定了土壤环境的健康风险的研究领域方向。

在植物营养和肥料研究方面,近年来,生理、生态和分子生物学的研究方法被越来越多地应用于植物营养研究。生物田间试验法、生物模拟法、化学分析法、数理统计法、核素技术法以及酶学诊断法的应用日益成熟。肥效研究方面,主要体现在新型肥料设计和现代施肥技术研究方面,包括新型肥料设计、各类肥料的理化性状、土壤中的行为、对作物的有效性等。在粮食和环境保护的双重压力下,如何在保证粮食安全的同时,减轻肥料对环境造成的巨大压力,提高肥料利用率,减少肥料浪费,成了肥料学的研究热点。目前推行定量化配方施肥、精准施肥新技术,朝着高浓度、多形态方向发展。肥料助剂也从传统的以改善肥料物理特性向促进作物养分吸收、调节植物生长的方向发展。在对作物-土壤-植物营养的互作研究逐步深入的基础上,基于施肥模型、肥料效应函数模型以及养分平衡模型等建立电子计算机作物施肥决策与咨询专家系统,基于3S(GIS、GPS、RS)技术体系和传感器技术体系应运而生。通过施肥,为作物提供良好的营养环境;通过生物技术,改良植物的营养特性,并在其他农业措施的配合下,最终达到高产、优质、高效的综合效果。

第四节　土壤与肥料学发展概况

人类对土壤和肥料的认知和知识累积来自漫长的生产实践。但形成一门独立的学科并取得发展,起步于19世纪中期。土壤学家道库恰耶夫1874年创立土壤发生学理论,是土壤学发展历史上的里程碑,使土壤学从化学、地学、生物学等学科独立出来,真正成为一门自然学科,为现代

土壤学迅速发展打下了坚实的基础。与其他自然学科一样,在21世纪,土壤与肥料学取得巨大的发展,其内涵已相当丰富,分支越来越细,从传统的土壤发生和农业化学(植物营养)研究起步,至今已形成了完整的研究体系、丰富的学科分支和系统的研究方法。

一、国外土壤与肥料学发展概况

16—18世纪,现代土壤学随着自然科学的蓬勃发展而开始孕育、萌芽。在欧洲,许多学者为论证土壤与植物的关系,提出了各种假说。17世纪中叶,海耳蒙特提出"土壤除了供给植物水分以外,仅仅起着支撑物的作用"的观点;17世纪末,伍德沃德认为细土是植物生长的"要素";18世纪末,泰伊尔提出"植物腐殖质营养"学说。19世纪,随着自然科学的进一步发展,土壤学在发展进程中先后出现了农业化学派、农业地质学派和发生土壤学派三大学派。

1. 农业化学派 德国化学家尤斯图斯·冯·李比希(Justus von Liebig)于19世纪中叶提出"植物矿质营养学说"和"养分归还学说",该学说确立了植物吸收土壤中矿质养分而生存的观点。这使人们认识到,绿色植物从土壤中吸收的是无机养分和水分,靠叶绿素进行光合作用,合成有机物。这一发现为用无机养分作为肥源归还土壤找到了科学依据。在这之后,许多科学家的实验确定了作物必需的营养元素,推动了肥料科学和化肥工业的发展。

2. 农业地质学派 19世纪后期,以德国的地质学家法鲁(Fallow)为代表的一些土壤学家用地质学的观点和方法认识和研究土壤,因而也被称为农业地质学派。他们认为土壤是陆地岩石风化和淋溶的结果。尽管该学派未能阐明土壤形成的实质,但是他们提出的土壤改良、耕作和施肥等主张,对土壤学的发展有一定意义。

3. 土壤发生学派 19世纪末至20世纪初,土壤学家道库恰耶夫提出土壤发生学观点。认为土壤是气候、生物、母质、地形和时间等5种因子相互作用的产物,土壤是一个独立的历史自然体。土壤学家威廉斯继承和发扬了该观点,创立了土壤统一形成学说,强调土壤生物学观点,最终形成土壤发生学派。该学派的观点得到各国土壤学家的公认,为现代土壤学奠定了基础。

4. 现代土壤学的新观点

(1)土壤生态系统概念的出现:土壤学的研究进入20世纪60年代后,面对农业现代化的逐步深入发展而出现诸多问题,土壤生态系统的观点应运而生,并在20世纪90年代获得迅速发展。该观点认为土壤生物与土壤及其他环境要素之间相互作用,是一个系统整体。这一观点的提出,使土壤科学的研究突破了土壤本体范围,将土壤与外界各种环境要素、土壤非生物因素与生物因素、物质与能量联系起来,为土壤的合理利用和土壤资源质量再生提供依据。

(2)土壤圈概念的建立:土壤圈(pedosphere)的概念于1938年由瑞典学者马特松(S. Matson)首先提出;1990年Arnold对其定义、结构、功能及其在地球系统中的地位作了全面阐述,拓展了土壤学的研究领域。它从圈层角度来研究全球土壤结构、成因和演化规律,从以土体内的能量交换和物质流动为主的研究,扩展到探索土壤与生物、大气、水、岩石圈之间的物质能量循环,从而使土壤学真正介入地球系统科学,参与全球变化和生态环境建设的研究。

(3)土壤质量概念的提出:20世纪90年代,美国土壤学会提出了土壤质量的概念,认为土壤质量是土壤对自然和人工生态系统功能所具有的一种特定的能力,即维持动植物的生产力,保持和改善水质,支持人类健康和居住环境的能力。土壤质量概念的提出使人们对土壤的认识由传统的只强调土壤肥力逐步发展到对土壤功能的全面认识,它不仅仅表现为研究内容的拓展,更体现了土壤科学研究重心的转移,这是土壤科学发展过程中的一次重大飞跃,成为现代土壤学的发展标志。

此外,土壤水能量观点的提出和运动方程的建立,以及以土壤本身性状为依据,以诊断层、诊断特性为区分标准的美国土壤系统分类的出现等,均标志着土壤科学从定性、静态研究阶段过渡到定量、动态研究的新时代,土壤的研究向着规范化、标准化、定量化的方向逐步迈进。新观点和新理论的问世,为现代土壤科学的发展奠定了良好基础,推动了土壤学科的大发展。

二、我国土壤与肥料学发展概况

1. 我国古代对土壤和肥料的认识及应用概况   我国的农耕文明历史悠久,源远流长。先民们在长期的农事活动中,积累了丰富的农耕经验,也产生了许多独特的认识和创造。"土壤"一词,最初并不具有科学术语性质;对土壤的认识,最初是基于对土地的认识。如汉代郑玄在《周礼》注释中指出:"万物自生焉则曰土。"许慎《说文解字》提到"土者,是地之吐生物者也";"二"像地之上,地之中;"丨"物出之形也,即构成土字中的"二",其上指表土,其下指底土,"丨"是植物的地上部分和地下部分,这是世界上对土壤所作最早的科学解释。至于"壤",《周礼》指出"以人所耕而树艺焉曰壤",《说文解字》说"壤,柔土也,无块曰壤",《尚书•禹贡》马融注"壤,天性和美也",这3种解释都说明"壤"的形态特征,说明"壤"的生产性能比"土"要好,肥力高,适于各种作物生长。

春秋时期的《尚书•禹贡》,是最早记载我国土壤分类及其地理分布的著作,书中根据土壤颜色、质地、肥力等状况,将土地划分为"九州";禹贡九州土壤图不仅是秦汉以前土壤地理知识的总结,也是世界上最早的土壤图。关于农学的专著也层出不穷,如《氾胜之书》《齐民要术》《陈旉农书》《王祯农书》《农政全书》统称古代五大农书,这些著作的出现是古人耕作实践的智慧结晶。

我国也是使用有机肥料最有代表性的国家之一,比国外要早1 000年左右。如,《老子》中的"天下有道,却走马以粪",《韩非子•解老》中的"积力于田畴,必且粪灌",《荀子•富国》中的"多粪肥田,是农夫众庶之事也"等记载,都反映出战国时期农田施有机肥料已很普遍。清代杨灿的《知本提纲•农则耕稼》已把当时的肥料归纳为人粪、牲畜粪、草粪、火粪、泥粪、骨蛤、灰粪、苗粪、渣粪、黑豆粪、皮毛粪等10大类,130余种。无机肥料在我国宋、元朝就开始使用,如石灰、石膏、卤水等的使用。

中国农业这种"变臭为奇,化恶为美",使"人畜之粪与灶灰脚泥"等无用之物"化为布帛菽粟"的做法,不仅可以培肥地力、增产增收,而且还很好地解决了用地与养地的矛盾,使土地可以连续使用,为连种制和复种制的推行创造了条件,为传统农业的持续发展开辟了道路。

2. 我国近代土壤与肥料学发展概况   我国土壤与肥料学的研究工作起步较晚。就其发展过程来看,大致可分为两个阶段。

(1)中华人民共和国成立以前:20世纪30年代,随着西方的农学和土壤学传入中国,我国现代的土壤学开始起步。当时主要进行了一些区域土壤调查、分省土壤图编制和一般的分析试验,进行了土壤性质和土壤肥力的探讨,对我国的土壤资源、主要的土壤类型、分布规律、理化性质,以及土壤改良等作了初步研究,同时造就了我国首批土壤学家。

(2)中华人民共和国成立之后:我国土壤与肥料科学紧密围绕国民经济建设,经多年实践,取得了显著成就。

首先,中国科学院成立了专门的研究机构,高等农业院校相继成立农学系所,开设了土壤与肥料科学的相关专业,逐步形成全国性的土壤与肥料教学、科研、成果推广机制,为后续开展相关的土壤与肥料研究和生产奠定了基础。

土壤研究方面,自1950年开始,开展了横断山区、三峡库区、内蒙古东部等地区土壤资源的综合考察。1958年及1978年,先后进行了两次全国土壤普查,摸清了我国土壤资源的现状,为制定农业区划、科学施肥、土壤改良、基地建设等方面提供了科学依据,丰富和发展了我国的土壤分类和诊断施肥技术。在西北黄土高原、东北平原、东南丘陵、黄淮海平原等地开展了大面积的土地开发利用、流域治理、低产田改良、水土保持以及盐碱地治理工作,取得积极成果,并在此基础上对土壤肥力概念等提出了新的见解。此外,还提出了我国新的土壤系统分类,并在土壤生态系统研究和土壤有机物污染方面也做了大量工作。在研究内容上,除继续深入进行土壤物理、化学、生物,土壤分类和土壤肥力等基础研究外,更侧重于研究土壤中生物物质的循环和能量交换,以及重金属、化学制品(农药及化肥)和各种有机废弃物对土壤、作物、森林以及人类健康的有害影响及其防治措施。

肥料研究方面,自中华人民共和国成立以来,在长期靠有机肥料的基础上,先后两次开展了全国化肥肥效试验,为配方施肥和发展化肥工业打下良好基础。化肥产量从20世纪60年代的100吨,提高至1996年的2 700余万吨,居世界第二。化肥消费量也由1980年的1 269.4万吨,增加至2000年的4万吨,居世界第一。化肥的品种也由最初的低浓度的单元氮肥而发展到高浓度、多品种的氮、磷、钾肥甚至多种二元、三元和多元复混肥,近年来,液体肥料、各种新型肥料和施肥一体化技术不断出现,肥料朝着集中固定型、溶解型、排除型、改善型和保护型方向发展,将肥料学的发展推向新高度。

本章小结

本章主要对土壤的概念及其基本组成、土壤肥力的概念及其产生过程、肥料的概念及其种类进行了阐述,分析了土壤与肥料在农业生产中的作用,对土壤与肥料学科的研究任务以及发展概况进行了概述。

思考题

1. 什么是土壤? 如何区分土壤与土地的关系?
2. 如何正确理解土壤与肥料的概念?
3. 简述土壤与肥料学科对现代农业生产的作用。

绪论同步练习

第一章　土壤的物质组成

01章 课件

学习目标

　　掌握：土壤质地层次与土壤肥力的关系，土壤有机质和土壤生物对土壤的影响，土壤水的主要化学过程等。

　　熟悉：土壤矿物质的主要类型，土壤有机质的来源，土壤水分及空气的调节。

　　了解：土壤的物质组成与土壤形成过程的联系。

第一节　土壤矿物质

　　土壤矿物质（soil minerals）指存在于土壤中的各种原生矿物和次生矿物，它构成了土壤的主体物质，是土壤的"骨骼"，一般占土壤固相部分重量的95%～98%。土壤矿物质的组成、结构和性质，对土壤物理性质、化学性质、生物及生物化学性质有深刻的影响。

一、形成土壤母质的矿物与岩石

　　土壤是由裸露于地表的坚硬岩石（rock），在漫长的岁月中，经过极其复杂的风化过程和成土过程而形成的。它经历了岩石→母质→土壤的阶段。因此，了解成土矿物和岩石的组成、性质及其风化过程对加深认识土壤具有重要的作用。

（一）主要的成土矿物

　　1. 矿物的概念　矿物（mineral）是一类天然产生于地壳中且具有一定的化学组成、物理特性和内部构造的化合物或单质。单质态的矿物有碳（石墨、金刚石）、金等，但绝大多数矿物是由两种或两种以上元素组成的化合物。矿物多数呈结晶固态形式存在；也有少数气态矿物，如天然气；还有液态矿物，如汞。

　　2. 矿物的类型　按照矿物的起源，可分为原生矿物（primary mineral）和次生矿物（secondary mineral）两大类。直接来自火成岩或变质岩的矿物，称原生矿物。由原生矿物、火山玻璃或各种风化产物通过化学、生物作用而转变或重新合成新的黏土矿物和氧化物矿物，称次生矿物。矿物的种类很多，目前已经发现的超过3 300种，但与土壤有关的只有数十种。

（1）原生矿物：常见的土壤原生矿物有4类，即硅酸盐类、氧化物类、硫化物类和磷酸盐类。

1）硅酸盐类：主要有长石类（包括钾长石、钠长石和钙长石等）、云母类（包括白云母、黑云母等）、角闪石和辉石类。

2）氧化物类：主要有石英类，其次是铁矿类（赤铁矿、磁铁矿）。

3）硫化物类：主要有黄铁矿（FeS_2），土壤中不常见。

4）磷酸盐类：主要有氟磷灰石与氯磷灰石，含磷灰石的土壤，可为作物提供磷素营养。

（2）次生矿物：常见的次生矿物有层状次生铝硅酸盐、氧化物类及简单盐类等三大类。这类矿物风化粒径小于0.25mm，大部分粒径小于0.001mm。

1）层状次生铝硅酸盐矿物（又称黏土矿物）：是土壤中黏粒的主要成分，主要有高岭石组、蒙石组和水云母组等类型。

2）氧化物类矿物：有结晶态和非结晶态两种，结晶态的有针铁矿（$Fe_2O_3 \cdot H_2O$）、褐铁矿（$2Fe_2O_3 \cdot 3H_2O$）、三水铝石（$Al_2O_3 \cdot 3H_2O$）、水铝石（$Al_2O_3 \cdot H_2O$）等。非结晶态的矿物呈胶膜状包被于黏粒表面，有含水氧化铁、氧化铝凝胶、胶状二氧化硅（$SiO_2 \cdot yH_2O$）、凝胶态的水铝英石（$xR_2O_3 \cdot ySiO_2 \cdot 2H_2O$）等。

3）简单盐类矿物：土壤中常见的简单盐类矿物有碳酸盐类矿物（如方解石、白云石）和硫酸盐类矿物（如硬石膏、石膏）。

（二）主要的成土岩石

成土的母岩及其矿物成分、构造和风化特点都与土壤的理化性质有直接关系。因此，了解和认识主要成土岩石具有重要意义。

1. 岩石的概念　岩石（rock）是指由一种或数种矿物组成的天然集合体。由一种矿物组成的岩石称单质岩，如大理岩由方解石组成，石英岩由石英组成。由两种以上矿物构成的岩石称复成岩，如花岗岩由正长石、石英和云母等多种矿物组成。

2. 岩石的类型　根据其成因可将岩石分为岩浆岩、沉积岩和变质岩三大类。

（1）岩浆岩（magmatic rock）：岩浆岩又称火成岩，是由地球内部熔融岩浆侵入地壳或喷出地面冷凝结晶形成的岩石。前者称为侵入岩，后者称为喷出岩。

根据岩浆岩中二氧化硅含量的多少，可将岩浆岩分为酸性岩浆岩（<45%）、中性岩浆岩（45%～52%）、基性岩浆岩（52%～65%）和超基性岩浆岩（>65%）。

（2）沉积岩（sedimentary rock）：由各种先成岩（岩浆岩、变质岩、原有沉积岩）经风化、搬运、沉积和重新固结而成或由生物遗体堆积固结而成的岩石称为沉积岩，如砾岩、砂岩、页岩和石灰岩等。沉积岩有层次性，常含有生物化石。沉积岩覆盖了地壳表面积的75%，是形成土壤母质的主要岩石。

（3）变质岩（metamorphic rock）：各种先成岩由于地壳运动或受到岩浆活动的影响，在高温高压下，原有岩石内部发生剧烈变化，矿物重新结晶或重新排列，甚至化学成分发生剧烈的变化而形成新的岩石。

（三）矿物岩石的风化作用与土壤母质

土壤是在岩石风化形成的母质上发育而来的，土壤的许多性质与成土岩石、矿物和母质类型有关。因此有必要研究矿物岩石的风化和母质的形成与类型。

1. 风化作用　风化（weathering）是指岩石、矿物在空气、水、温度和生物的作用下，发生机械破碎和化学变化的过程。按风化作用因素和特点，可将其分为物理风化、化学风化和生物风化3种类型。

（1）物理风化（physical weathering）：指岩石、矿物在外力作用下崩解破碎，但不改变其化学成分和结构的过程。外力作用主要包括温度、结冰、水流和大风的磨蚀作用等。物理风化使岩石破碎成较疏松的堆积物，增大了表面积，产生了通气性和透水性，但由于形成的颗粒一般大于0.01mm，毛管作用不强，保水能力较差。岩石经过物理风化后，大大增加了空气和水分的接触面积，为进一步的风化特别是化学风化创造了有利条件。

（2）化学风化（chemical weathering）：指岩石、矿物在氧气、水、二氧化碳等大气因素作用下，其组成矿物的化学成分发生分解或改变，直至形成在地表环境中稳定的新矿物。化学风化一般包括溶解、水化、水解和氧化等作用。这些作用很少单独进行，常是两种或两种以上同时发生。经过化学风化，岩石进一步分解，彻底改变了原来岩石内部矿物的组成和性质，并产生一批新的次生黏土矿物。这些次生黏土矿物的颗粒很细，一般小于0.01mm，呈胶体分散状态，由此也产生一定的黏结性、可塑性和毛管现象，使水分、养分在一定程度上得以保持。同时，化学风化也使岩石释放出一些植物矿质营养物质，如K^+、Ca^{2+}和Mg^{2+}等，它们是植物养料的最初来源。

（3）生物风化（biological weathering）：生物风化指岩石、矿物在生物及其分泌物或有机质分解产物的作用下进行的机械破碎和化学分解过程。生物风化使风化产物中的植物营养元素在土壤母质表层集中，同时积累有机质，发展土壤肥力，因而也就意味着土壤成土过程的开始。

自然界的物理风化、化学风化和生物风化作用绝不是单独进行的，而是相互联系、相互促进。在不同条件下各种因素作用强度不同。岩石、矿物经过风化形成疏松的堆积物，形成成土母质。

2. 土壤母质的形成及类型　岩石、矿物风化后形成的成土母质，有的残留在原地堆积，有的受风、水、重力或冰川等外力作用搬运到其他地方重新沉积下来，形成各种沉积物。按其搬运动力与沉积特点不同可分为以下几种类型。

（1）残积物（residual deposit）：指岩石经过风化后未经搬运而残留在原地的风化物，多分布在山地和丘陵上部。其特点是颗粒大小不均匀，层次薄，质地疏松，通气性好。其母质的矿物组成和化学性质与母岩几乎一致，表层质地较细，往下渐粗，逐渐过渡到岩石层，母岩对其特性影响很大。

（2）坡积物（slope deposit）：指风化物在重力和流水的作用下，被搬运到山坡的中部和下部而形成的堆积物。其特点是层次稍厚，无分选性。坡积物的性质决定于山坡上部的岩性，与下部母岩无过渡关系。

（3）洪积物（proluvial deposit）：指被山洪搬运的碎屑物在山前平原形成的沉积物，形如扇状。其特点是扇顶沉积物分选差，往往是石砾、黏粒与砂粒混存；在扇缘其沉积物多为黏粒及粉砂粒，水分条件好，养分也较丰富。

（4）冲积物（alluvial deposit）：河水中夹带的泥沙，在中下游两岸或入海口沉积而成冲积物。它的分布范围广，面积大，所有的江河，在其中下游两岸都有这种母质分布，在我国华北平原、东北平原、长江中下游平原、珠江三角洲、四川成都平原及陕西渭河平原都有大面积的分布。其特点是具有明显的成层性和条带性,组成物质复杂,多形成肥沃的土壤。

(5)湖积物(lacustrine deposit):湖积物由湖泊的静水沉积而成。其特点是质地偏黏,夹杂有大量的生物遗体。湖积物中的铁质在嫌气条件下与磷酸结合形成蓝铁矿,有的还形成菱铁矿,致使湖泥呈现青灰色。这种母质养分丰富,有机质含量较高,往往形成肥沃的土壤。

(6)海积物(marine deposit):海积物是海边的海相沉积物,由海岸上升、海退或江河入海的回流淤积物露出水面而形成。其特点是各处粗细不一,有的全为砂粒,有的全为黏粒,质地细的养分含量较高,粗的则养分少,而且都含有盐分,形成滨海盐土。

(7)风积物(aeolian deposit):风积物是由风力将其他成因的堆积物搬运沉积而成,其特点是质地粗,砂性大,形成的土壤肥力低。

(8)黄土(loess):黄土为第四纪沉积物。其成因有的认为是风力搬运堆积而成,也有的认为是水流搬运堆积而成,尚未得到一致看法。黄土可分为马兰黄土、离石黄土和午城黄土几种。另外,在长江中下游还分布着一种质地黏重、性质与黄土相似的下蜀黄土。

(9)红土(red soil):红土又称为第四纪红色黏土,分布在我国南方,多呈红色、红棕色,质地黏重,养分少。

二、土壤颗粒

1. 粒径对土壤颗粒的矿物组成与化学组成的影响　土壤中的各种固体颗粒简称土粒,土粒又可分为单粒和复粒。复粒是各种单粒在物理化学和生物化学作用下复合而成的黏团、有机矿质复合体和微团聚体。单粒的粒径对其矿物组成与化学组成有重要的影响。在矿物组成上,粒径粗的土粒主要由原生矿物组成,其中以石英含量最多,此外还有长石、云母等原生硅酸盐矿物,还有少量赤铁矿、针铁矿、磷灰石等;粒径小的则基本上由次生矿物组成,而原生矿物很少。在化学组成上,随着土粒由粗到细,SiO_2质量分数降低,而铝、铁、钙、镁、钾、磷等质量分数增高。所以,土粒粗细不同,所含的植物营养元素也是有差别的。

2. 土壤粒级分类　土粒分级,一般是根据土粒当量粒径分为石砾、砂粒、粉砂粒和黏粒4级,每级的具体标准各国不尽相同,但却大同小异。现将4种常用标准分列于表1-1。

(1)国际制:由瑞典土壤学家爱特伯于1930年第二届国际土壤学会上提出,其特点是十进位制,分级少而便于记忆,但分级界线的人为性太强,不能如实反映土粒性质的变化规律。

(2)美国制:于1951年修订而成,把黏粒上限从5μm下降到2μm,这是根据当时对胶体的认识而定。这一胶体上限已为世界各国粒级制所公认和采用,往往被称为美国制。

(3)卡庆斯基制(苏联制):是由土壤科学家卡庆斯基提出。在工作中广泛使用的是卡庆斯基简易分级,即将0.01～1mm的粒级划为物理性砂粒,小于0.01mm的粒级则划为物理性黏粒。这种简化制的划分法,与我国农民所称的"砂"和"泥"的概念颇为相近。

(4)中国制:是在卡庆斯基制的基础上修订而来,在《中国土壤》(第2版,1987年)正式公布。它把黏粒的上限移至公认的2μm,而把黏粒级分为粗(0.001～0.002mm)和细(<0.001mm)两个粒级,后者即是卡庆斯基制的黏粒级。

表 1-1 常见的粒级分类制

当量粒径 /mm	国际制（1930 年）	美国制（1951 年）	卡庆斯基制（1957 年）		中国制（1987 年）
2～3	石砾	石砾	石砾		石砾
1～2		极粗砂粒			
0.5～1	粗砂粒	中砂粒		粗砂粒	粗砂粒
0.25～0.5		中砂粒		中砂粒	
0.20～0.25		细砂粒	物理性砂粒		
0.10～0.20	细砂粒			细砂粒	细砂粒
0.05～0.10		极细砂粒			
0.02～0.05				粗粉粒	粗粉粒
0.01～0.02		粉粒			
0.005～0.01	粉砂粒			中粉粒	中粉粒
0.002～0.005			物理性黏粒	细粉粒	细粉粒
0.001～0.002					粗黏粒
0.000 5～0.001	黏粒	黏粒		粗黏粒	
0.000 1～0.000 5				细黏粒	细黏粒
<0.000 1				胶质黏粒	

第二节　土壤质地及其改良

一、土壤的机械组成和土壤质地的概念

土壤中各粒级矿物质土粒所占的百分含量称为矿物质土粒的机械组成，也称颗粒组成。土壤质地是根据其机械组成划分的土壤类型。土壤质地的类型和特点主要继承了成土母质的类型和特点，又受人类耕作、施肥、灌溉、平整土地等因素的影响。一般分为砂土、壤土和黏土 3 类。质地是土壤的一种十分稳定的自然属性，反映母质来源及成土过程的某些特征，对土壤肥力有很大影响，因此，在制定土壤规划、进行土壤改良和管理时必须重视其质地特点。

二、土壤质地分类制

土壤质地分类制各国的标准也不统一。这里介绍国际制、卡庆斯基制和中国制 3 种土壤质地分类制。

1. 国际制土壤质地分类　国际制土壤质地分类于 1930 年与其粒级制一起在第二届国际土壤学大会通过。作为一种三级分类法，按砂粒、粉粒和黏粒 3 种粒级所在比例划为砂土、壤土、黏壤土和黏土等 4 类 12 种（图 1-1）。

2. 卡庆斯基制土壤质地分类　卡庆斯基制土壤质地分类有简制和详制两种，其中简制应用较广泛。卡庆斯基简制是根据物理性砂粒与物理性黏粒的含量并根据不同土壤类型——灰化土、草原土、红黄壤、碱化土、碱土将土壤划分为砂土类、壤土类、黏土类等 3 类 9 级（表 1-2）。

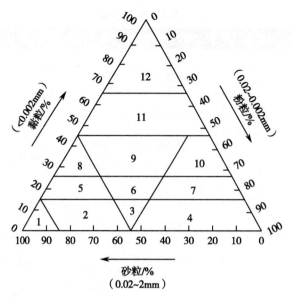

1. 砂土及砂壤土；2. 砂壤；3. 壤土；4. 粉壤；5. 砂黏壤；6. 黏壤；7. 粉黏壤；
8. 砂黏土；9. 壤黏土；10. 粉黏土；11. 黏土；12. 重黏土。

● 图1-1　国际制土壤质地分类

表1-2　卡庆斯基制土壤质地分类（简制，1958年）

质地组	质地名称	不同土壤类型的<0.01mm粒级的质量分数/%		
		灰化土	草原土/红黄壤	碱化土
砂土	松砂土	0～5	0～5	0～5
	紧砂土	5～10	5～10	5～10
壤土	砂壤土	10～20	10～20	10～15
	轻壤土	20～30	20～30	15～20
	中壤土	30～40	30～45	20～30
	重壤土	40～50	45～60	30～40
黏土	轻黏土	50～65	60～75	40～50
	中黏土	65～80	75～85	50～65
	重黏土	>80	>85	>65

3. 中国土壤质地分类　20世纪30年代，熊毅提出一个土壤质地分类。20世纪70年代邓时琴等拟了一个试行的"中国土壤质地分类"，载入《中国土壤》（第1版，1978年），后经修改，形成现行的中国土壤质地分类（表1-3）。

表1-3　中国土壤质地分类

质地组	质地名称	颗粒组成/%		
		砂粒 （0.05～1mm）	粗粉粒 （0.01～0.05mm）	细黏粒 （<0.001mm）
砂土	极重砂土	>80		
	重砂土	70～80		
	中砂土	60～70		
	轻砂土	50～60		

质地组	质地名称	颗粒组成 /%		
		砂粒 （0.05~1mm）	粗粉粒 （0.01~0.05mm）	细黏粒 （<0.001mm）
壤土	砂粉土	≥20	≥40	<30
	粉土	<20		
	砂壤土	≥20	<40	
	壤土	<20		
黏土	轻黏土	30~35		
	中黏土	35~40		
	重黏土	40~60		
	极重黏土	>60		

三、土壤质地改良

1. 不同质地土壤的肥力特点和作用

（1）砂质土（sandy soil）：这类土壤粒间孔隙大，毛管作用弱，透水性强而保水性弱，水气易扩散，易干不易涝；通气性好，土壤中一般不会累积还原物质，往往是水少气多。因土壤温度容易上升而称为热性土，有利于早春作物播种，但稳温性差。含养分少，保肥力弱，施肥后肥效发挥较快但不持久，属"前发型"土壤易造成作物后期脱肥早衰。

（2）黏质土（clayey soil）：这类土壤的粒间孔隙小，毛管细而曲折，透水性差，由于土壤温度不易上升而被农民称冷性土。养分含量较丰富且保肥力强，肥效发挥缓慢而持久，在早春温度低时，由于肥效缓慢易造成作物苗期缺素问题，属"后发型"土壤。黏结性、黏着性强，耕作费力，耕后质量差，是黏质土的特点。

（3）壤质土（loamy soil）：壤质土类兼具黏质土和砂质土的优点，克服了它们的缺点。耕性好，宜种广，对水分有回润能力，是较理想的质地类型。但需注意"沉浆"现象。

2. 土壤质地层次　除了土壤表层质地粗细有差别之外，同一土壤的上下层之间的质地也可能有很大不同。有的土壤的质地层次表现为上黏下砂，也有的表现为上砂下黏，或砂黏相间。产生质地层次性的原因很多，主要包括自然条件的影响和人为耕作的影响。

（1）自然条件产生的层次性：最常见的是冲积性母质上发育的土壤质地层次性。冲积母质在沉积时，由于不同时期的水流速率和母质来源不等，所以各个时期沉积物的粗细不一样，所谓"紧出砂，慢出淤，不紧不慢出两合（即壤土）"，这说明冲积母质的质地差别和水流速率的关系。除了母质有层次性外，在土壤形成过程中，由于黏粒随渗漏水下移或因下层化学分解使黏粒增多，也使土体各层具有不同的质地。

（2）耕作的作用：经常反复耕作，犁的重压使土壤形成犁底层，不仅使这层土壤变得紧实，而且土壤质地也发生分化，对水稻土的作用尤为突出。耕地土壤上的串灌也可使表层中细土粒大量流失，造成上砂下黏的土层。

质地层次对土壤肥力的影响，侧重在质地层次排列方式和层次厚度上，特别是土体 1m 内的层次特点。一个良好的质地层次，应该易于协调供应作物整个生长过程中水、肥、气、热的需要，一般来讲,"上砂下黏"比"上黏下砂"好。

3．土壤质地的改良　良好的土壤质地一般应是砂黏适中,有利于形成良好的土壤结构,具有适宜的通气透水性,保水保肥,有稳定的土壤温度状况,适种植物广。而砂质土和黏质土在生产上所表现出来的性状,往往不同程度地制约了植物的正常生长,为了提高土壤肥力及满足植物生长的需要,必须对其进行改良。

（1）客土法:对过砂或过黏的土壤,可分别采用"泥掺砂"或"砂掺泥"的办法,来调整土壤的砂黏比例,以达到改良质地、改善耕作、提高肥力的目的。这种搬运别地土壤掺和到过砂或过黏的土壤里,使之相互混合,以改良本土质地的方法称为"客土法"。一般使黏砂比例以 3∶7 或 4∶6 为好。客土法可在整块田进行,也可在播种行或播种穴中客土。对于砂土,可施用大量塘泥、湖泥等,既可改变质地,又增加养分,增厚耕作层。

（2）耕翻法:也称"翻淤压砂法"或"翻砂压淤法"。这是指对于砂土层下不深处有黏土层或黏土层下不深处有砂土层(隔砂地)者,可采用深翻,使砂黏掺和,以达到合适的砂黏比例,改善土壤物理性质,从而提高土壤肥力。

（3）引洪漫淤法:对于沿江、沿河的砂质土壤,可以采用引洪漫淤法改良。即通过有目的地、有控制地把洪流引入农田,使细泥沉积于砂质土壤中,就可以达到改良质地和增厚土层的目的。所谓"一年洪水三年肥",指的就是这种漫淤肥田的效果。在实施过程中,要注意边灌边排,尽可能做到留泥不留水。为了让引入的洪水中少带砂粒,要注意提高进水口,截阻砂粒的进入。

（4）增施有机肥料:有机肥可提高黏质土、砂质土中的有机质的含量,有机质的黏结力、黏着力比砂粒更强,这有利于克服黏土过黏、砂土过砂的缺点。对砂质土壤来说,可使土粒比较容易黏结成小土团,从而改变了它原先松散无结构的不良状况;对黏质土壤来说,有机质含量提高,可使黏结的大土块碎裂成大小适中的土团。因此,增施有机肥料可以改良土壤结构,从而消除过黏或过砂土壤所产生的不良物理性质。此外,通过种植田菁、绿豆、苜蓿、紫云英、草木樨等也可以增加土壤有机质,创造良好的土壤结构。

第三节　土壤有机质

土壤有机质(soil organic matter)指存在于土壤中的所有含碳的有机物质。它包括土壤中各种动物、植物残体,微生物及其分解和合成的各种有机物质。它是土壤的重要组成部分,是土壤肥力的物质基础。不同的土壤,有机质含量高的可达 300g/kg 以上,低的不足 5g/kg。一般将耕层土有机质含量在 200g/kg 以上的土壤称为有机质土壤,含 200g/kg 以下的称为矿质土壤。与无机矿物相比,土壤有机质质量分数虽较低,但在土壤中的作用十分重要。

一、土壤有机质的来源及其特征

1．土壤有机质的来源　在原始土壤中,最早出现在母质中的有机体是微生物。随着生物的进化和成土过程的发展,动植物残体及其分泌物逐渐成为土壤有机质的基本来源。

在自然土壤中,有机质主要来源于生长在土壤中的高等绿色植物(包括地上部分和地下部分),其次是生活在土壤中的动物和微生物。在农业土壤中,土壤有机质主要来源于每年施用的有机肥料和作物的残茬、根系及根系分泌物,以及施入或进入到土壤中的人、畜粪便、工农业副产品的废料、城市生活垃圾、污水等。

2.土壤有机质的形态　进入土壤的有机质一般呈3种状态。

(1)新鲜的有机质:是指那些刚进入土壤不久,仍保持原来生物体解剖特征的动植物残体,基本上未被微生物分解。

(2)半分解有机残余物:是指新鲜有机质经微生物分解,原始形态结构遭到破坏并已失去解剖学特征的有机质,其多呈分散的暗黑色碎屑和小块,如泥炭等。

(3)腐殖质:指有机质经过土壤微生物分解和再合成的一类褐色或暗褐色的大分子胶体物质,因其与土壤颗粒紧密结合,不能用机械方法分离,是有机质的主要成分,占土壤有机质总量的85%～90%。土壤腐殖质是改良土壤性质、供给作物营养的主要物质,也是土壤肥力水平的主要标志之一。

3.土壤有机质的组成及性质　土壤有机质的基本元素组成是C、O、H、N,其中C占52%～58%,O占34%～39%,H占3.3%～4.8%,N占3.7%～4.1%。其次是P和S,还有K、Ca、Mg、Si、Fe、Zn、Cu、B、Mo和Mn等灰分元素,碳氮比(指有机物中碳素总量和氮素总量之比,C/N)一般为10～12。进入土壤的有机残体,尽管来源不同,但主要含有碳水化合物、含氮化合物、木质素等物质,有些含有树脂、蜡质等。

(1)碳水化合物:包括一些简单的糖类及淀粉、纤维素和半纤维素等多糖类,以及酸、醛、醇、酮类化合物。糖类包括单糖、双糖和多糖三大类,如葡萄糖($C_6H_{12}O_5$)、蔗糖($C_{12}H_{22}O_{11}$)和淀粉等。半纤维素在酸和碱的稀溶液处理下,易于水解;纤维素在较强的酸和碱的处理下可以水解,它们均能被微生物所分解。酸类有葡萄糖酸($C_6H_{12}O_7$)、柠檬酸($C_6H_8O_7$)、酒石酸($C_4H_6O_6$)等。以上各类化合物在被微生物分解后产生CO_2、H_2O;在嫌气条件下,能产生H_2、CH_4等还原性气体。

(2)木质素:木质素主要是植物细胞壁的成分,是一类复杂的有机化合物,性质较稳定,不易被细菌和化学物质所分解,但可被真菌和放线菌分解。

(3)含氮化合物:土壤中含氮化合物95%以上是有机态的,易被微生物分解。生物体中主要的含氮物质为蛋白质。各种蛋白质经过水解以后,可产生多种不同的氨基酸。蛋白质的元素组成除C、H、O、N外,还含有S、P和Fe等植物营养元素等。

(4)脂肪、蜡质、树脂和单宁等:不溶于水,而溶于醇、醚及苯中,是十分复杂的化合物。在土壤中除脂肪分解较快外,一般都很难彻底分解。

(5)灰分:灰分是在特定条件下,植物残体经过灼烧后留下的物质。构成灰分的主要元素为Ca、Mg、K、Na、Si、P、S、Fe和Mn,这些元素又成为作物的营养元素。

二、土壤有机质的转化

进入土壤的有机质在微生物的作用下,进行着极其复杂的转化过程,主要包括有机质的矿化和腐殖化过程。前者是有机质被分解成简单的无机化合物并释放矿质营养的过程;后者则是简单的有机化合物重新化合形成新的、较稳定的有机化合物并保蓄养分的过程。

这两个过程不可分割、相互联系，随条件的改变而互相转化。矿化过程的中间产物又是形成腐殖质的基本材料，腐殖化过程的产物——腐殖质并不是永远不变的，它可以再经过矿化分解释放其养分。对于农业生产而言，矿化作用为作物生长提供充足的养分，但过强的矿化作用，会使有机质分解过快，造成养分的大量损失，腐殖质难以形成，使土壤肥力水平下降。因此，适当地调控土壤有机质的矿化速度，促使腐殖化作用的进行，有利于改善土壤的理化性质和提高土壤肥力。

（一）土壤有机质的矿化

土壤有机质的矿化（mineralization）指土壤有机质在微生物作用下，分解为简单无机化合物的过程。其最终产物为 CO_2、H_2O，而氮、磷和硫等则以矿质盐类释放出来，同时放出热量，为植物和微生物提供养分和能量。该过程也为形成土壤腐殖质提供物质来源。

1. 含碳化合物的转化 土壤中的碳水化合物在微生物分泌的水解酶作用下，由不溶性碳水化合物转化为可溶性物质，如葡萄糖等，再进一步形成有机酸、醇类及酮类，最后经微生物作用，彻底分解产生 CO_2、H_2O 和无机盐等简单物质，并释放能量。土壤微生物在低温、嫌气条件下，有机酸变为 CO_2 和 H_2O 的过程受到阻碍，产生还原性气体和有机酸的累积，后者会造成植物根系萎缩、腐烂。

2. 含氮化合物的转化 植物吸收利用的氮主要以 NO_3^-、NH_4^+ 等无机态形式。土壤中无机态氮质量分数较少，必须依靠含氮有机化合物的不断分解转化来满足作物之需。在此转化过程中，微生物起着十分重要的作用。主要过程如下。

（1）水解过程：蛋白质在蛋白质水解酶的作用下，分解成简单的氨基酸类的含氮物质。

蛋白质 —→ 水解蛋白质 —→ 消化蛋白质 —→ 缩氨酸（或多肽）—→ 氨基酸

（2）氨化过程：蛋白质水解产生的氨基酸在多种微生物及其酶的作用下，进一步分解成氨或铵盐的过程，称为氨化作用。此过程在好气或嫌气条件下均可发生。

$$RCHNH_2COOH + H_2O \xrightarrow{\text{水解作用}} \begin{cases} RCHOHCOOH + NH_3 \\ RCH_2OH（醇）+ CO_2 + NH_3 \end{cases}$$

$$RCHNH_2COOH + O_2 \xrightarrow{\text{氧化作用}} RCOOH（有机酸）+ CO_2 + NH_3$$

$$RCHNH_2COOH + H_2 \xrightarrow{\text{还原作用}} RCH_2COOH（有机酸）+ NH_3$$

（3）硝化过程：氨化过程产生的氨或铵盐可被微生物利用，也可以被植物作为氮素营养的来源吸收利用。氨或铵盐的一部分，在微生物作用下，先氧化为亚硝酸，最后氧化为硝酸的过程称为硝化过程。

$$2NH_3 + 3O_2 \xrightarrow{\text{亚硝酸细菌}} 2HNO_2 + 2H_2O + 热$$

$$2HNO_2 + O_2 \xrightarrow{\text{硝酸细菌}} 2HNO_3 + 热$$

产生的硝酸可与土壤中的盐基结合成硝酸盐，存在于土壤之中，成为植物和微生物直接吸收利用的养料。

（4）反硝化过程：在反硝化细菌的作用下，硝酸盐被还原为 N_2O、NO 以及 N_2 的过程，称为反硝化过程。

$$2HNO_3 \xrightarrow{-2[O]} 2HNO_2 \xrightarrow{-[O]} N_2O、NO 或 N_2$$

尽管反硝化过程中产生亚硝酸盐,但亚硝酸盐不会在土壤积累,而是直接变为一氧化二氮、一氧化氮或氮气。

3. 含磷有机物的转化 土壤中的含磷有机物在多种微生物的作用下,形成磷酸,成为植物能吸收利用的养料。在多种微生物中,以磷细菌的分解能力最强。但是在嫌气条件下,许多微生物会引起磷酸还原,产生亚磷酸和次磷酸,在有机质丰富的条件下,进一步还原成磷化氢。土壤中的生物活动与有机质分解产生的二氧化碳可以促进不溶性无机磷化合物的溶解,改善植物根际磷营养。

核蛋白质——→核素——→核酸——→磷酸卵磷脂——→甘油磷酸脂——→磷酸

4. 脂肪、树脂、蜡质、单宁的矿化 这类有机物的矿化过程与碳水化合物基本相同,不同之点是在嫌气条件下产生多酚化合物,这是形成腐殖质的基本材料。

5. 木质素的矿化 木质素是芳香性聚合物,含碳量高,在土壤真菌和放线菌作用下缓慢地转化,最终产物是 CO_2 和 H_2O,但往往只有50%可形成最终产物,其余仅降解为中间产物,作为形成腐殖质的原始材料。

土壤有机质因矿化作用每年损失的量占土壤有机质总量的百分数称为有机质的矿化率,一般在1%~3%。由于土壤有机质的矿化率与有机氮的矿化率同步,因而可通过测定土壤有机氮的矿化率来代表有机质的矿化率。

(二)土壤有机质的腐殖化作用

进入土壤的有机质转化成腐殖质的过程,称为腐殖化作用。由于腐殖质较一般有机物复杂,因此腐殖化作用不单纯是有机物质的分解过程,而且还有合成作用,这是在微生物作用下进行的极其复杂的生化过程,也不排除一些纯化学过程。一般将腐殖化作用分为两个阶段。

第一阶段是微生物将动植物残体转化为腐殖质的组成分(结构单元),如芳香族化合物(多元酚)和含氮化合物(氨基酸)等。

第二阶段是在微生物的作用下,各组分合成(缩合作用)腐殖质。在这一阶段中微生物分泌的酚氧化酶,将多元酚氧化为醌类,醌类成分易和其他成分(氨基酸、肽)缩合成腐殖酸的单体分子。

腐殖质形成后稳定性较强,很难分解。但形成条件变化后,随着微生物种群的变化,新产生的微生物种群会促进腐殖质的分解,并释放其贮存的营养物质,被植物利用。故腐殖质的形成和分解对立的过程对土壤肥力均具重要意义,如何调控这两个过程是农业生产中的重要问题。

有机物进入土壤后,残留的碳量占施入碳量的分数,称为腐殖化系数,通常在0.14~0.68。腐殖化系数关系到不同有机物料对土壤腐殖质的贡献及土壤培肥的效果。腐殖化系数的大小与有机物料本身的性质和环境因素都有密切关系。有机物料的化学组成特别是C/N和木质素含量影响腐殖化系数,因而不同的有机物料其腐殖化系数不同(表1-4)。

表1-4 不同有机物料的腐殖化系数

有机物料	绿萍	蚕豆秆	紫云英	水葫芦	田菁	柽麻	稻根	麦根	稻草
腐殖化系数	0.43	0.21	0.18	0.24	0.37	0.36	0.50	0.32	0.23
C/N	11.2	12.6	14.8	16.3	24.5	28.5	39.3	49.3	61.8
木质素/%	20.2	8.65	8.58	10.2	11.8	15.3	17.4	20.7	12.5

（三）影响土壤有机质转化的因素

土壤有机质的转化受各种外界环境条件的影响，由于微生物是土壤有机质分解和转化的驱动力，因此凡是能影响微生物活动及其生理作用的因素都会影响有机物质的分解和转化。

1. 有机残体的特性　新鲜多汁的有机物质比干枯秸秆易于分解，有机物质的细碎程度影响其与外界因素的接触面，从而也影响其矿化速率。

有机物质组成中的碳氮比对其分解速度影响很大。氮是组成微生物体细胞的要素，而有机质中的碳则既是微生物活动的能源，又是构成体细胞的主要成分。一般来说，微生物组成自身的细胞需要吸收 1 份氮和 5 份碳，同时还需 20 份碳作为生命活动的能源，即微生物在生命活动过程中，需要有机质的碳氮比约为 25∶1。当有机残体的碳氮比在 25∶1 左右时，微生物活动最旺盛，分解速度也最快，如果被分解有机质的碳氮比 <25∶1，对微生物的活动有利，有机质分解快，分解释放出的无机氮除被微生物吸收构成自己的身体外，还有多余的氮素存留在土壤中，可供作物吸收。如果碳氮比 >25∶1，微生物就缺乏氮素营养，生长发育受到限制，不仅有机质分解慢，而且有可能使微生物和植物争夺土壤中原有的有效氮素养分，使作物处于暂时缺氮的状态。所以有机残体的碳氮比大小，会影响它的分解速度和土壤有效氮的供应。各种植物残体的碳氮比不同，禾本科的根茬和茎秆的碳氮比为（50～80）∶1，故残体的分解较慢，土壤硝化作用受阻的时间也较长，而豆科植物的碳氮比为（20～30）∶1，故分解速度快，对硝化作用的阻碍很小。此外成熟残体比幼嫩多汁残体碳氮比要高。为了防止植物缺氮，并促使其迅速分解，在使用含氮量低的水稻、小麦等作物秸秆时应同时适当补施速效氮肥。

2. 土壤的水分和通气状况　有机质的分解强度与土壤含水量有关。当土壤在风干状态（只含吸湿水）时，微生物因缺水而活动能力降低，分解很缓慢；当土壤湿润时，微生物活动旺盛，分解作用加强。但若水分太多，使土壤通气性变坏又会降低分解速度。植物残体分解的最适水势在 -0.01～-0.1MPa，当水势降到 -0.3MPa 以下时，细菌呼吸作用迅速降低，而真菌一直到 -4～-5MPa 时可能还有活性。

土壤通气良好时，好气性微生物活跃，这时有机质进行好气分解，其特点是速度快，分解较完全，矿化率高，中间产物累积少，有利于植物的吸收利用，但不利于土壤有机质的累积和保存。土壤通气不良时，嫌气性微生物活动旺盛，有机质分解速度慢，分解不完全，矿化率低，中间产物容易积累，有利于有机质的积累和保存，还会产生甲烷和氢气等对作物生长有毒害影响的还原性气体。

由上可知，土壤通气性过盛或过差，都对土壤肥力不利。必须使土壤中好气性分解和嫌气性分解能够伴随配合进行，才能既保持适当的有机质水平，又能使作物吸收利用足够的有效养料。故调节土壤通气状况，是提高土壤肥力的方法之一。

3. 温度　温度影响植物的生长和有机质的微生物降解。一般在 0℃以下，土壤有机质的分解速率很小；在 0～35℃范围内，有机质的分解随温度升高而加快。温度每升高 10℃，土壤有机质的最大分解速率提高 2～3 倍，土壤微生物活动的最适宜温度范围为 25～35℃，超出这个范围，微生物活性就会明显受到抑制。另外，土壤中有机质的积累或降解，也要看湿度及其他条件。在高温干燥条件下，植物生长差，有机质产量低，而微生物在好气条件下分解迅速，因而土壤中有机质积累少；在低温高湿的条件下，有机质因为嫌气分解，故一般趋于累积。当温度更低、有机质来源少时，微生物活性低，则土壤中有机质同样也不会积累。

4．土壤特性　气候和植被在较大范围内影响土壤有机质的分解和积累,而土壤质地在局部范围内影响土壤有机质的质量分数。土壤有机质质量分数与其黏粒质量分数呈极显著的正相关,黏质和粉砂质土壤通常比砂质土壤含有更多的有机质。腐殖质和黏粒胶体结合形成的黏粒——腐殖质复合体,可免受微生物的破坏,防止有机质遭受分解。

土壤 pH 也通过影响微生物的活性而影响有机质的降解。各种微生物都有最适宜生存的 pH 范围,真菌适宜于酸性环境(pH 3～6),大多数细菌的最适 pH 在中性范围(pH 6.5～7.5),放线菌适合于微碱性条件。真菌在分解有机质过程中产生酸性很强的腐殖质酸,会使土壤酸度增高,肥力降低。在通气良好的微碱性条件下,硝化细菌容易活动,因而土壤中的硝化作用旺盛。因此,在农业生产中,改良过酸过碱的土壤,对促进有机质的矿化有显著效果。

三、土壤腐殖质

（一）土壤腐殖质的组成

腐殖质是一类组成和结构都极其复杂的天然高分子聚合物,其主体是各种腐殖酸及其盐。腐殖质又可与各种土壤矿物结合形成有机无机复合体,故难溶于水。目前研究腐殖质的性质时,多通过不同溶剂浸提分离法,将腐殖质划分为 3 种组分,即富里酸、胡敏酸与胡敏素。具体步骤如图1-2。

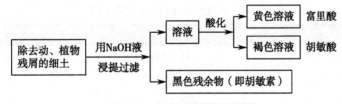

● 图 1-2　腐殖质分离提取过程

在以上浸提和分离过程中,各组分中都有许多混杂物。例如,在富里酸组分中混有某些多糖类及多种低分子的非腐殖化有机化合物;在胡敏酸组分中混有高度木质化的非腐殖质物质。胡敏素是胡敏酸的同位异构体,分子质量较小,并与矿质部分紧密结合,以致失去水溶性和碱溶性,在腐殖酸中所占的比例不大,不是腐殖酸的主要组分。腐殖酸的主要组成是胡敏酸和富里酸,通常占腐殖酸总量的 60% 左右。

（二）土壤中腐殖质的存在形态

1．游离态腐殖质　常见于红壤,在一般土壤中占比极少。

2．稳定性盐类　通过与土壤中的盐基化合物合成,形成以腐殖酸钙和腐殖酸镁为主的化合物,常见于黑土中。

3．凝胶体　通常与含水三氧化物化合而成。

4．有机无机复合体　有机无机复合体由土壤中的黏粒和土壤有机质结合而成。用 0.1mol/L NaOH 提取获得的腐殖质,称为松结态腐殖质;用 0.1mol/L NaOH 和 0.1mol/L $Na_4P_2O_7$ 浸提获得腐殖质称联接态腐殖质,在此基础上再用超声波处理获得的腐殖质称为稳结态腐殖质;最后残余的与矿物紧密结合的部分称为紧结态腐殖质。

在上述 4 种形态中,以紧结态腐殖质最为重要,它常占土壤腐殖质中的大部分。腐殖质与黏粒结合的方式,据现有资料认为有两种可能:其一,由钙离子的关系而结合,这样的结合在农业上特别重要,因为它和水稳性团粒的形成有关。其二,由铁、锰、铝(特别是铁)离子的关系而结合着,这种结合有高度的坚韧性,有时甚至可以把腐殖质和砂粒结合起来,但不一定具备水稳性。总之,腐殖质在土壤中主要是和矿物质胶体结合着,形成土壤的有机无机复合体而存在。

(三)土壤腐殖质的组成与性质

1. 元素组成　腐殖质元素以 C、H、O、N、S 和 P 为主,还有少量 Ca、Mg、Fe、Si 及微量元素等。各种土壤中腐殖质的元素组成并不完全相同。整体而言,含碳 55%～60%(在计算土壤腐殖质质量分数时,常以土壤有机碳百分数质量分数乘以 1.724 作为其腐殖质质量分数),含氮 3%～6%,C/N 平均为 10:1～12:1。就不同的腐殖酸相比较,胡敏酸的碳、氮质量分数一般高于富里酸,而氧和硫的质量分数则低于富里酸。

2. 官能团　腐殖酸分子中含有多种官能团,主要有羧基、羟基、醌基等(表 1-5)。各种官能团的存在使土壤腐殖质表现出多种活性,如带电性、吸附性、对金属离子的络合能力、氧化还原性等。

3. 分子结构和分子质量　腐殖酸都属于大分子聚合物,分子结构非常复杂,其单体中含芳核结构,芳核上有取代基,并连接肽链或脂肪族侧链。

表 1-5　我国土壤中腐殖质含氧官能团　　　　　　　　　　　　　　单位: cmol/kg

含氧官能团	胡敏酸	富里酸
羧基	275～481	639～845
酚羟基	221～347	143～257
醇羟基	224～426	515～581
醌基	90～181	54～58
酮基	32～206	143～254
甲氧基	32～95	39

资料来源: 文启孝,《土壤有机质》,1984。

由于复杂的分子结构,腐殖酸的分子量也很大。据测定,腐殖质的数均分子量胡敏酸在 $5×10^3$Da 以下,富里酸在 $1×10^3$Da 以下;重均分子量胡敏酸在 17 000～77 000Da,一般不超过 20 万 Da,富里酸为 5 500Da。

腐殖酸分子的形状和大小,研究报道很不一致。腐殖酸制备液的分子粒径,最大的可超过 10nm,其形状过去认为成网状多孔结构,近来通过电子显微镜拍照或通过黏性特征推断,认为其外形呈球状,而分子内部则为交联构造,结构不紧密,尤以表面一层更为疏松,整个分子表现为非晶质特征。

腐殖质整体呈黑色。不同组分腐殖酸随分子量增大颜色加深,富里酸为黄色而胡敏酸呈褐色。

4. 溶解性和吸水性　腐殖质溶解于碱,胡敏酸在酸中沉淀而富里酸在酸中不沉淀。胡敏酸不溶于水,但其与一价金属形成的盐溶于水,而与钙、镁、铁、铝等多价金属离子的盐溶解度大大降低。富里酸水溶性较强,其溶液具酸性,和一价、二价金属离子形成的盐能溶于水。

腐殖酸可与铁、铝、铜、锌等高价离子形成络合物。络合物的稳定性随介质 pH 升高而增大,但随介质离子强度的增大而降低。

腐殖质也是一种亲水性胶体,有较强的吸水能力,最大吸水量可超过 500%。

5. 稳定性　腐殖酸有很高的化学稳定性和抗微生物分解的生物稳定性。如在温带,一般植物残体的半分解期少于 3 个月,植物残体形成的土壤有机质半分解期为 4.7～9 年,而胡敏酸的平均停留时间可达 780～3 000 年,富里酸可达 200～630 年。

四、土壤有机质的作用

(一)土壤有机质对土壤肥力的影响

1. 提高土壤的持水性,减少水土流失　腐殖质具有巨大的比表面积和亲水基团,吸水能力是黏土矿物的 10 倍,具有提高土壤保蓄水分的能力,能提高土壤有效水分的含量,减轻水分的地表径流和深层渗漏,降低土壤水分优势流的强度,从而减少水土流失。

2. 提供作物所需的养分　土壤有机质不仅是一种稳定而长效的氮源物质,而且它几乎含有作物和微生物所需的各种营养元素。资料表明,我国主要土壤表土中 80% 的氮、20%～76% 的磷以有机态存在,在大多数非石灰性土壤中,有机态硫占全硫的 75%～95%。随着有机质的矿化,这些养分都转变成矿质盐类(如铵盐、硫酸盐、磷酸盐等),以一定的速率不断地释放出来,供作物和微生物利用。

3. 改善土壤的物理性质　腐殖质在土壤中主要以胶膜形式包被在矿质土粒的外表。由于它是一种胶体,黏结力和黏着力都大于砂粒,施于砂土后能增加砂土的黏性,可促进团粒结构的形成。腐殖质具有松软、絮状、多孔的特点,黏结力又比黏粒小 11 倍,黏着力比黏粒小一半,所以黏粒被它包被后,易形成散碎的团粒,使土壤变得比较松软而不再结成硬块。有机质能使砂土变紧,黏土变松,土壤的保水、透水性以及通气性都有所改变,同时使土壤耕性也得到改善,耕翻省力,适耕期长,耕作质量也相应地提高。

由于腐殖质是一种暗褐色的物质,它的存在能明显地加深土壤颜色,从而提高了土壤的吸热性。同时腐殖质热容量比空气、矿物质大,但比水小,而导热性质居中。因此在同样日照条件下,腐殖质质量分数高的土壤温度相对较高,且变幅不大,利于保温和春播作物的早发速长。

4. 增强土壤的保肥性和缓冲性　因腐殖质带有正负两种电荷,故可吸附阴、阳离子;又因其所带电性以负电荷为主,所以它具有较强的吸附阳离子的能力,其中作为养料的 K^+、NH_4^+、Ca^{2+}、Mg^{2+} 等一旦被吸附后,就可避免随水流失,而且能随时被根系附近的其他阳离子交换出来,供作物吸收,仍不失其有效性。

腐殖质保存阳离子养分的能力,要比矿质胶体大许多倍。一般腐殖质的阳离子吸收量为 150～400cmol(+)/kg。因此,保肥力很弱的砂土中增施有机肥料后,不仅增加了土壤中养分质量分数,改良砂土的物理性质,还可提高其保肥能力。

腐殖质是一种含有多酸性官能团的弱酸,其盐类具有两性胶体的作用,因此有很强的缓冲酸碱变化的能力。所以提高土壤腐殖质质量分数,可增强土壤缓冲酸碱变化的性能。

5. 提高土壤微生物和酶的活性,促进养分的转化　土壤有机质是土壤微生物生命活动所需养分和能量的来源,是土壤中所有生物化学过程的枢纽。土壤微生物生物量与土壤有机质含量呈极显著的正相关,且有机质不像新鲜植物残体那样对微生物产生迅猛的激发效应,而是持久稳定地向微生物提供能源。正因为如此,含有机质高的土壤,肥力平稳而持久,作物不易产生猛发或脱肥现象。

土壤有机质通过刺激土壤微生物和动物的活动增强土壤酶的活性,从而直接影响土壤养分转化的生物化学过程。但是,有机质分解过程中可能产生一些对植物生长有毒害的中间产物,特别是在嫌气条件下更易发生,如一些脂肪酸(如乙酸、丙酸和丁酸)的积累,在达到一定的浓度后会对植物产生毒害作用。

(二)土壤有机质对生态环境的影响

1. **土壤有机质对全球碳平衡的影响**　土壤有机质是全球碳循环系统中非常重要的碳库,在全球碳平衡链条中占据极其重要的地位。据报道,全球土壤有机质的总碳量为($1.4\sim1.5$)$\times10^{12}$吨,是陆地生物总碳量(5.6×10^{11}吨)的$2.5\sim3.0$倍。而每年因土壤有机质生物分解释放到大气的总碳量为6.8×10^{10}吨,比全球每年因焚烧燃料释放到大气的碳量高$11\sim12$倍。可见,土壤有机质的转化对地球自然环境具有重大影响。从全球来看,土壤有机碳水平的不断下降,对全球气候变化的影响将不亚于人类活动的影响。

2. **土壤有机质对重金属的影响**　土壤腐殖物质含有多种官能团,这些官能团大多对重金属有较强的络合和富集能力,对土壤和水体中重金属离子的固定和迁移有极其重要的影响。各种官能团对金属离子的亲和力为:烯醇基>氨基>偶氮化合物>环氮>羧基>酰基>羰基。

重金属离子的存在形态也受腐殖物质的络合作用和氧化还原作用的影响。胡敏酸可作为还原剂将有毒的Cr^{6+}还原为Cr^{3+}。胡敏酸上的羧基能与Cr^{3+}形成稳定的复合体,从而可限制动植物对其的吸收。腐殖物质还能将V^{5+}还原为V^{4+},将Hg^{2+}还原为Hg,将Fe^{3+}还原为Fe^{2+},将U^{6+}还原为U^{4+}。

3. **土壤有机质对农药等有机污染物的影响**　土壤有机质对农药等有机污染物有很强的亲和力,对有机污染物在土壤中的生物活性、残留、生物降解、迁移和蒸发等过程有重要的影响。土壤有机质是固定农药的最重要土壤成分,其对农药的固定与腐殖质官能团的数量、类型和空间排列密切相关,也与农药本身的性质有关。一般认为,极性有机污染物可以通过离子交换和质子化、氢键、范德华力、配位体交换、阳离子桥和水桥等各种不同机制与土壤有机质结合。对于非极性有机污染物,土壤有机质可以通过分隔机制与之结合。腐殖物质分子中既有极性亲水基团,也有非极性疏水基团。

可溶性腐殖质能促进农药从土壤向地下水的迁移。富里酸有较低的分子质量和较高酸度,可溶性比胡敏酸好,能更有效地将农药和其他有机物质迁移出表层土壤。腐殖质还能作为还原剂改变农药的结构,这种改变因腐殖物质中羧基、酚羟基、杂环、半醌等的存在而加强。一些有毒有机化合物与腐殖质结合后,其毒性明显降低或消失。

五、土壤有机质的管理与调节

有机质是土壤肥力的物质基础,有机质含量的高低是土壤肥力高低的重要标志。在一定的有机质含量范围内,土壤肥力和作物产量均随有机质含量增加而提高。但土壤有机质含量并非越高越好,当超出一定范围时,这种相关性就不明显。

土壤有机质的含量取决于有机质的年生成量和年矿化率的动态变化。当两者处于动态平衡时,土壤有机质含量将保持不变;当有机质生成量大于矿化量时,有机质含量将逐渐增加,反之则降低。要增加土壤中的有机质,就必须使土壤中有机质的积累和分解这一矛盾统一起来,以达到既能提高土壤有机质含量、保证土壤肥力,又能保证适当的分解速度向作物提供养分的目的。

(一)增加土壤有机质的途径

1. 增施有机肥料　我国药用植物栽培中,药农素有施有机肥料的习惯,使用的种类和数量较多,针对不同的药用植物,积累了不同的施肥经验。常见的有腐熟的粪肥、厩肥、堆肥、饼肥、蚕沙等,其中粪肥和厩肥是普遍使用的有机肥料。

2. 秸秆还田　秸秆还田是增加土壤有机质、提高作物产量的有效措施。在秸秆还田时,要注意禾本科植物秸秆和豆科作物秸秆或厩肥混合使用,这样可以调节碳氮比,加速残体分解,积累腐殖质,防治作物缺氮。

3. 种植绿肥作物　栽培绿肥作物,实行绿肥植物与目标作物轮作,是我国农业生产中长期以来补充土壤有机质、调节土壤结构的重要措施。绿肥具有产量高、有机物含量高、养分丰富、分解迅速等优点,形成腐殖质速度也较快,可以不断更新土壤腐殖质。在中药栽培中面临连作障碍、品质降低、抗性降低等诸多问题方面,栽培绿肥作物是值得借鉴的重要措施。

(二)土壤有机质的调节

土壤有机质的分解速率和土壤微生物活动密切相关,可以通过控制影响微生物活动的因素,来达到调节土壤有机质分解速率的目的。调节途径主要有以下几个方面。

1. 调节土壤水、气、热状况　土壤水、气、热状况影响有机质转化的方向与速度。在生产中常通过灌排、耕作等措施,改善土壤水、气、热状况,从而达到促进或调节土壤有机质转化的效果。

2. 合理的耕作和轮作　既能调节进入土壤中的有机质种类、数量及其在不同深度土层中的分布,又能调节有机质转化的水、气、热条件。在保持和增加土壤有机质的质和量上往往是影响全局的有力措施。我国人民在长期生产实践中形成的良好粮肥轮作、水旱轮作制等,都是用地养地的良好的农业耕作措施,既利于发挥地力,又提高了有机质质量分数,培肥了土壤。

3. 调节碳氮比和土壤酸碱度　根据有机质的成分,调节其碳氮比来调节土壤有机质的矿化和腐殖化过程。在施用碳氮比大的有机肥料时,可同时适当加入一些含氮量高的腐熟的有机肥料和化学氮肥,通过缩小碳氮比,加速有机质的转化。土壤微生物一般适宜在中性至微碱性范围生活,通过改良土壤的酸碱性,以增强微生物的活性,改善土壤有机质转化的条件。

除上述措施外,还必须通过调节土壤水、气、热状况,合理的耕作和轮作,改良土壤酸碱性等措施,改善土壤有机质转化的条件,从而促进或调节土壤有机质的分解转化速率,达到培肥土壤的效果。

第四节　土壤生物

土壤是生物的重要栖息地,是陆地生态系统中生物种类最丰富、数量最多的亚系统。土壤生物在土壤中完成全部或部分生命周期,是土壤的重要组成部分。土壤生物是陆地生态系统各种物质循环的驱动者,是土壤肥力形成和持续发展的基础;土壤生物能降解有机质、驱动养分循环、转化各种污染物质、产生和消耗温室气体等。通常将生活在土壤中的微生物、动物和植物等总称为土壤生物(soil organism)。土壤生物分布在土体的各个部分,具有多样化的生命活动类型,与土壤环境之间构成多样的生态复合体,形成丰富的土壤生物类群多样性、遗传多样性、功能多样性和群落多样性等。

本节主要介绍土壤微生物和土壤动物的主要类群、分布及其生态功能。

一、土壤微生物主要类群与功能

土壤微生物(soil microorganism)是土壤中微小生物的总称。土壤微生物分布广泛,数量庞大,种类繁多。全球土壤中含有$(4\sim5)\times10^{30}$个微生物(不包括病毒),其数量是海洋微生物的 10 倍。1g 原始土壤中可包含 10^6 种不同的微生物分类群。土壤微生物可分为病毒、细菌、放线菌、古菌、真菌、藻类和原生动物等生物类群。依据不同碳源、能源与电子来源可分为自养型与异养型、光能营养型与化能营养型、无机营养型与有机营养型,大多数微生物可归于光能(无机)自养型、化能(无机)自养型、光能(有机)异养型、化能(有机)异养型与兼性自养型等 5 类营养类型中的一类。

土壤微生物是土壤生态系统中极其重要和最为活跃的部分,土壤微生物直接或间接影响几乎所有的土壤过程,是土壤生态系统中物质转化、能量传递和元素地球化学循环的重要参与者。土壤微生物在土壤的形成与发育、土壤结构的形成与改良、土壤系统稳定性与抗干扰能力的维持,以及有毒物质的降解与净化和土壤的可持续生产等方面起着重要作用。土壤微生物是土壤有机质矿化的主体,进入土壤的动植物残体及腐殖质在微生物作用下,分解成简单有机化合物,并进一步分解成无机化合物,同时释放出能量。土壤微生物可以降解有机污染物,转化或固定重金属,在土壤生物修复中起着重要作用。

人类活动可显著改变土壤微生物种类、种群数量与群落结构。农业和人类对土壤的高强度利用、土壤污染、土壤有机质含量下降、土壤封闭、土壤压实、全球气候变化、外来物种入侵及转基因生物的引入等都会影响土壤微生物的生命活动,甚至导致土壤微生物多样性的丧失。某些类群的土壤微生物是影响植物生长的病原微生物,可以感染植物引发病害。在长期连作,特别是设施农业的土壤中,连续种植两年以上同一植物或近缘植物后,土壤病原菌数量增加,造成农作物病害加重、产量与品质受到影响。

(一) 土壤病毒

病毒(virus)是土壤微生物中数量最多的类群,1g 干重土壤的病毒数量可达 $10^9\sim10^{10}$ 个。超过 90% 的病毒吸附固定在土壤颗粒中,少部分病毒以游离状态存在,其他部分则以溶原状态存在于寄主细胞中。噬菌体是土壤病毒的主要组成类群。

病毒可以调控寄主群落结构,直接或间接参与元素地球化学循环。病毒能够侵染细菌、真菌、蓝细菌等微生物,在感染寄主后,影响它们的生理代谢及死亡率,影响生态系统中微生物的群落结构及多样性。病毒侵染导致寄主细胞死亡裂解,营养元素释放到土壤环境中,影响元素的生物地球化学循环。噬菌体引起宿主细胞裂解并释放出 DNA,释放到环境中的 DNA 被其他微生物通过转录方式吸收、整合,引起微生物的遗传变异,推动微生物种群的进化。

（二）土壤原核生物

1. 细菌　细菌（bacteria）是土壤代谢中最重要的生物类群。细菌个体小、代谢强、繁殖快，是数量仅次于病毒的微生物类群。细菌在整个土壤剖面都有分布，细菌生物量一般以表层土壤最多，随土层加深逐渐减少。细菌与土壤接触的表面积大，绝大部分土壤细菌位于土壤颗粒的表面，少部分分散于土壤溶液中。土壤细菌的常见形态有球状、杆状与螺旋状3种，其中以杆菌为主，球菌次之，螺旋菌较为少见。土壤细菌中革兰氏阳性菌多于革兰氏阴性菌。土壤细菌种类繁多，常见的细菌有20多个属，包括节细菌属（*Arthrobacter*）、芽孢杆菌属（*Bacillus*）、假单胞菌属（*Pseudomonas*）、土壤杆菌属（*Agrobacterium*）、产碱杆菌属（*Alcaligenes*）和黄杆菌属（*Flavobacterium*）等。

绝大多数土壤细菌均为异养型细菌，仅能分解现成的有机质作为碳源与能源。按其生活方式又可分为腐生性（分解死亡生物残体）、寄生性（寄生于活的生物体）与兼生性细菌3类。土壤细菌是土壤代谢的重要生物群，土壤中存在各种细菌生理群，主要的有纤维分解细菌、固氮细菌、氨氧化细菌、硝化细菌和反硝化细菌。各类细菌生理群在土壤元素循环中起重要作用。纤维分解细菌能产生纤维素酶分解纤维素为葡萄糖；固氮细菌可以将空气中的游离氮转化为化合态氮；氨氧化细菌是执行硝化作用第一步的关键微生物，将氨氧化为亚硝酸盐以及亚硝酸盐氧化为硝酸盐的过程主要由硝化杆菌来完成；反硝化细菌可以将土壤中的硝酸盐及亚硝酸盐还原为气态氮化物和氮气。部分细菌是植物土传病害的病原菌。假单胞菌属细菌具有代谢多种有机物的能力，可以降解石油、农药、洗涤剂、甲基汞等环境污染物，在土壤修复中有重要作用。

2. 放线菌　放线菌（actinomycete）是一类革兰氏阳性原核微生物，形态上与真菌相似，呈分枝丝状体，菌丝较真菌更细，部分放线菌有营养体与繁殖体的分化。放线菌偏好生长在潮湿、温暖、中性到偏碱性及通气良好的土壤中，对酸性环境耐受性较弱。土壤放线菌主要以孢子或菌丝片段存在于土壤中，每克土壤中的孢子数量为$10^4 \sim 10^6$个。大部分土壤放线菌属好氧腐生菌，少数为寄生菌，部分可与植物共生。土壤放线菌有3个优势属，首先是链霉菌属（*Streptomyces*），占放线菌总数的70%～90%；其次为诺卡菌属（*Nocardia*），占10%～30%；小单胞菌属（*Micromonospora*）为第三位，占1%～15%。放线菌的代谢产物土臭味素（geosmin）是土壤特有的土腥气味的重要来源。

放线菌在土壤有机质的转化、植物固氮、污染物降解和病原菌的控制等方面起着重要作用。放线菌可以广泛利用各类有机物，有极强的分解半纤维素、木质素、几丁质、固醇类等结构复杂的难降解物质的能力。弗兰克氏菌属（*Frankia*）的放线菌可以与非豆科植物共生形成根瘤从而固定大气中的氮。只有极少数放线菌能引起人和动、植物病害。放线菌在生长过程中除可代谢产生简单化合物外，还可产生抗生素、激素与维生素等物质，在甾体转化、石油脱蜡和污水处理中有重要应用。目前已发现的近万种抗生素中，约有2/3的抗生素来源于放线菌。土壤放线菌可以拮抗土壤病原真菌，抑制植物土传病害。

3. 古菌　古菌（archaebacteria）也称古细菌，是除细菌、真核生物外的第3种生命形式。古菌不仅在土壤、海洋、湖泊中广泛分布，还能在极端温度、高盐、强酸与低氧的环境下生存；古菌数量巨大、多样性丰富，在全球生物地球化学循环中的作用不可忽视。土壤古菌主要来自广古菌门（Euryarchaeota）和泉古菌门（Crenarchaeota），并以中温泉古菌（non-thermophilic Crenarchaeota）为主。土壤中的中温泉古菌含量占全部原核生物的 1%～5%，在酸性森林土壤中可达 12%。与细菌在土壤中的分布规律不同，古菌比重随土壤层次加深呈现增加趋势。

产甲烷古菌和氨氧化古菌是土壤古菌中重要的功能类群。产甲烷古菌（methanogen）是一类专性厌氧微生物，常见于湿地（包括水田）中。产甲烷古菌只能通过产甲烷代谢获取能量，在全球碳元素循环中有重要作用。甲烷是重要的温室气体，增温潜力值是二氧化碳的 25 倍，对全球温室效应的贡献可达 15%，是仅次于二氧化碳的温室气体。目前全球每年排放到大气中的甲烷量 500～600Tg，大约 69% 由微生物代谢产生，产甲烷古菌是其中主要的贡献者。氨氧化古菌是土壤中居主导地位的氨氧化微生物，数量约是氨氧化细菌的 3 000 倍。

（三）土壤真核微生物

1. 真菌　真菌（fungus）是土壤中的一类真核微生物，多呈分枝丝状菌丝体（mycelia），少数菌丝（hypha）不发达或缺乏菌丝。每克土壤的真菌繁殖体数量一般有几万个至几十万个，菌丝体长度可达数百米。真菌数量虽不及病毒与细菌，但其个体体积与生物量较大，在土壤微生物中占据优势地位，据估计每公顷 15cm 深表层土中真菌生物量可达 1 000～15 000kg。真菌菌丝体是地球上最大与最古老的生物之一，如在美国密歇根州发现的单个蜜环菌菌落覆盖面积可达 20hm^2，重量约 100 吨，年龄超过 1 500 年。

土壤真菌种类繁多，已发现的有上万种，估计还有上百万种真菌种类仍有待发现。已知的土壤真菌来自 170 个属，主要包括霉菌、霉腐菌、锈菌、黑粉菌、酵母菌、覃菌和马勃等类群，分布最广泛的有青霉属（*Penicillium*）、曲霉属（*Aspergillus*）、镰刀菌属（*Fusarium*）、木霉属（*Trichoderma*）、毛霉属（*Mucor*）以及根霉属（*Rhizopus*）等种类，其中以青霉菌属分布最广，其分布不受地区、土类和植被的限制。真菌属于好氧性微生物，适宜酸性环境，可以在 pH 小于 4.0 的土壤中正常生长。土壤真菌抗干旱能力强，在干旱、半干旱区土壤中占据优势地位。

真菌在土壤有机质分解中发挥着重要作用，真菌的菌丝不仅可以生长在有机物残体或土壤颗粒表面，还可深入细菌不能到达的底物内部。通过分泌多样的纤维素酶和木质素酶，分解难降解的纤维素、半纤维素、木质素等物质。土壤真菌还能捕食线虫、固氮、溶磷、产生青霉素等抗生素。土壤真菌对土壤团聚体的形成与稳定也有重要贡献。

土壤真菌营异养生活，依据其营养方式分为腐生真菌、寄生真菌和菌根真菌。某些类群的土壤真菌菌丝可与高等植物营养根形成菌根共生体，此类真菌称为菌根真菌（mycorrhizal fungi）。自然界 80% 以上的植物可以与菌根真菌共生形成菌根（mycorrhiza）。菌根可以促进植物的营养吸收与生长发育，提高植物抗病性和抵御环境胁迫的能力。菌根真菌对某些植物病原菌有抑制作用，形成的菌套作为物理屏障阻挡病原菌的侵染，菌根可以产生与抗病相关的挥发性化学抑制剂和酶类，菌根真菌还可以重寄生在病原菌菌丝内，抑制病原菌的生长。共生真菌的菌丝一端侵入植物根系获取生长所需要的碳水化合物和其他营养物质，根外菌丝则可从土壤中吸收矿质养分和水分供给植物使用。

按照在植物体内的着生部位和形态特征，菌根分为 3 大类：内生菌根（endomycorrhiza）、外生菌根（ectomycorrhiza）和内外生菌根（ectendomycorrhiza），此外，还有混合菌根、假菌根和外围菌根等次要类型。内生菌根根据菌丝体是否有隔膜、菌丝结构差异以及宿主类型，分为泡囊 - 丛枝菌根、杜鹃花科植物菌根和兰科植物菌根等种类。其中，泡囊－丛枝菌根（vesicular-arbuscular mycorrhiza）是目前已知的分布最广泛的一类菌根，约有85%的陆地植物具有此类菌根。丛枝菌根可显著提高低磷土壤中植物对磷的吸收能力，同时提高土壤中磷元素的可利用性。外生菌根中寄主根被真菌菌丝所包裹，形成菌套，菌丝进入根皮层，分布在皮层细胞间隙并形成哈蒂氏网，但并不进入细胞内部。内外生菌根兼有内生菌根与外生菌根的主要生理与生态学特点，除在植物皮层细胞间形成哈蒂氏网外，也会侵入根的皮层细胞，形状不同的菌丝圈在根表面形成菌套。

许多土壤真菌是重要的植物病原菌，通过侵染植物体引起植物病害，给农业生产造成巨大损失。1845年爱尔兰流行的马铃薯晚疫病，使5/6的马铃薯绝收，造成约100万人死亡，164万人被迫迁移。16年后的1861年德国植物学家Heinrich Anton de Bary首次证明晚疫病是由马铃薯被真菌寄生而引起的，这一发现轰动了整个欧洲，并导致了植物病理学的诞生。卵菌纲的大多数真菌是强毁灭性植物病原菌，可产生具有双鞭毛的无性可动孢子的独特结构。

2．藻类　藻类（algae）是一类大小介于2~20μm，含叶绿素能进行光合作用的单细胞或多细胞真核微生物。土壤藻类广泛分布于各个土壤类型，在多数土壤中，藻类多样性和丰富性随土壤深度的增加而降低。土壤中藻类数目较少，不及微生物总数的1%。土壤藻类主要类群有绿藻、硅藻、黄藻、裸藻和红藻等。

藻类大多数为光能自养型生物，以光与二氧化碳作为能源与碳源，主要生活在土壤近表层以获取阳光进行光合作用；少数营化能异养或兼性光能自养生活。藻类的生长与代谢可改善土壤结构，促进矿质元素转化，增加土壤肥力，是土壤形成过程中有机质的最早来源之一，对土壤的形成有重要作用。某些藻类是土壤肥力的指示物种，如鼓藻（Cosmarium）的生长是土壤是缺乏碳酸钙的标志。土壤藻类是荒漠地区土壤结皮的重要组成部分，在防风固沙方面有重要生态功能。

3．地衣　地衣（lichen）是真菌与藻类或蓝细菌形成的共生体。形成地衣的真菌称地衣共生菌，主要是子囊菌，少数为担子菌或半知菌；形成地衣的藻类称共生藻，主要为绿藻门的共球藻属（Trebouxia）或蓝细菌的念珠藻属（Nostoc）的藻类。地衣具有顽强的生命力，其分布的生态环境与生长基质广泛，可以适应高温、低温、干旱等各类极端环境。地衣可生长于裸露岩石、成土母质与土壤表面，在岩石的生物风化、土壤的形成中发挥重要作用，是土壤发生早期的重要生物类群。地衣对环境污染十分敏感，是大气质量的指示物种。

4．原生动物　原生动物（protozoa）是原始的单细胞真核微生物，数量庞大、种类多样，是地下动物区系中最丰富的动物类群。土壤原生动物约有50 000种，主要有鞭毛虫、变形虫、有壳类变形虫和纤毛虫4个生态类群。土壤原生动物直径介于4~250μm，体积大于细菌。原生动物主要分布在土壤表层，其数量随土层加深迅速减少，1m深处土壤原生动物的数量可减至表土的1/10。土壤原生动物起源于水生环境，生活在土壤的充水孔隙和水膜中，能够在土壤团聚体之间运动，但受到连接团聚体水膜连续性的制约。潮湿的土壤环境有利于土壤原生动物生存与繁殖，在受到干旱、食物缺乏或其他环境胁迫时，原生动物可形成包囊（cyst）以克服环境压力，维持种群数量稳定。

大多数土壤原生动物为化能异养生物，主要以细菌为食，细菌资源耗尽时，一些原生动物会摄取真菌、藻类和其他动物为食。土壤原生动物既参与了微生物所介导的物质转化和能量循环，又参与了动物对微生物的捕食作用，在调控细菌群落、促进土壤养分转化与有机质分解、促进植物生长方面有重要作用。

二、土壤动物主要类群与功能

土壤动物是指生活史中的一个时期（或一年中某一时期）或全部生活史在土壤或近土表凋落物层（litter）中完成并对土壤有一定影响的动物。土壤动物的研究自1840年达尔文发表《关于土壤的形成》（*On the Formation of Mould*）一文以来，至今已有180多年的历史。

土壤动物类群复杂、种类繁多，涵盖了大多数动物门类，主要有原生动物、扁形动物、线形动物、软体动物、缓步动物、环节动物和节肢动物等八大动物门，也包括部分脊椎动物。土壤动物类群中目前尚存在大量的未知种类，新的土壤动物物种与类群仍在不断被发现。

土壤动物的形态、大小、食性、寿命及功能差别较大。依据个体大小将土壤动物分为3类：第一类为小型土壤动物，体宽小于0.2mm，主要生活在土壤或凋落物的充水孔隙中，以原生动物、轮虫类、缓步类和线虫类为主；第二类为中型土壤动物，体宽介于0.2～2mm，生存在土壤和凋落物的充气孔隙中，或在土壤中挖掘穴道，以螨类、弹尾目、寡毛纲等小型无脊椎动物为主；第三类为大型及巨型土壤动物，体宽超过2mm，如蚂蚁、白蚁、蚯蚓、地蚕、蜗牛、蛙类和鼠类等。大型土壤动物具有强大的土壤穿行、挖掘能力，对自然界土壤疏松与混合起主要作用。

此外，依据对土壤生态过程的影响，土壤动物可划分为3种功能类型：第一类是"生态系统工程师"，主要包括大型土壤动物中的蚯蚓、白蚁和蚂蚁，对地下环境具有改造作用，一方面可以通过改变土壤的物理结构和化学性状对地上群落的物种组成、地表径流、养分循环和植物生长产生重要影响，另一方面可以通过摄食、消化、排泄等过程影响其他生物进而影响生态系统功能；第二类是"凋落物转化者"，主要由微小节肢动物组成，可以粉碎凋落物，促进微生物对凋落物的分解；第三类是"微食物网组成者"，主要由捕食微生物的土壤动物组成，是联系微生物及其捕食者间食物链的重要组成部分。

根据食性的不同，可将土壤动物分为植食性、落叶食性、材食性、腐殖食性、尸食性、粪食性、菌食性、捕食性、杂食性和寄生性等类群。依据在土壤中滞留的时间，可将土壤动物划分为6类，即全期土壤动物、周期土壤动物、交替土壤动物、暂时土壤动物、部分土壤动物以及过渡土壤动物等，严格意义上的土壤动物是指全期土壤动物。依据土壤动物对水分条件的要求，又可将土壤动物分为水生动物、湿生动物与旱生动物等3类。此外，还可依据在土壤中的栖居特点将土壤动物划分为真土居动物、半土居动物、地表土居动物和上方土居动物4个类群。

土壤动物是陆地生态系统重要的组成部分，是物质循环和能量流动正常运行的关键环节，是土壤结构和土壤形成的主要贡献者。土壤动物以微生物、植物、动物以及其他有机质为食，在土壤食物网中占据多个营养级，是土壤有机质的消费者与分解者，也是微生物群落动态与活性的重要调控者。土壤动物在土壤中的进食与运动等过程，搅动、粉碎、吞食与搬运了各类有机质，改变了土壤结构，促进了凋落物及其他土壤有机质的转化，影响了土壤结构体的形成。同时，土壤动物活动将有机残体粉碎为细小的颗粒，并释放出无机氮，改变了微生物的生活环境，为微生物提供了定植的有利条件，并进一步影响土壤孔隙结构、团聚体大小和稳定性。

土壤动物的生命活动受到环境条件的影响，其种类、数量和分布的变异可以指示环境条件的变化。土壤动物还可恢复、改良退化土壤，其中以蚯蚓的作用较为明显。但是也有一些土壤动物侵害植物、传播疾病，造成植物病害。

（一）线虫

线虫（nematode）属于线形动物门线虫纲，是一类体宽介于 4～100μm、长介于 40～1 000μm 的蠕虫状动物。土壤线虫是除原生动物外，土壤动物中数量与类群最丰富的一类生物。据估计线虫种类数约在 100 000 种，目前已发现的线虫约有 20 000 种。土壤线虫较多分布于疏松多孔的土壤表层和植物根系周围，每平方米可达 120 种，密度可达 10^7 条。线虫主要居住于土壤的充水孔隙或水膜中，干旱时可盘卷进入休眠状态渡过环境胁迫期，在环境条件适宜时重新恢复活性。

土壤线虫通过捕食、传播等活动改变土壤微生物群落的结构和生物量，继而影响土壤中碳、氮的周转并调节有机物转化为无机物的比例，对有机物的分解、养分转化和能量传递起关键的作用。根据线虫食性的不同，土壤线虫可分为食细菌性线虫、食真菌性线虫、食藻性线虫、植物寄生性线虫、杂食性线虫和捕食性线虫等类群，其中以食细菌性线虫及食真菌性线虫为主。线虫对细菌与真菌的取食作用直接影响土壤微生物的生长与活力，轻度取食可刺激微生物活力，中度取食则会降低微生物活力。被取食的细菌细胞氮含量常常超过线虫可利用的氮量，在某些生态系统中，食细菌性线虫排泄的可溶性氮占植物可利用有效氮总量的 30%～40%。食真菌性线虫可捕食土壤里的病原真菌而防止土传病害的发生，寄生性线虫则常常侵袭和寄生植物，引起植物寄生线虫病害，孢囊线虫属线虫还可刺穿、破坏植物细胞，其他病原菌继而侵染根部，导致根结线虫病。土壤线虫也是重要的土壤肥力与污染的指示生物。

（二）螨类

螨类（mites）属于节肢动物门的蛛形纲蜱螨目，据估计全世界螨类有 50 万～100 万种。土壤螨类分布广泛、种类丰富，占土壤动物总量的 28% 以上，是土壤动物中的优势类群。土壤螨类个体较小，通常只有 0.5～2.0mm，主要分布在土壤表层，其种类与数量随土壤深度增加而显著减少。土壤螨类依据食性可以分为食菌性、食藻性、植食性、食腐性、捕食性以及植物寄生性螨类等类群。土壤螨类通过自身活动与摄食参与土壤有机质分解和矿化，改善土壤结构，在土壤的形成、土壤有机质的分解转化中起重要作用。土壤螨类对环境变化敏感，对于植被演替、环境干扰及气候变化具有很好的响应特征，是良好的土壤环境指示生物。

（三）蚯蚓

蚯蚓（earthworm）属环节动物门寡毛纲后孔寡毛目，是土壤动物中的关键物种，有"生态系统工程师"之称。全球目前已发现的蚯蚓种类约有 7 000 种。在热带与温带的森林草地生态系统中，土壤蚯蚓的数目可达 10^5～10^6/hm²。蚯蚓每天可摄取 2～30 倍于其体重的土壤，每公顷土地每年蚯蚓更新的土壤质量可达 10^7～10^9g。蚯蚓对土壤的翻动、拖运、吞食、消化和排泄等活动可以促进团聚体的形成，增强团聚体稳定性，提高土壤肥力。

依据蚯蚓的生活习性，可将蚯蚓分为表居型、上食下居型和土居型 3 大生态类群。表居型蚯蚓生活、取食的场所主要是凋落物层或富含有机质的土壤近表层，较少进入更深的土层活动，其体型相对较小，多为红色或深灰色，繁殖较快。食物以植物残体为主，可将有机物分解为更小的细碎颗粒，加快地表有机残体分解速度，为微生物的进一步定植与生长提供条件。土居型蚯蚓主要生活在 10～30cm 深度的土壤中，以混入有机物的土壤为食，在土壤内横向穿行形成大量的浅层管道状结构。上食下居型蚯蚓体型较大，栖息在土壤深层，主要在土壤中上下穿行，挖掘土壤形成半永久或永久的纵向管道，在潮湿天气或夜间通过管道到土壤表面取食有机物残体。此类蚯蚓的取食、消化和排泄等活动，可加速土壤中有机物的分解转化，同时提高土壤透气性和保水能力。蚯蚓是土壤可持续利用的关键物种，同时也是表征土壤环境质量和健康的指示生物，其生理生化指标可以反映土壤污染状况。

（四）蚂蚁和白蚁

蚂蚁（ant）和白蚁（termite）均属节肢动物门昆虫纲，营群居生活，是典型的社会性昆虫。全世界蚂蚁种类接近 10 000 种，其多样性在热带地区最为丰富。蚂蚁的巢穴建在地下，蚂蚁在土体中挖掘和搬运土壤颗粒，形成大量生物孔隙，改善了土壤通气性。蚂蚁按照食性可分为腐食性、植食性和捕食性等类群。蚂蚁分泌的黏液与微小土壤颗粒可形成团粒状结构，这些团粒被蚂蚁搬运、覆盖在地表，能够减少土壤水分损失。蚂蚁中的火蚁是重要检疫性有害生物，火蚁入侵对严重危害人体健康、农林牧业生产及生态系统平衡。

白蚁在全球 2/3 的陆地生态系统中都有分布，在热带与亚热带的森林草地中都有重要的生态功能。在较为干旱的热带地区，白蚁数目可超过蚯蚓，成为土壤中的优势动物类群。白蚁可在地下与地上筑巢，迷宫般的巢穴由复杂的通道、小室等组成，这些巢穴在地上部分可高达 1～2m，在地下部分的通道可蔓延长达 20～30m，每个巢穴可供上百万只白蚁居住。白蚁建造巢穴时，可将大量富含有机质的表层土壤运往深层，同时将深层的土壤运送至土壤表层。大白蚁属（*Macrotermes*）白蚁还可在地下巢穴中利用采集的植物残体培养真菌，作为食物来源。白蚁每年搬运的土壤超过 1 000kg，从地表移走的植物残体约有 4 000kg/hm²。白蚁的活动可使土壤养分重新分布，促进植物残体、土壤有机质分解以及养分循环，增加土壤有机质，有利于土壤结构稳定与土壤肥力提高。但另一方面，白蚁大量移走地表植物残体，造成地表裸露，易导致土壤侵蚀，同时影响作物生长的养分供应。

第五节　土壤水分

水是生命活动所必需的物质，水独特的理化性质对于土壤的发育及其承载的生命过程至关重要，例如岩石矿物的风化、有机质的分解或合成、植物的生长及水体的污染等过程均与土壤水分有关。土壤水分和土壤颗粒的关系非常密切，水分使土壤颗粒黏结在一起，形成土壤团聚体。土壤中的各种反应过程都是在土壤溶液中进行的，土壤矿物风化、胶体表面反应、物质转运、植物从土壤中吸取养分都必须在土壤溶液的参与下实现。

与自然水体中水的运动不同，土壤水既可以向下移动，也可向上移动。土壤水分受到以下过程的影响：淋滤、表面径流、蒸发、土壤孔隙水和大气之间的水汽平衡、土壤温度变化率、土壤微生物的新陈代谢速率和类型、土壤储水能力等。

本节主要介绍土壤水分研究的形态学、能态学和土壤水的运动，以及土壤水分含量的表征方法和土壤水分平衡、调控措施等。

一、土壤水分研究的形态学

土壤水分存在于土壤颗粒的表面以及土壤孔隙中。土壤水分能保持在这些土壤空间内,主要靠3种作用力:土壤颗粒表面对水分的吸附力、土壤颗粒与空气接触面的毛管力(弯月面力)和水的重力。依据这3种力,土壤水分为吸附水、毛管水和重力水3类。

1. 吸附水　吸附水是指被土壤颗粒表面吸附(adsorption)固定的水分,又称束缚水。依据吸附力的不同,将吸附水分为两种。

(1)吸湿水:水分子与土壤颗粒表面的氧形成氢键,其作用距离短,但吸附力(范德华力)相对很强,可达到几千甚至几万个大气压,使水分子定向紧密排列,水的密度可达 $1.2\sim2.4g/cm^3$。吸湿水更接近固态水的性质,对溶质没有液态水那样的溶解能力,导电性较弱,难以被植物利用,属于无效水。

吸湿水与土壤颗粒的比表面积有关,土壤颗粒比表面积越大,吸附力越强,吸湿水含量越高;反之亦然。同时,吸湿水与大气相对湿度有关,大气湿度越高,吸湿水含量也越高,当大气相对湿度为94%～98%时,吸湿水可达极值,此时土壤吸湿水的含量被称为土壤最大吸湿量。

(2)膜状水:土壤颗粒表面因带有电荷而在其周围产生静电场,水分子在静电场中定向排列并以氢键的形式互相连接,吸附力相对较弱;在吸附力的作用下,水分子在土壤颗粒的外围形成一层水膜。

由于膜状水吸附力较弱,具有一定的液态水的性质,但仍有很高的黏滞度,移动能力受限制。膜状水达到最大时的土壤含水量称为最大分子持水量,是土壤颗粒凭借分子吸附力所能保持的最大土壤含水量。膜状水受到的引力比吸湿水弱,由外层至内层大致为 0.625～3.1MPa。一般农作物根系的吸水力为 1.5MPa,因此当膜状水的引力低于 1.5MPa 时,这些膜状水可以被作物根系吸收利用。

2. 毛管水　毛管水是指由土壤毛管力(弯月面力)作用而保持在土壤孔隙中的水分。由于承受的毛管力(capillarity)不如吸附水那样大,只有 0.01～0.625MPa,远小于作物根系的平均吸水力,因此毛管水可被植物吸收利用。毛管水具有一般的液态水的理化性质,可以在土壤孔隙中移动,能溶解溶质。由于土壤颗粒的形状大多不规则,土壤颗粒之间还可以形成团聚体结构,因此土壤孔隙并不是理想化的圆柱形毛细管,而是不规则的毛细管组成的复杂系统,并在多个方向上与周围孔隙相通。

毛管水的含量取决于土壤质地、土壤结构和有机质含量等。一般来说,砂土孔隙过大,毛管孔隙少,并不能保持很多毛管水;黏土孔隙过小,水分以吸附水为主,也没有多少毛管水;只有壤土,毛管水的含量才较高。

地下水自下而上沿土壤孔隙移动并通过毛管作用而保持的毛管水,称为毛管上升水,也称毛管支持水;降水、灌溉等水分自上而下沿着土壤孔隙移动并通过毛管作用而保持的毛管水,称为毛管悬着水。毛管上升水与土壤质地有关,砂土和黏土的毛管上升水高度有限,而壤土则相对较高。当毛管上升水达到最大时的土壤含水量称为毛管持水量,毛管持水量是土壤中吸湿水、膜状水和毛管上升水的集合。如果地下水位过深,毛管上升水达不到植物根系;地下水位过浅,便有渍害风险;只有地下水位适中时,毛管上升水才会为植物根系所用;若地下水含盐量较高,毛管上升水容易导致土壤发生盐碱化。

3. 重力水　重力水是指土壤中受重力作用沿着土壤孔隙自上而下渗漏的水分。当土壤中的水分含量高于田间持水量,超过吸附水和毛管水的承载能力时,土壤中的水会在重力作用下向下移动。重力水具有自然液体水的特征,可以自由流动。当重力水也达到饱和,也就是当土壤中所有的孔隙都被水分充满时的土壤含水量,即为土壤饱和持水量,也称田间持水量。土壤重力水理论上可以被植物吸收利用,但实际上土壤重力水下渗的速度比较快,因此供植物吸收利用的时间较短,因而其被植物吸收利用的比例是有限的。对于旱作农田,应尽量避免土壤重力水过多,因其易破坏土壤通气性,影响旱作植物的根系呼吸和微生物活性;而在稻田等类型的农田中,反而应避免重力水的流失。当重力水向下流至不透水层,往往会聚集形成地下水。

土壤吸附水、毛管水和重力水往往同时存在,不能直接区分。不论是吸附水还是毛管水,都受重力的作用,三者之间并无明显的界线,并非总按照作用力的大小依次出现,因此难以定量地反映土壤水分的基本性质、运动规律及其水分平衡特点。

二、土壤水分研究的能态学

土壤水分的形态学只能提供土壤水分在数量方面的信息,如果要判断土壤水分的运动,仅靠土壤水分含量的指标显然不够。相比于土壤水分的形态学,土壤水的能态学能从本质上揭开土壤水分运动与作物吸水之间的关系。

土壤水分能态(soil water energy)是指土壤水在各种力的作用下其自由能发生的变化。由于土壤中的水分与自由水有所不同,因此其自由能也不同。土壤水分的能态用土壤水势(soil water potential)表示,指土壤水分在各种力的作用下其自由能与相同温度、高度和大气压条件下的纯水的自由能的差值。依据热力学定律,土壤水会从高能态的地方向低能态的地方运动,即由土壤水势高的地方向土壤水势低的地方运动,因此土壤水势通常为负值。根据引起土壤水势变化的动力类型不同,土壤水势主要由若干分势组成:基质势、压力势、溶质势和重力势等。

1. 基质势(matric potential)　由吸附力和毛管力所制约的土壤水势即基质势,也称基模势,指代单位水量从一个土壤水分系统运动到另一个没有土壤基质而其他状态完全相同的水体时所做的功。假定纯水的势能为零,则土壤的基质势一般是负值。土壤含水量越低,水分运动所需环境对其做功越高,其基质势越偏负;土壤含水量越高,水分运动所需环境对其做功越低,其基质势越接近零;当土壤水含量达到饱和,水分运动已不需要环境对其做功,其基质势为零。

2. 压力势(pressure potential)　在土壤水饱和的情况下,土壤孔隙全部充满水分,土壤水由于受到静水压力而产生的土壤水势,指代单位水量从一个土壤水分系统转移到另一个压力不同,而温度、基质、溶质等状态完全相同的参照系统中所做的功。参照系统的压力一般设定为大气压,所以土壤压力势等于土壤水分受到的压力与大气压力的差值。在土壤和大气的接触面,土壤水只受到大气压力作用,土壤水压力势为零;在土壤内部的土壤水除了承受大气压力外,还会受到其静水压力的作用,所以压力势为正值;在水饱和的土壤,土壤深度越高,所受的水的压力越大,压力势也越高。

3. 溶质势(osmotic potential)　由土壤水中溶解的溶质引起的土壤水势的变化,又称渗透势,指代单位水量从一个土壤水分系统转移到另一个没有溶质而其他状态完全相同的参照系统中所做的功。土壤水分中常含有一定量的盐,盐作为溶质对水分子具有吸引力,完成水分的移动便需要克服这一吸引力而做功,所以溶质势一般为负值;溶质越多,完成水分的移动便需要克服这一吸引力而做功越多,所以溶质势越偏负;溶质越少,完成水分的移动需要克服这一吸引力而做功越少,所以溶质势越接近零;理想情况下的土壤水不含盐溶质,则水分移动不需要做功,所以溶质势为零。一般认为溶质势只有在水分运动通过半透膜时才起作用,例如植物根系表皮细胞作为半透膜的吸水作用,土壤中半透膜的存在并不明显,溶质势对于土壤水分运动的影响较小。溶质势与土壤水溶液的渗透压值大小相等,只是前者为负值,后者为正值。

4. 重力势(gravitational potential) 指由重力作用而引起的土壤水势变化,指代由于重力场高度不同于参照状态水平面而引起的势能变化。研究中根据实际需要常采用的参照状态水平面为地表或地下水的层位面。重力势接近于物理学中的重力势能概念,故在此不再赘述。

土壤水势可以视为基质势、压力势、溶质势和重力势的加和。在大多数的田间情况下,土壤水势主要决定于基质势;在研究盐碱土或植物根系吸水时,除了基质势,也需要考虑溶质势;在土壤颗粒较细的黏土或有机质含量较高的土壤研究中,压力势也很重要;实际计算中,压力势和重力势多为正值,溶质势和基质势多为负值。

此外,土壤水吸力(soil water suction)是指土壤水承受一定的吸力状况下所处的能态。由于土壤水受到土壤基质的吸附力和毛管力等作用,在表面常形成一个凹的弯月面,其压力低于大气压力。土壤水吸力可以形象地描述土壤对于水分的这种吸收作用,判断土壤水的流动方向。

相对于土壤水分研究的形态学,土壤水势和土壤能态的概念有助于用热力学原理定量描述土壤水分的特征。土壤水势的定量表示通常为单位数量土壤水分的势能值,单位为单位体积或单位质量。单位体积土壤水分的势能用压强单位帕斯卡(Pa)表示;单位质量土壤水分的势能值常用毫米水柱表示。

三、土壤水分的运动规律

按照水分形态不同,土壤水分运动(soil water movement)划分为两类:液态水运动和气态水运动。液态水运动又分为饱和流和不饱和流两种,土壤孔隙全部被水分充满时为饱和流,土壤孔隙未被水分全部充满时为不饱和流。

(一)液态水运动

1. 饱和流 饱和流(saturated flow)是指单位时间内通过单位面积土壤的水分含量,主要受重力势和压力势控制。饱和流受土壤质地和土壤结构影响,砂土相比黏土饱和流更高;具有稳定团聚体结构的土壤相对来说传导水分速度更快。此外,有机质含量也会影响饱和流,有机质可以提高土壤孔隙比例,提高土壤导水率。一般在持续降水、大水漫灌、地下泉水上涌等情景时出现饱和流。

水分入渗(infiltration)是指在地面降水或灌溉时,水分进入土壤的运动和分布过程。入渗通常是自上而下在土壤中移动。水分入渗主要受到两个因素控制:供水速率和土壤入渗能力。土壤入渗能力主要受到土壤质地、土壤结构、土壤湿度决定。土壤质地较粗、结构良好以及较干燥的情况下,土壤入渗能力较强;土壤质地较细、结构不佳以及较湿润的情况下,土壤入渗能力较弱。土壤入渗能力的代用指标为入渗速率,即单位时间通过单位面积土壤的水量。对于某种类型的土壤,一般只有在入渗的最后阶段才会有较为稳定的入渗速率,这时的入渗速率通常称为透水率,同样,砂土的透水率高于壤土,高于黏土。

2. 不饱和流　不饱和流(unsaturated flow)主要受基质势和重力势控制。在低的土壤水吸力水平下,砂土的不饱和流要高于黏土;在高的土壤水吸力水平下,情况则完全相反。

土壤水再分布(soil water redistribution)是指当土壤入渗停止后,土壤内部水分在水势梯度作用下继续运动过程。土壤水再分布过程通常随时间逐渐减弱,主要形式是土壤水的不饱和流。

土壤水渗漏(soil water percolation)是指地下水埋藏较浅的情况下,土壤水通过土壤的再分布过程到达地下水层,汇入地下水,也称内排水。

(二)气态水运动

土壤中的水汽流(water vapor movement)指在土壤中,液态水和气态水出于互相平衡状态下的土壤水汽运动,分为土壤内部水汽运动和土壤外部蒸发两种情况,表现为水汽扩散和水汽凝结两种现象。

1. 水汽扩散　水汽扩散的主要动力是水汽压的梯度,主要受土壤水势和温度控制。其中,温度的作用远高于土壤水势,是最重要的推动力。水汽运动通常是由水汽压高处向低处运动,由温度高处向温度低处运动。当水汽遇冷时可发生水汽凝结,对应夜潮和冻后聚墒两种独特现象。夜潮出现在地下水位较高的夜潮地,白天土壤表层被晒干,夜间降温,但是土壤底层温度高于表层,水汽向上运动,遇冷发生凝结,使表土变潮湿。冻后聚墒指冬季土壤冻结后发生的聚水作用,常发生在我国北方。冬季表土冻结,而冻层以下土层的水汽压高于表层,水汽向上移动,导致冻层不断加厚,含水量增加,可在一定程度上缓解土壤旱情。土壤水汽内部移动在土壤含水量较低的情况下,会显得格外重要,例如在荒漠地区生长的植物主要依赖这种水分补给过程。

2. 土面蒸发　土面蒸发(soil evaporation)是指土壤水分以水汽形式从表土向大气扩散的现象。常用蒸发强度表示,即土壤单位时间内在单位面积的土面上所蒸发的水量。土壤蒸发的强弱取决于两个方面:一是太阳辐射、气温、湿度和风速等外界条件,二是土壤含水量和土壤水分分布情况。

四、土壤水分含量的表征

土壤含水量(soil water content)是土壤水分状况的重要指标,也是土壤性质的反映。一般常用质量含水量和体积含水量表征。此外,田间持水量也是一种重要的土壤水分含量指标。

1. 质量含水量　土壤的质量含水量(mass water content)是指土壤中水分的质量与土壤质量的比值,有时称为重量含水量,常用百分数或 kg/kg 表示。注意此处土壤质量是指烘干后的、不含水分的土壤的质量,而不是以原始的土壤样品质量,因为在自然条件下,土壤中的水分含量变化范围很大,为了便于进行定量计算,一般是指在105℃的温度条件下烘干24小时之后的土壤质量。

2．体积含水量　土壤体积含水量（volumetric water content）是指土壤中水分的体积占总的土壤体积的比值，有时称为土壤容积含水量、土壤容积湿度、容积分数等。土壤的体积含水量通常也用百分数形式或体积比表示。土壤体积含水量弥补了土壤质量含水量对于土壤孔隙体积所占比例以及土壤空气、水分体积的比例估计存在的缺陷。

3．田间持水量　田间持水量（field capacity）是指地下水水位较深的土壤灌溉后，在覆盖地表不考虑蒸发的情况下，水分自然下渗2小时后，测得的土壤含水量的值。在农业生产和研究中，通常将毛管悬着水达到最高值的土壤含水量等同于田间持水量，这一指标是农田灌溉水量最常用的指标之一。田间持水量是农田土壤所能持有的最大土壤水分含量，是农田灌溉水量的上限。灌溉水量如果高于土壤田间持水量，多余的水分就会发生自然下渗而不被植物利用。田间持水量的大小跟土壤孔隙的大小和数量有关，也与土壤质地、有机质含量、土壤结构等有关。例如，砂土的田间持水量通常为10%～14%，而黏土则为28%～32%，壤土介于两者之间。

4．凋萎系数　当作物根系无法吸水而发生永久性凋萎时的土壤含水量称为凋萎系数（wilting coefficient）。当膜状水受到的引力高于1.5MPa时，作物根系的吸水力已经无法超过膜状水引力，作物便无法吸收这些水分，便会导致作物的凋萎，此时的土壤含水量称为凋萎系数。从原理上讲，凋萎系数与土壤颗粒大小有关，土壤颗粒越细，凋萎系数越高。凋萎系数是植物可利用的土壤水分含量的下限。对于壤土来说，其凋萎系数通常在9%～12%。

土壤中不能被植物利用的水分为无效水，能被植物吸收利用的为有效水。土壤中能被植物吸收利用的水量称为土壤有效含水量，通常为田间持水量至凋萎系数之间的含水量。

5．土壤相对含水量　土壤相对含水量（relative soil water content）是指土壤含水量占田间持水量的百分比，是农业生产中使用较多的土壤水分指标，可以反映土壤水分对作物的有效程度。土壤相对含水量用于指示土壤水分和土壤空气的相对含量，是衡量土壤持水性能的一个指标。通常旱地作物适宜生长的土壤相对含水量为70%～80%，在成熟期则以60%为宜。

6．土壤贮水量　土壤贮水量（soil water pondage）是指一定深度或面积的土壤中水分的总量。如以深度为指标，则可直接与降水量、蒸发量等进行比较；如以面积为指标，则常假设深度为1m，常用于灌溉的计算。

五、土壤水分平衡及其调控

（一）土壤水分平衡

土壤水分平衡（soil water balance）是指对于一定面积和深度的土壤，在一定时间内，土壤含水量的变化量等于其来水量和去水量的差值。土壤水分平衡为正值，表明土壤贮水，负值表明土壤失水。合理利用和调节土壤水分，对于缓解土壤季节性旱情、保护水资源、加强水土保持至关重要。

土壤独特的质地和结构决定了土壤是一种优良的天然净水器，可以净化水质，吸附污染物质；土壤的水分、矿物质含量等化学特征决定了土壤具有缓冲功能，抵抗土壤酸化等危害。对于农田土壤，土壤水分的来源主要包括大气降水、农田灌溉和个别情况下的地下水补给、气态水凝结等过程，土壤水分的去向则包括地表径流、土壤水分入渗、进入地下水、土壤蒸发、植物吸收利用等过程。尽管这些收支过程十分复杂，但仍然遵循质量守恒定律，可以通过土壤水分平衡进行模型化的定量计算。

土壤水分平衡的数学表达式为：

$$\Delta W = P + I + U - ET - R - In - D \qquad \text{式（1-1）}$$

式（1-1）中，ΔW 为某时间段内土壤水分收支的差值（单位为 mm）；P 为该时间段内的降水量（单位为 mm）；I 为该时间段内的灌溉量（单位为 mm）；U 为该时间段内的上行水总量（单位为 mm）；ET 为该时间段内的土壤蒸发量与植物蒸腾量的加和，即蒸散量（单位为 mm）；R 为该时间段内的地表径流流失的水量（单位为 mm）；In 为该时间段内植物冠层对降水或灌溉水的截留量（单位为 mm）；D 为该时间段内的下渗水水量（单位为 mm）。

在土壤水分平衡的诸多项中，降水量和灌溉量容易测量，通常将两者合并，用 P 表示；土壤蒸发量与植物蒸腾量通常很难分别计算，两者一起称为蒸散量；植物冠层对降水或灌溉水的截留量在幼苗期可以忽略不计，在生长的中后期一般估计为降水量的 2%～5%，一般假设这部分水没有参与土壤蒸发而直接从植物冠层蒸发，在实际计算中通常忽略该项；地表径流对于较为平坦的农田来说，一般可以忽略；土壤上行水总量和下渗水水量并不同时存在，可以通过达西定律计算得到；而某时间段内土壤水分收支的差值可以通过测定土壤含水率进行的计算。上述水量平衡的数学表达式可以进一步简化：

$$\Delta W = P + U - ET - D \qquad \text{式（1-2）}$$

在土壤水量平衡数学表达式的实际应用中，通常只有蒸散量是未知项。该表达式一般用来计算土壤水分的蒸散量。

（二）土壤水分调控

土壤水分的调控通常要结合土壤空气、土壤热量状况的调控同时考虑，三者同时作用、互相影响。土壤水分和土壤空气同时占据着土壤孔隙的空间，此消彼长。在土壤空隙中，土壤水分过高或者土壤空气过高的，对作物来说都是不利的；只有土壤水分和土壤空气保持在合理的比例范围内，作物才会正常生长。土壤水分是农业生产最重要的一个限制因素，对土壤水分的调节直接关系到农作物的产量。

土壤水分的调控分为两类，一类是灌溉和排水，一类是合理翻耕。前者是通过调节水分的来源和去向来调控土壤水分，后者是通过改良土壤的特征来间接调节水分。

1. 灌溉和排水　灌溉和排水措施可以有效调节土壤水分，通过各种措施提高灌溉效率，是现代农业的一个重要思路。灌溉通常分为地面灌溉、地下灌溉、喷灌、滴灌等类型。

地面灌溉分为畦灌、沟灌、淹灌、漫灌等形式。其中畦灌是小麦等作物常用的方法，沟灌适合棉花、玉米及部分药用植物，淹灌是稻田常用的灌溉方法，漫灌是我国北方常用的灌溉方法，水的浪费较为严重。

地下灌溉是指在农田的土壤中埋设渗水管道输水，通过土壤孔隙的毛细管直接向农作物根系输水。地下灌溉不会破坏土壤表层的结构，减少水分蒸发，保证土壤通气性，节约用水，但是地下灌溉的成本相对较高，一旦发生管道堵塞，维修极其不便。

喷灌是目前广泛应用的一种节水灌溉方式，分为固定式喷灌、半固定式喷灌和移动式喷灌 3 种。喷灌具有节水、自动化的优点，但容易受到风力的影响。

滴灌是一种省力、节水的现代化灌溉方式,是指将水过滤加压后,滴入作物土壤的一种灌溉方法。滴灌本质是利用水的重力使水分进入土壤,不会破坏土壤的质地和结构,由于水量较小,不会产生地表径流,植物吸收利用的比例较高,还可以结合施肥进行。

在实际农田生产作业中,应根据经济条件、水资源丰富程度、土壤质地、作物特征、局地气候条件等实际情况合理选择灌溉方式。一般灌溉水的量不应超过田间持水量,润湿深度在 50cm 左右基本可以满足作物生长需求。

2. 合理翻耕　合理翻耕,精耕细作,目的是优化土壤质地和土壤结构,保持土壤孔隙适度,创造最佳的土壤空气和水分条件,协调土壤空气、水分和热量的关系。土壤过于紧实不利于土壤通气透水,会影响作物生长。我国华北地区常遵循秋耕、春耙的措施。秋耕要既"早"又"深",一般耕地深度在 20cm;春耙讲究"顶凌"而行,即在土壤刚开始化冻时就开始春耙,此时土壤冰冻层下部的水分仍可以贮存在土壤中。此外,作物种植还要进行雨季中耕,破坏雨后土壤表层的结皮,起到调节土壤结构、增强通气性的效果。

3. 其他措施　铺设塑料薄膜是一种保持土壤水分和热量、减少蒸发的方式,在我国有广泛的应用,但因白色薄膜难以降解,在实际应用中应注意回收,避免"白色污染"。在我国西北干旱地区,常采用地面铺砂石和砾石的方法,提高土壤温度,保持土壤水分,减少土壤侵蚀,在实际应用中取得了良好的效果。

合理利用水资源,进行土壤水分调节应注重以下原则:加强农田基本建设,收墒保墒,减少水分流失,加强合理灌溉,提高土壤水分和灌溉水分的利用率,注重有机肥料的使用,以水控肥,加强喷灌和滴灌的应用,加强水土保持,减少土壤侵蚀,保持土壤肥力。

第六节　土壤空气

土壤空气(soil air)是存在于土壤中气体的总称,是土壤的重要物质组成之一。土壤空气分别以自由态存在于土壤空隙中,以溶解态存在于土壤水中,以吸附态存在于土粒中。土壤空气对作物生长、土壤内微生物活动、养分的释放及土壤内的化学和生化过程都有重要影响,是土壤肥力的重要因素之一。

一、土壤空气状况

近地表大气中 O_2、CO_2 和 N_2 的浓度分别约为 21%、0.035% 和 78%。土壤空气中,N_2 浓度与大气大致相当,但 O_2 浓度低于大气,CO_2 浓度高于大气。

在土壤上层有大量的孔隙,O_2 浓度略低于大气;在土壤的下层,由于结构致密、孔隙较少,O_2 浓度会低至 5% 甚至接近于零。氧气过于缺乏造成的厌氧环境,会抑制植物根系的呼吸和好氧型微生物的活性。

土壤中 CO_2 浓度约为 0.35%,10 倍于大气,有时会高达 10%。当 CO_2 浓度高于 1%,会抑制种子的萌发和根系的发育。冬季表土 CO_2 浓度相对较低,随春季气温的回升,植物根系呼吸作用加强,其浓度会逐渐增加,到夏季温度最高时,浓度达到最高值。

在浸水导致土壤通气状况不佳的情况下,土壤中机质分解产生的 CH_4 和 H_2S 等还原性气体的浓度会升高;厌氧微生物代谢会产生乙烯,尽管其浓度只有 0.000 1%,但仍然会抑制植物的生长。

二、土壤的通气性

土壤的通气性(soil aeration)指土壤空气与大气进行交换及土体允许通气的能力。土壤通气性主要受质量流动(mass flow)和扩散作用(diffusion)两个机制控制。

空气的质量流动受到土壤水分含量的波动影响,如降水或灌溉时,土壤含水量增加,占据了土壤空气的空间,导致空气被迫离开土壤。而最主要的控制因素是扩散作用。通过扩散作用,每一种气体的扩散路径遵循其气体分压。例如,假设大气压是 100kPa,O_2 占大气的比例约为 21%,则 O_2 的气体分压大致为 21kPa。在一个扩散界面两侧,即便总的气压没有明显差别,只要单独一种气体的分压有变化(气体分压梯度),就会发生该种气体的扩散。因此,如果大气中的 O_2 分压(即浓度)高于土壤空气中的 O_2 分压,那么 O_2 就会从大气进入土壤空气;CO_2 和水蒸气的状况同理,但与 O_2 的扩散路径大多相反。气体通过扩散作用在大气与土壤孔隙之间移动。只要土壤中的根系和微生物的呼吸作用持续消耗 O_2、产生 CO_2,这种扩散作用就会一直存在。

三、土壤的氧化还原状况

土壤空气状况会影响土壤的氧化还原性质,进而影响土壤养分和土壤的氧化还原体系。O_2 是土壤中最重要的氧化剂,参与土壤氧化还原反应。所有的有氧呼吸都需要吸收 O_2 来为生命活动提供能量。此外,Fe^{3+}、Mn^{4+}、NO_3^-、SO_4^{2-} 等也是土壤体系中重要的氧化剂。土壤的氧化还原状况对于土壤养分的有效性和植物生长非常重要,特别是对于水分条件要求较高的稻田土壤,土壤氧化还原状况的管理更是极为重要。

四、土壤空气的调节

土壤空气的调节对于土壤肥力十分重要,主要影响种子的萌发、植物根系的生长和吸收功能、土壤微生物的活性、土壤氧化还原状况等。

影响土壤通气性的因素主要包括排水、土壤呼吸速率、土壤剖面的深度、土壤的异质性(耕作、孔隙大小、植物根系作用等)、季节差异和植物蒸腾作用等,此外,气象因素、农业措施等也会影响土壤通气性。

土壤空气调节的最终目的是使土壤空气能够和大气不断地发生气体交换,使土壤中植物根系和微生物消耗的氧气得到及时补充,使土壤中产生的二氧化碳以及缺氧环境下的产生的 CH_4、H_2S、乙烯等气体得以排放。

对于中国北方传统的旱作土壤来说,土壤空气的调节较为容易,因其发生通气不佳的状况较少。在土壤颗粒较细的黏土质土壤以及地势低洼、地下水位高的地区,容易发生土壤通气不佳的情况。土壤空气调节的原则是增大土壤孔隙度,排出土壤过剩水分,常采取的调节措施包括及时耕地、松土、去除结皮等。对于旱地来说,土壤孔隙度应保持在10%以上,才能保证土壤空气的自然调节。

土壤空气调节的具体措施包括:通过深耕结合有机肥料的使用,改善土壤结构和土壤质地,增加土壤孔隙度;通过掺入较粗的沙土,改善土壤颗粒过细导致土壤孔隙不足的状况;在雨后和灌溉后应及时耕地,破坏土壤结皮和板结,增加土壤孔隙度;改良农田灌溉方式,尽量避免大水漫灌的方式带来的土壤通气不良现象。

本章小结

本章主要介绍组成土壤的基本物质,包括土壤矿物质、土壤有机质、土壤生物、土壤水分和土壤空气。重点介绍了土壤粒级、土壤质地划分方法和划分标准,土壤质地和土壤肥力的关系;土壤有机质的组成、转化、作用和土壤有机质的调节;土壤生物多样性、作用和土壤管理与土壤生物的关系;土壤水分类型、水分的表征、土壤水的有效性和土壤水的管理;土壤空气状况、土壤氧化还原状况和土壤空气的调节。

思考题

1. 什么叫风化作用? 有哪些类型? 试比较不同风化作用的特点。

2. 试述岩石、母质、土壤三者的区别和联系。

3. 什么叫土壤质地? 试述土壤质地与土壤肥力的关系。

4. 什么是土壤质地的层次性? 产生土壤质地层次性的原因是什么?

5. 不同土壤质地的土壤如何进行改良和利用?

6. 土壤微生物在有机质转化过程中有哪些主要作用?

7. 有机物质组成的碳氮比(C/N)与其分解速度、微生物的活性、土壤氮素供应状况之间有何关系?

8. 气候、生物等自然因素是如何影响腐殖质的质量分数、组成和性质的?

9. 试述土壤腐殖质的组成、形态及性质。

10. 土壤有机质在土壤肥力及生态环境中有何作用? 生产实践中应采取哪些措施提高土壤有机质?

第一章同步练习

第二章　土壤的基本性质

学习目标

掌握：土壤孔性、结构性、耕性的概念及各种结构体的特征；土壤胶体的结构及性质；土壤酸度指标。

熟悉：土壤酶性质、土壤微生物活性与土壤肥力的关系。

了解：土壤的耕性、土壤的热量状况。

第一节　土壤的孔性、结构性和耕性

土壤孔性、结构性和耕性是土壤重要的物理性质，对土壤肥力有多方面的影响。土壤松紧状况不仅直接影响植物根系的伸展和植物的生长发育，还影响土壤水分运动（渗透与蒸发）、土壤空气（数量与质量）变化以及土壤养分（含肥料）的转化与供应等。土壤的孔性主要取决于土壤质地、有机质质量分数及土壤结构性，而孔性状况则影响着土壤耕性并成为土壤结构性的主要表征。故调节土壤孔性和结构性又是土壤耕作管理的一项重要任务，三者之间相互影响、密不可分。它们都常因自然及人为因素的作用而发生改变，尤以人为因素影响最大，是研究土壤肥力、培肥土壤首先应探索的土壤基本的物理性质。

一、土壤的孔性

土壤是由固、液、气三相构成的多孔分散体系。在土粒之间，存在有复杂的粒间空隙，常称之为土壤孔隙，是液相和气相共同存在的空间。土壤孔隙状况直接关系到土壤水、气的流通、贮存以及对植物的供应，并对土壤热状况及养分状况也有多方面的影响。

1. 土壤孔隙性　土壤孔隙性常简称为土壤孔性。它是土壤孔（隙）度、大小孔隙搭配比例及其在土层中分布情况的综合反映。

土壤水分与空气同时存在于土壤孔隙中，呈互为消长的关系。土壤中孔隙所占的容积越大，水和空气的容量就越大，并总是被水和空气所占有，极少出现真空。土壤孔隙有大有小，各自功能不同，大的可以通气，小的可以蓄水。为了同时满足作物对水分和空气的需求以及利于植物根系的伸展需要,在农业生产实践中,不仅要求孔隙容积要适当,而且大小孔隙的搭配比例和土层分布也要合适。

(1)孔(隙)度与孔隙比——土壤孔隙的数量指标

1)孔(隙)度:又称总孔度,用以反映土壤孔隙总量的多少。通常用土壤孔隙容积(包括大、小孔隙)占土壤容积(固相+孔隙)的百分数或单位体积土壤中,孔隙所占的体积百分数来表示。即

$$土壤(总)孔度 =(孔隙容积/土壤容积)\times 100\%$$

大多数土壤的孔度在30%～60%。旱作土壤耕层孔度以50%～56%适宜于大多数作物生长。

2)孔隙比:指单位体积土壤中孔隙的容积与土粒(固相)容积的比值,是反映土壤孔隙数量多少的又一种表示方式。

$$孔隙比 =孔隙容积/土粒容积 =孔度/(1-孔度)$$

孔(隙)度与孔隙比是土壤孔隙的数量指标,对于一般作物生长来说,较适宜的旱作土壤耕层孔隙比以1或稍大于1为佳。

(2)孔隙的分级——土壤孔隙的质量指标:为进一步了解孔隙"质"的状况,孔隙的大小及其分配,常需按其孔径大小及功能的不同,对孔隙进行分级。

1)当量孔径——分级的标准:由于土壤中实际存在的孔隙形状与连通状况是无序的,因此在研究土壤孔隙时,通常是采用与一定水吸力相当的孔径称之为"当量孔径"或"实(有)效孔径"来表示。它与孔隙的形状及均匀性无关。与水吸力的关系为:d(当量孔径,mm)$=3/T$(水吸力,kPa)。

当量孔径与水吸力呈反相关,即孔隙越小,土壤水吸力就越大。每一当量孔径都与一定的土壤水吸力相对应。如土壤水吸力为10kPa时,当量孔径为3/10 = 0.3mm时,即表明此时水分是保持在孔径为0.3mm以下的孔隙中(本章所称孔径均为当量孔径)。

2)孔隙的类型——分级:按当量孔径大小及其作用可分为3类。

非活性孔(无效孔):以水吸力1 500kPa为界,孔径约在0.002mm以下,是土壤孔隙中最细微的部分。保持在此间的水分由于被土粒强烈吸附,水分移动极慢,同时植物的根与根毛均难以伸入其内,故供水性极差。同时,微生物也极难入侵,使该孔隙内腐殖质很难分解,可保存数百年以上而不能为植物利用。因此,又称其为无效孔。

毛管孔(贮水孔隙):相当于水吸力150～1 500kPa,孔径为0.002～0.02mm。一般土壤孔径<0.06mm时,已有较明显的毛管作用,当孔径为0.02～0.002mm时,毛管作用强烈,水分易贮存于其中,且毛管传导率大,毛管中所贮水分极易被植物利用,可保证持续供水,故又称之为贮水孔隙。因根毛与细菌均可在其间活动,故也有利于养分的吸收和转化。

通气孔(空气孔限或非毛管孔):孔径>0.02mm,相当于水吸力150kPa以下。此时水分不受毛管力吸持作用,而受重力作用向下渗漏,因而成为通气的过道。下雨或灌溉时,它可以大量吸收水分,渗水性好,但供水时间短,停止降雨或灌溉后,水分不能贮存其间而让位于空气,成为空气贮存地,故又称其为空气孔隙。其中孔径>0.2mm者为粗孔,排水迅速,植物根可伸入。孔径0.02～0.2mm为中孔,一般细根不能伸入,但根毛及某些原生动物和真菌可入内。通气孔的数量和大小是决定土壤通气性和渗水性好坏的重要因素之一,反映了土壤空气的(最大)容量,其数量多少常以通气孔度示之。旱地耕层土壤通气孔度应维持在8%～10%或25%以下,以10%～20%为最佳。

3）各级孔度的计算：由于土壤孔隙的复杂性，各级孔隙的容积很难实测，常根据各类孔隙对土壤水分保持能力的不同，由不同水分常数和容重计算各种不同孔度。

$$非活性孔度 = (非活性孔容积 / 土壤容积) \times 100\%$$

$$= 凋萎含水量(\%) \times 容重$$

$$= 最大吸湿量(\%) \times 1.5 \times 容重$$

$$毛管孔度 = (毛管孔隙容积 / 土壤容积) \times 100\%$$

$$= [毛管持水量(\%) - 凋萎含水量(\%)] \times 容重$$

$$= [田间持水量(\%) \times 容重] - 非活性孔度(\%)$$

$$通气孔度 = (通气孔隙容积 / 土壤容积) \times 100\%$$

$$= [全持水量(\%) - 田间持水量(\%)] \times 容重$$

$$= 总孔度(\%) - [毛管孔度(\%) + 非活性孔度(\%)]$$

当土壤达田间持水量时，这3种孔度还分别可以反映土壤中无效水、有效水和空气容量。

$$土壤总孔度 = (1 - 容重 / 相对密度) \times 100\%$$

$$= 全持水量 \times 容重 - 非活性孔度(\%) + 毛管孔度(\%) + 通气孔度(\%)$$

2. 土壤相对密度（比重）和容重　土壤孔性变化的度量一般无法直接测定，往往要借助于两个基本物理量——土壤相对密度（比重）与容重来进行计算，同时在土壤其他性状的研究中，其应用也十分广泛。

（1）土壤相对密度（比重）：土壤相对密度是指单位体积（不含孔隙）干燥土粒的质量与同体积标准状况水的质量之比，即土壤相对密度 = 土粒密度 / 水密度。水在4℃时，密度为 $1g/cm^3$，故土壤相对密度与土粒密度在数值上是相等的。因此，在实际工作中，有时也可将土壤相对密度看作是单位体积固体土粒的干质量，单位是 g/cm^3，常用于计算土壤孔度及各粒级沉降速度。

土壤相对密度是构成土粒（固相）各种组分的质量分数和相对密度的综合反映，其大小主要决定于构成固体土粒的各种矿物质与有机质的相对密度。大多数耕作土壤有机质的质量分数较低，土壤相对密度的大小主要取决于矿物质组成，而不同母岩与母质发育的土壤，矿物质组成差异较大，土壤相对密度也不相同，如含 Fe 和 Mn 较多的红壤，其土壤相对密度可达 2.75～2.80；富含腐殖质的黑土、黑钙土、菜园土其土壤相对密度则为 2.5～2.56。同一土类，通常表土有机质质量分数较高，故土壤密度的单位体积常随土层深度增加而增大。因土壤中主要矿物质组成的相对密度差异不大，大多数土壤的相对密度在 2.6～2.7，故在土壤学一般运算中，常以平均值 2.65 计。

（2）土壤容重：土壤容重是指田间自然状态下单位容积（包含土粒及孔隙）干燥土壤的质量与标准状况下同体积水的质量之比。因该单位体积土壤与土壤相对密度相比较，含有孔隙在内，故又称假比重。由于标准状况下水的密度（比重）为 $1g/cm^3$，所以又常将其定义为田间自然状态下单位容积土体的干质量（习惯上称重量），单位为 g/cm^3，土壤容重与土壤孔度呈反相关，即土壤容重越小，土壤孔度就越大，土壤就越疏松多孔。所以它可以直接反映土壤的孔隙状况和松紧状况，是土壤松紧度的一个数量指标。一般土壤的容重在 $1.0～1.71g/cm^3$。旱地耕作层较利于作物生长的土壤容重为 $1.1～1.3g/cm^3$。

（3）土壤容重在农业中的应用：目前最常见的应用可归纳为以下方面。

1）计算土壤（总）孔度，用以判断土壤松紧状况。

2）配合水分常数计算各级孔度，用以判断土壤水分有效状况及土壤通气、保水性。

3）直接用于判断土壤松紧状况，在质地相近时，可作为机耕质量指标。

4）计算土壤固、液、气三相容积比率，用以反映土壤自身调节肥力因素的功能。

$$固相 = 1 - (总)孔度(\%) = 1 - (1 - 容重/相对密度) \times 100\%$$

$$液相 = 土壤含水量(\%) \times 容重$$

$$气相 = (总)孔度(\%) - 液相[容积含水量(\%)]$$

5）将土壤某些以重（质）量为基础的数据换算为以容积为基础，反之亦可。

$$土壤容积热容量 = 土壤重（质）量热容量 \times 容重$$

$$土壤容积含水量 = 土壤质量含水量 \times 容重$$

6）计算一定面积与深（厚）度的土壤质量（土方重）。

例：$667m^2$ 面积耕层 20cm，容重为 1.15，其土壤总重量为

$667m^2 \times 0.2m \times 1.15 \times 1\,000kg/m^3 = 153\,410kg = 153.41t \approx 150t$。故在一般计算中可按每 $667m^2$（1 亩）耕层土重 150 吨进行概算。

7）计算一定土层内各种土壤成分的储量。应用容重可计算出单位面积一定土层内土壤水分、有机质、各种养分和盐分的数量，可以作为灌溉、排水，养分、盐分平衡以及配方施肥设计的依据，有着广泛的实际应用意义。

上例中，测得土壤耕层土壤含水量为 5%，要求灌后达到 20%，则 $667m^2$ 的灌水定额应为：

$150t \times (20\% - 5\%) = 22.5t$

又如：上例中，测得土壤耕层有机质质量分数为 9g/kg，欲使之提高至 11g/kg。在不考虑激发效应的前提下，每 $667m^2$ 需施用玉米秸秆为（已知华北地区玉米秸秆腐殖化系数为 0.2）：$150t \times [(11-9)/0.2] \times 10^{-3} = 1.5t$

二、土壤的结构性

自然界中土壤固体颗粒很少是以完全单粒状况存在的，在内外因素的综合作用下，土粒相互团聚成大小、形状和性质不同的团聚体，这种团聚体称为土壤结构，或叫土壤结构体。而土壤结构性是指土壤中结构体的形状、大小及其排列情况及相应的孔隙状况等综合特性。

土壤的结构性影响着土壤中水、肥、气和热状况，从而在很大程度上反映了土壤肥力水平。结构性和耕作性也有密切关系，所以土壤结构性是土壤的一种重要物理性质。

1. 土壤结构体类型及其特征　土壤结构体的类型，可按其形态、大小和特性区分，分为 4 大类型。

（1）结构单元为长、宽、高三轴平均发展的似立方体形。

1）块状结构体：俗称"坷垃"，按其大小又可分为大块状（3～5cm 或以上）和块状及碎块状（0.5～5mm）。表现为边面不明显，但棱角明显，呈不规则无定形，内部较紧实。在缺乏有机质、质地黏重的土壤中，尤在过干或过湿耕作时最易形成。表土层多为大块状及块状，心土和底土中多为块状及碎块状。

2）核状结构体：俗称"鸡粪土""蒜瓣土"。一般小于 3cm。多棱角，边面较明显，呈棱形，内

部紧实,具水稳性、力稳性。通常由石灰质或Fe(OH)₃胶结而成,常出现在石灰性土壤与缺乏有机质的黏重心土和底土层中。

(2)结构单元为垂直轴方向发达的条柱形。

1)柱状结构体:俗称"立土""竖土"。棱角边面不明显,顶圆而底平,于土体中直立,干时坚硬、易龟裂。多出现于半干旱地带的心、底土中,尤以柱状碱土的碱化层中最为典型。

2)棱柱状结构体:俗称"直塌土"。棱角边面明显,有定形,外部有铁质胶膜包被,内部紧实,常见于质地黏重而干湿交替频繁的心土和底土层中(如潴育层)。干湿交替越频繁,棱柱体越小。这两种结构体可按其横轴长度,分为大(>5cm)、中(3～5cm)和小(<3cm)3级。

(3)结构单元为水平轴发达的扁平形(或薄片形)。

1)片状结构体:俗称"结皮""板结"。结构体间呈水平裂开,成层排列,内部结构紧实,厚度较大者(3～5mm)称"板结",多出现在质地较黏、粉砂粒较多(中壤以上)的土壤表层,厚度较薄(1～2mm)者,称"结皮",常出现在砂壤至轻壤质地的土壤表层,均为流水沉积作用所致,故多出现于冲积性土壤中。降雨和灌水后所形成的地表结光和板结层亦属于片状结构。

2)鳞片状结构体:俗称"卧土"。结构单元厚度较薄,略呈弯曲状,内部结构坚实紧密。多出现于耕作历史较长的水稻土和长期耕深不变的旱地土壤的犁底层中,皆因农耕机具长期压实所造成的。

(4)结构单元近似球形的粒状结构体:此类结构体边面不明显,也无棱角,内部疏松多孔,具一定的稳定性,多为腐殖质作用下形成的小土团(图2-1)。其中直径为0.25～10mm的称团粒结构体(或大团聚体),在有机质质量分数丰富、肥力较高的耕层中多见;直径小于0.25mm者,称微团粒(聚)体,在水稻土和一般旱地土壤中较多。2001年,我国学者陈恩凤等将微团粒又划分为<0.01mm和>0.01mm两类"特征微团聚体"。此外,也有人将<0.005mm的复合黏粒称为"黏团"。

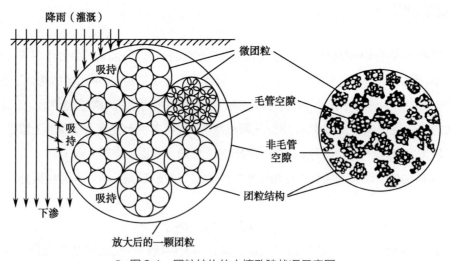

● 图2-1　团粒结构的土壤孔隙状况示意图

2. 土壤结构与土壤肥力

(1)团粒结构对土壤肥力的调节作用:在团粒结构发达的土壤中,具有多级孔隙(图2-1)。团粒之间排列疏松多为通气孔隙,而团粒内部微团粒之间以及微团粒内部则为毛管孔隙,团粒越大,总孔度及通气孔也越大。当土壤中 1~3mm 水稳性团粒结构体较多时,其大小孔隙比最符合干旱地区种植业的最适要求,而冷湿地区则以 10mm 团粒较多时更适合当地植物生长。同时,因团粒结构具有一定稳定性,可使其良好的孔隙状况得以保持。

当降雨与灌溉时,水分通过团粒间大孔隙迅速下渗,在经过团粒表面时,被逐层团粒内部的毛管孔隙吸收保持,避免了地表形成积水或径流(渗水性良好);当降雨、灌溉停止后,粒间大孔隙迅速被外界新鲜空气所占据,保证了良好的通气状况;当土壤水分蒸发时,土壤表层团粒因脱水而迅速干燥、收缩,形成自然疏松层,切断了与下层毛管孔隙的连通,使下层水分不致上升至地表蒸发而保持在土体内部(保水、蓄水、供水性良好)。试验表明,不同土壤在不同环境条件下,在团粒结构的土壤中,从表层可蒸发的最大水量不超过总降水或灌水量的 15%,而 85% 以上均被保持在土壤中,故可将团粒结构誉为"小水库"。

由于团粒结构本身的构造特点,决定了其具有恰当的大小孔隙比,而空气与水分是互为消长的关系。良好的水分状况也就保证了良好的空气状况,并因空气与水的热容量不同,适宜的水气比例,必然导致土壤的温热状况适中,既利于升温同时又具有稳温性,不会产生骤冷、骤热或长期高温、低温等现象。

土壤养分状况又与空气状况密切相关。大多数情况下,团粒结构是由有机和无机胶体经多次相互团聚而成,腐殖质及养分的质量分数较高,因团粒间大孔隙中经常充满空气,使团粒表面处于好气状态,因而有机质矿化过程快,养分转化迅速,成为植物营养的重要来源(供肥性好);而团粒内部因水多气少,则呈嫌气状态,故有机质分解缓慢,利于养分贮藏(保肥性好),并因养分由外向内逐渐释放保证了持续、稳定的供肥,使每一个团粒成为一个"小肥料库"。

此外,因团粒之间接触面积减少而大大减弱了土壤的黏结性与黏着性,改善了土壤耕性。并因团粒间疏松多孔,利于根系伸展,而团粒内部,孔隙小又利于根系的固着和支撑。因此,团粒结构发达的土壤,水、肥、气和热比较协调,耕性及扎根条件也好,故又常将水稳性的团粒结构称之为土壤肥力"调节器"。

(2)微团粒结构与土壤肥力:微团粒结构对于旱地来说,虽不如团粒结构作用大,但亦具一定生产意义。一方面,它是形成团粒结构的基础,只有具有较多的微团粒,才有可能形成团粒结构;另一方面,其本身也具有一定保持和自动调节水、肥、气、热和影响土壤生物活性的功能。对于其自身及施入土壤中的肥料养分与水分,也具有较大的吸持、释供、转化和缓冲能力。据对红壤的研究,在旱地条件下,可以将 0.05~0.25mm 的微团粒的累积作为肥地特征。此外,小于 0.005mm 微团粒对氮的贡献较大,而 0.01~0.05mm 的微团粒则是土壤速效磷的重要来源。总之,针对我国的土壤条件,对于微团粒结构的作用,今后应在生产上应予以充分重视。

(3)其他结构与土壤肥力

1)块状与核状结构:块状结构体间孔隙过大,大孔隙数量远多于小孔隙,不利于蓄水保水,易透风跑墒,出苗难。出苗后根不着土造成"吊根"现象,影响水、肥的吸收;耕层下部的暗"坷垃"因其内部十分紧实,还会影响植物扎根,进而致使根系发育不良。虽其有一定稳定性,但因孔性不良,水气不协调也无益于生产。核状结构也具较强的水稳及力稳性,但因其坚硬紧实,小孔隙(尤为非活性孔)过多,不能改善孔性。如某些红壤、黄棕壤,质地黏而有机质质量分数低,虽有大量水稳性核状结构但其土性并不好。

2）片状与鳞片状结构：片状结构多在土壤表层形成板结，不仅影响耕作与播种质量，且还影响土壤与大气间的气、热交换，阻碍水分运动。当表层脱水收缩形成"结皮"，并同时出现数厘米深的裂缝，严重时裂成大而厚的坚实板结土块，俗称"龟裂"。此时，结构体内部十分致密，多为非活性孔，有效水少，空气也难以流通，而结构体间又因裂隙太大，虽能通气但往往成为漏水、漏肥的通道。鳞片状结构多见于犁底层，再加之其内部较片状结构更为坚实，不利于根系下扎，大大限制了养分吸收面积，而使作物生长发育不良。

3）柱状、棱柱状结构：此两种结构体内部甚为坚硬，孔隙小而少，通气不良，根系难以伸入，结构体间于干旱时收缩，形成较大的垂直裂缝，成为水、肥下渗的通道，造成跑水跑肥的现象，虽其水稳性、力稳性皆好，但也于生产无益。

3．土壤团粒结构的形成

（1）土壤团粒结构的形成过程：团粒结构形成过程有"多级团聚说"和"黏团说"两种，但归纳起来可分为两个阶段。

第一阶段是由单粒（或黏粒）在胶体凝聚、水膜黏结以及胶结作用下形成初级复粒（或黏团）或致密的小土团（微凝聚体）。它们一般稳定性差，易重新分散。

第二阶段各种胶结物质在成型动力作用下，使初组复粒（或黏团、微凝聚体）进一步相互逐级黏合、胶结、团聚，依次形成第二级、第三级……微团聚体，再经多次团聚，使若干微团聚体胶结起来，成为各种大小形状不同的团粒结构体。

而似立方体形、条柱形、薄片形的结构体则多由单粒直接黏结而成，或由土粒黏结成土体后，在机械作用下沿一定方向破裂而成，没有经过多次复合和团聚作用，故其孔性不良。

（2）团粒结构形成的必备条件

1）胶结物质（成型内力）：指能将单个土粒（或黏粒）胶结成微团粒（黏团）或由微团粒胶结团粒的物质。不同类型的胶结物质对团粒结构稳定性的影响不同。土壤中的胶结物质主要有以下3类。①有机胶体：包括腐殖质（主要为褐腐酸）、多糖类、木质素、蛋白质、微生物菌丝（嫌气优于好气）及其分泌物，以及根系分泌物、蚯蚓肠道黏液等，其中腐殖质、多糖是形成水稳性团粒的最重要的胶结剂。有机胶结物质易被微生物分解，生物稳定性差，需不断补充才能保持其胶结作用。②无机胶体：主要为黏土矿物、铁铝氧化物等，前者胶结的团粒不具稳定性，而后者胶结的团粒稳定较强。③胶体凝聚物质：属金属盐类，以 Ca^{2+} 的凝聚作用最好，所形成的团粒水稳性好。Na^+ 是高度分散离子，对结构形成不利，而 Al^{3+} 在土壤中一般不成离子态。

2）成型动力（成型外力）：在团粒结构形成的第二阶段，除需上述各种胶结物质外，还必须有外力的推动作用，才能使第一阶段形成的初级复粒（或微凝聚体）及被胶结物质渗透的各级微团聚体紧密结合而成为较大的团粒结构体。这些推动成型的外力主要有：①土壤生物的作用，包括植物根系在生长过程中产生的穿插挤压力，使土粒紧密接触，胶结成团，以及土壤穴居动物（蚯蚓、蚁类、昆虫等）对土壤的搅动和松动力。②干湿交替、冻融交替和晒垡作用，干湿交替过程中，土体各部分及各种胶体脱水、吸水程度和速率不同，造成干缩湿涨不均匀，导致土块受挤压而碎裂成小土团。而在冻融交替时，则因水结冰时，体积要增大9%，对其周围土粒产生挤压力，促进团聚作用。不同孔径中的土壤水所受吸力不同，冰点也不同，在缓慢降温时，对周围土壤产生不均匀的挤压力，一方面增进了土粒间的黏结力，促进了团聚作用；另一方面又可使土块形成裂隙，一旦融化即沿裂隙碎散。这样一冻一融交替进行，就起到"酥土"的作用，利于团粒的形成。③耕作方式，在适耕条件下进行耕翻、耙、锄、镇压等，可以破除表土结皮和板结，疏松土壤，破碎垡片和大"坷垃"，有利于形成暂时性的非水稳性团粒结构。

4. 土壤结构的改善与恢复 已形成的团粒结构，无论怎样稳定，由于不断受到自然和人为因素的影响，土壤的结构状况总是在不断发生变化，或原结构被破坏，或形成新的结构。团粒结构（含微团粒结构）是旱田土壤的最理想结构。因此，恢复和促进团粒结构的形成，改良不良结构性状是土壤管理中的重要任务之一。根据团粒结构的形成过程及条件，农业生产中常采用的改善与恢复措施有以下4种。

（1）增施有机肥料：这是补充土壤有机胶结物质的重要措施。研究表明，土壤有机质质量分数与土壤团粒结构的数量有较好的相关性，特别是新鲜有机物料直接还田（秸秆还田），对水稳性团粒结构的形成和恢复效果更佳。

（2）扩种绿肥牧草，合理轮作：作物根系在生长发育过程中，既可提供根的分泌物、可供分解的有机残体，以及根际维持的庞大的微生物群等这些有机胶结物质，又能产生一定的成型动力，对团粒结构的形成有着良好的作用。绿肥和牧草都具有强大的根系，只要生长健壮，这种作用就能得以充分发挥。因此，无论在稻田或是旱田，实行作物与绿肥牧草轮作，即能显著增加水稳性团粒结构数量。此外，改水田连作为水旱轮作可减少淹水时间，能保持和恢复水田微团粒结构，改善水田孔隙状况。

（3）科学的农田土壤管理：大水灌溉及串畦灌都极易破坏团粒结构，并导致土壤板结，形成不良结构。细流沟灌、小畦灌溉可以减轻破坏作用；喷灌和渗灌则是保持团粒结构的最佳的灌水方式，但应注意控制供水强度和水滴大小。伏耕晒垡、软耕冬灌和冬犁晒垡可充分发挥干湿交替和冻融交替，促进团粒结构的形成；在适耕期内进行深耕及时耙、耱，降（灌）水后及时中耕、锄地均可使被破坏的团粒迅速得以恢复。

（4）施用土壤结构改良剂：我国农民历来有酸性土施用石灰，碱性土施用石膏的习惯，它们不仅能调节土壤的酸碱度，并通过影响有机质腐殖化过程和增加 Ca^{2+} 有效改善土壤的孔性、结构性。早期使用的土壤结构改良剂，多由天然有机物和无机矿物提取、加工而成，但所用原料多、施用量大、费工费时，且形成的团聚体稳定性较差、持续时间短。20 世纪 50 年代以来，人们开始研制人工合成结构改良剂。较早成为商品的有：属阴离子型的水解聚丙烯腈（HPAN，克星利姆 9）、乙酸乙烯酯和顺丁烯二酸共聚物钙盐（VAMA，克里利姆 8），属非离子（中性）型的聚乙烯醇（PVA-124）以及强偶极型的聚丙烯酰胺（PAM）等。这些人工合成的高聚物，使用浓度降低 0.01%~0.1%，可快速形成稳定性好的团聚体，效果可维持 3~5 年，用于改良盐碱土，以防止水土流失，固定沙丘，保护堤坝以及工矿废弃地复垦等效果较好。但因其价格较贵，施用技术要求较高，一般不含植物养分，因此在我国还处于试验研究阶段。

三、土壤的物理机械性与耕性

1. 土壤的物理机械性 土壤的物理机械性是土壤受外力作用后产生的性质，是多项土壤动力学性质的统称，主要包括黏结性、黏着性和可塑性等。

（1）土壤黏结性：土壤黏结性是指土粒之间通过各种引力（范德华力、水膜表面张力、库仑力、氢键等）相互黏结在一起的性质。它使土壤具有抵抗外力而不被破碎的能力，是土壤耕作时产生阻力的重要因素。土粒与土粒之间的黏结作用实质上是通过它们外围的水膜和水化离子而起的作用，即土粒-水膜-土粒之间的黏结作用。

土壤的活性比表面是影响黏结性的因素之一。活性比表面积越大，则其黏结性越大，反之亦然。凡是影响土壤比表面积大小即土壤固相构成的因素，如土壤质地、黏土矿物种类、代换性阳离子组成，以及土壤团聚化程度和土壤腐殖质质量分数等，均对黏结性有所影响，其影响的一般规律是：质地黏重＞质地轻砂；2∶1型黏土矿物＞1∶1黏土矿物型、2∶1胀缩型＞2∶1非胀缩型；代换性阳离子一价＞二价＞三价；团聚化程度低＞团聚化程度高，非团粒结构＞团粒结构；腐殖质质量分数低＞腐殖质质量分数高。其中，腐殖质不仅能促进团粒结构形成而减少土粒表面积，还能使黏质土的黏结性降低，提高砂质土的黏结性。

土壤含水量是影响黏结性的因素之二。在适度含水量时土壤黏结性最大，完全（绝对）干燥和分散的土粒，彼此间在常压下不表现黏结力。加入少量水后，由于水膜的黏结作用开始显现黏结性，随着含水量逐渐增大，黏结性逐渐增大，当水膜分布均匀并在所有土粒接触点上都出现接触点弯月面时，黏结力表现为最大。之后，若再继续增加含水量，则由于水膜不断加厚，使土粒间距离越来越大，黏结力即随之逐渐变小。

（2）土壤黏着性：土壤黏着性是指土壤在一定含水量的情况下，土粒黏附在外物（如农具等）上的性质，是影响耕作难易程度的重要因素之一，其实质也是指土粒-水-外物之间相互吸引的能力。

土粒的活性表面及含水量影响土壤的黏着性。前者的影响与黏结性完全相同。就含水量而言，当含水量低时水膜很薄，主要表现为黏结性；含水量增加到一定程度时，随着水膜加厚，水分子除能被土粒吸引外，尚能被各种外物（农具、木器、人体）所吸引，即表现出黏着性。由此可知，开始出现黏着性的含水量（又称"黏着点"）要比开始出现黏结性的含水量高，为全蓄水量的40%～50%，而无黏结性的土壤（如砂土）也无黏着性。当含水量增加到全蓄水量80%时，黏着性最大，再增加水分由于水膜过厚，黏着性又渐次减弱，直至土壤呈现流体状时，黏着性完全消失，此时的含水量又称"脱黏点"。

（3）土壤可塑性：土壤可塑性是一定含水状态的土壤在外力作用下的形变性质，指土壤在一定含水量范围，可被外力塑成任何形状，当外力消失或干燥后，仍能保持变化了的形状的性能。由于土壤中的片状黏粒彼此接触面很大，当有一定量水分时，黏粒表面被包上一层水膜，在外力作用下，黏粒沿外力方向滑动，使原有排列改变成平行定向排列而互相黏结固定。当失水干燥后由于土粒间存在有黏结力仍能保持其形变。由此可知，塑性除必须经在一定含水量范围才能表现出来外，还必须具有一定的黏结性，完全不具黏结性的砂土也就不具塑性，而黏结性很弱的土壤其塑性也很小。因此，凡是影响黏结性的因素均同样影响塑性。

土壤可塑性是影响耕作质量的重要因素之一，也是确定宜耕期的重要依据。生产中可以通过塑性范围与塑性指数来评价土壤的塑性。土壤通过加水，由干到湿，开始显现可塑性时的含水量（显现塑性的最小含水量）称"下塑限"，是旱地适耕期的上限；下塑限越大，适耕期越长。当继续加水使土壤开始失去塑性呈流体状（开始形成泥浆）时的土壤含水量，称"上塑限"（显现塑性的最大含水量），是水田适耕的下限，上塑限越小，水田适耕期越长。上下塑限间的含水量范围称"塑性范围"，是土壤塑性的容量指标。上下塑限值之差，称塑性指数，又称"塑性值"，是土壤塑性的强度指标，塑性值越大，塑性越强，就越不利于耕作。

除含水量外，土壤质地与有机质质量分数对塑性影响较大。不同质地土壤，其塑性值相差很大（表2-1）。生产中应视具体情况分别对待。

表2-1　土壤质地与可塑性的关系（含水量，%）

质地	物理性黏粒	下塑限	上塑限	塑性值
中壤偏重	>40	16～19	34～40	18～20
中壤	28～40	18～20	32～34	12～16
轻壤偏重	24～29	21±	31±	10±
轻壤偏砂	20～25	22±	30±	8±
砂壤	<20	23±	28±	5±

有机质本身可塑性差，但吸水性强，增加有机质质量分数可以提高土壤上下塑限值，但其塑性值无变化。对于有机质质量分数高的土壤，要等有机质吸足水分后才开始形成塑性水膜，故显现塑性较慢，却对耕作无不良影响。但因为有机质可以提高下塑限，故可以通过增施有机肥料达到延长旱地宜耕期、改善土壤耕性的目的。

2. 土壤耕性

（1）耕性的概念：土壤耕性是土壤在耕作时及耕作后一系列土壤的物理性质及物理机械性的综合反映。它包括了两方面的特征：一方面为含水量不同时土壤所表现的结持状态（黏结性、黏着性、可塑性的综合表现）；另一方面为耕作时土壤对农机具所表现的机械阻力（土壤阻力），是土壤的一项重要的生产性状，常与4大肥力因素并列来评价土壤的生产性能。

耕作的难易程度（耕作阻力的大小）、耕作质量的好坏（容重、孔度、孔隙比适度与否）以及适耕期（适宜耕作的一定含水量范围）的长短是评价耕性好坏的3项标准。凡耕作阻力小，耕作时省工、省劲、易耕，便于作业，节约能源，俗称之为"口轻""口松""练软"，是为易耕；凡耕后土垡松散易耙碎形成小团粒结构，松紧状况适中，便于根系穿扎，利于保温、保墒、保肥、通气者，谓之耕作质量好，"干好耕，湿好耕，不干不湿更好耕"是为适耕期长的表现。反之，皆为耕性不良。

（2）土壤结持性与宜耕性：土壤结持性指不同含水量时土粒在外力作用下表现的可移动性。土壤自干燥至不断加水到形成泥浆，依次表现出坚固结持性、酥软结持性、可塑结持性、粘韧结持性、浓浆结持性和薄浆结持性几种形态。土壤结持性对选择进行土壤耕作时机十分重要。土壤宜耕性是指土壤适于耕作的性能，与土壤结持性密切相关，包括耕作时的难易程度、适耕期的长短，以及耕作质量的高低等。土壤宜耕性是土壤适宜耕作与否的物理性状，是土壤黏结性、黏着性和可塑性在耕作时的综合反映。

（3）土壤对耕作的阻力：耕作会对土壤产生一系列影响，除与土壤黏结性有关外，还与土壤对耕作的阻力有关。来自土壤的阻力主要有抗压、抗楔入和抗位移的阻力。

土壤抗压性是指土体对外来挤压力的反应。又称抗压缩阻力，用压缩每单位体积土壤所需的力（坚实度）来表示，单位为 kg/cm^3。由于土壤在压缩过程中孔隙容积的变化最明显，也可用孔度或容重反映抗缩的程度，故土壤坚实度不仅与黏结性有关，与孔性也有关。

土壤抗楔入性是指土壤在受到尖利外物楔入（或切入）挤压时与垂直应力相应的土壤阻力（土壤硬度）。可用楔入阻力（对农具而言）或抗压强度（对土壤而言）来表示（单位 kg /cm²）。前者指外物插入土壤一定深度所需的力，后者是指原状土为抵抗外力使之破碎的阻力。此两者均仅与土壤的黏结性有关，与孔性无关。

土壤的抗位移阻力通常用抗剪强度来表示。当土壤所受的剪应力超过一定值（S）时，土壤便被剪断，发生位移，此定值（S）即为抗剪强度。通常黏土的抗剪强度大于砂性土，耕作时引起的土垡破碎主要是靠剪力的作用。但若在塑性范围内进行耕作，则土垡在犁壁的压缩和剪力作用下常会产生"黏闭"的现象（孔度、孔径减小，无效孔增多），此时的土垡外观上常具明亮光泽，土垡紧实。干后坚硬不透气，使耕作质量降低，应予以重视。

3. 耕作对土壤的影响

（1）对土壤耕作的要求：耕作的目的在于为作物创造一个理想的"温床"和根系发育的良好环境。为此，生产中对耕作提出下列基本要求。①打破犁底层，加深耕层，扩大根系伸展范围；②使耕层具有合适的固、液、气三相比；③恢复和改善耕层团粒结构，创造非水稳性微团粒；④翻压绿肥及其他有机、无机肥料，使土肥相融，提高养分有效度和肥料利用率；⑤清除杂草，掩埋虫卵，消灭病虫的"温床"；⑥平整田面，防止水土流失。

（2）旱地耕作的基本作业及其作用

1）深耕：耕深到 22～24cm 及以下，称为深耕。其作用主要是扩大活土层，增加总孔度，增大蓄水能力，改善通气透水性，扩大根系营养范围，促进好气微生物活动，加速矿物养分有效化，但深耕不当会引起减产。故应注意：①不要打乱生、熟土层；②耕后及时耙糖保墒；③在适耕期内进行耕作；④深耕结合施肥（尤为有机肥料）；⑤及早深耕，延长风化时间；⑥适当镇压或灌溉以塌实土层，防止"吊根""拉根"。

2）耙、糖：主要作用在于破碎表土土块，平整地面，轻度压实，破除表土板结，防止龟裂，减少水分蒸发，创造上虚下实的孔隙分布状况。

3）镇压：通常只能在土壤较干时（低于适耕含水量）进行。其作用为可以压碎土块，填实裂缝，防止透风跑墒。当土壤干旱时则具有提墒作用。播种时，镇压时间因具体情况而异，当土壤疏松偶有大土块（"坷垃"）存在时，如作物种子较小（如蔬菜）易播前镇压，若作物种子较大又易于出苗（如玉米）宜播后镇压。此外，土壤很干时易重压，俗称"死踩"；而土壤较湿时则宜轻压，俗称"活踩"。

4）中耕：是在作物生长期间所进行的田间作业。其主要任务是破除灌（降）水后表土板结，提高表土的土壤温度，减少底土蒸发，增加土壤渗水性以及清除杂草等。

（3）水田耕作的基本作业及其作用

1）带水耕作：其优点是可以碎土，平整田面，使土肥相融，有助于形成犁底层，防止漏水漏肥；缺点是减少通气孔，使透水性差，氧化还原电位（Eh）降低，故有条件时尽可能采用干耕晒垡。

2）水田中耕：俗称耘耥，其作用主要为可消灭杂草，疏松、搅拌土壤，排出有害气体，增加溶解氧使氧化还原电位上升，并可提高土壤温度和水温。

（4）土壤压板问题：土壤压板是指耕作土壤在降（灌）水后或人、畜、农机具的重力作用下，由松变紧逐渐压实的过程，随着农业现代化进程的加快，各种大型、重型农机具使用的种类越来越多,频率越来越高,使耕地承受的压力负荷越来越大,最终使土壤成为压板状态。

耕地一旦形成压板后,通气透水性大大减弱而水分蒸发大大增强,蓄水、保墒和抗旱能力大大降低,土壤结构性变坏,耕性恶化,耕作阻力加大,进而能耗增加。并因好气微生物活动受抑而使养分释放慢,尤为氨营养供应不足。同时,由于土壤理化生物学性状逐渐变坏,也直接影响作物正常的种子萌发、幼苗扎根、根系发育,使作物生长不良最终导致减产。

防止压板的途径不外乎两个方面:一为增强土壤本身的抗压缩性;二为减少外力对土壤的压强。前者可通过改良土壤本身性状入手;后者可从改进农机具设计及其使用方法着手。

第二节 土壤的吸附性能

土壤胶体是土壤中最活跃的部分,很多重要的土壤性质都发生在土壤胶体和土壤溶液的界面上。土壤胶体的组成与性质对土壤的理化性质,如离子交换性能、酸碱性、缓冲性以及土壤结构都有着极大的影响。土壤酸碱性和氧化还原反应是土壤的重要化学性质,可直接影响作物的生长和微生物的活动,对土壤的发生发育、养分的有效化及土壤的物理性质等都有着重要的影响。

一、土壤胶体

1. 土壤胶体的概念   土壤胶体(soil colloid)通常指直径小于1μm的固体颗粒,也有文献将直径为0.001～2μm的土粒称为土壤胶体。土壤胶体颗粒在土壤中以胶体系统的形式存在,胶体系统是一种分散系统,由分散介质和分散相组成。分散相均匀地分散在分散介质中,构成胶体分散系统。

2. 土壤胶体的种类   土壤胶体从形态上分为有机胶体、无机胶体和有机无机复合胶体3类。

(1)无机胶体(mineral colloid):主要由层状铝硅酸盐矿物和无定形氧化物组成。通常用土壤中黏粒的含量来反映土壤无机胶体的数量。不同类型土壤中无机胶体的含量差异很大。土壤中无机胶体的数量和组成对土壤理化性质有着重要的影响。

(2)有机胶体(organic colloid):土壤腐殖质含有大量的官能团,性质非常活跃,是土壤有机胶体的主体。此外,土壤中少量的蛋白质、多肽、氨基酸以及多糖类高分子化合物也具有胶体的性质。值得注意的是,土壤中大量存在的土壤微生物本身也具有胶体的性质,是一种生物胶体。和无机胶体相比,土壤有机胶体的含量比它的稳定性相对要低很多,较易被微生物分解,因而要经常通过施用有机肥料来补充。

(3)有机无机复合胶体(organo-mineral complex):土壤中的有机胶体很少单独存在,大多数有机胶体通过物理、化学或物理化学的作用和无机胶体相互结合在一起形成有机无机复合胶体。有机胶体主要以薄膜状紧密覆盖于黏粒矿物表面上,还可能进入黏粒矿物的晶层之间。有资料表明,土壤有机质含量愈低,有机矿质复合度愈高,一般变动范围为50%～90%。有机无机复合胶体的形成对土壤理化性质的改善有重要的作用。

3. 土壤胶体的结构   土壤胶体在分散溶液中构成胶体分散体系,它包括胶核和微粒间溶液两大部分(图2-2)。胶体微粒在构造上可分为胶核和双电层两部分。

（1）胶核：是胶体的核心和基本物质。由黏粒矿物、腐殖质、蛋白质等分子组成。

（2）双电层结构

1）决定电位离子层：胶核表面有一层带电的离子层，这层带电的离子决定胶粒的电荷符号和电位大小，因此被称为决定电位离子层，也称双电内层。双电内层一般带负电，决定着土壤交换吸附性能。双电内层中的离子有时会被粒间溶液中的离子替代，而产生专性吸附，改变其电荷性质。

2）补偿离子层：决定电位离子层产生的静电引力吸附粒间溶液中带相反电荷的离子，形成补偿离子层，也称双电外层。补偿离子层的反号离子，一方面受胶体表面上的电荷吸引，趋向于排列在紧靠胶粒的表面；但另一方面，由于热运动，这些离子又会向远离胶体表面的方向扩散。因此，距离胶核近的反号离子受静电引力大，离子活动性小，只能随胶核移动，一般很难和粒间溶液中的离子交换，称非活性补偿离子层；距离微粒核远的受静电引力较小，离子活动性大，疏散分布，很容易与粒间溶液中的离子进行交换，称扩散层。

被吸附的反号离子对决定离子层起补偿作用，使整个胶体微粒达到电中性。通常所说的胶体带电，指不包括扩散层部分的胶粒带电。

4. 土壤胶体的性质

（1）土壤胶体的表面性质：土壤胶体表面分为内表面（internal surface area）和外表面（external surface area）。内表面一般指膨胀性2∶1型黏土矿物的晶层内的表面。外表面指黏土矿物、氧化物和腐殖质分子暴露在外的表面。虽然有机胶体有相当多的内表面，但由于其聚合结构不稳定，使内表面和外表面难以区分。一般来说，外表面上产生的吸附反应是很迅速的，而内表面的吸附反应则往往是一个缓慢的渗入过程。

常用比表面来表示土壤胶体的表面积，常用单位质量土壤胶体的表面积即 m²/g 来表示。对于一定质量的物体，颗粒愈细则比表面愈大。不同土壤胶体的比表面差异很大（表2-2）。

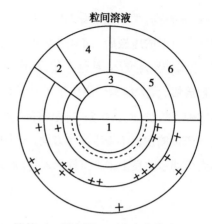

1. 胶核；2. 双电层；3. 决定电位离子层；4. 补偿离子层；5. 非活性补偿离子层；6. 扩散层。

● 图2-2 土壤胶体的构造示意图

表2-2 不同土壤胶体的比表面

单位：m²/g

胶体种类	内表面积	外表面积	总表面积
蒙脱石	600～800	15～50	600～800
水云母	0～5	90～150	90～150
高岭石	0	10～20	10～20
蛭石	600～750	1～50	600～800
水铝英石	0	70～300	70～300
腐殖质	—	—	800～900

资料来源：袁可能，《土壤化学》，1991。

（2）带电性：土壤胶体一般都带有电荷，主要是通过同晶置换和胶体表面解离和吸附离子产生的。根据表面电荷的性质，可将它分为永久电荷和可变电荷两种类型。其电荷产生的原因如下。

1）同晶置换：同晶置换是指组成矿物的中心离子，被电性相同、大小相近的离子所取代，而晶格构造保持不变的现象。如果是低价离子置换高价离子，则产生负电荷，反之，则产生正电荷。一般同晶置换发生于矿物的结晶过程，一旦晶体形成，它所具有的电荷就不受外界环境（如pH、电解质浓度等）的影响，故称为永久电荷（permanent charge）、恒电荷或结构电荷。

在层状硅酸盐黏土矿物中，同晶置换主要发生在2:1型矿物，而且普遍都是矿物的中心离子被低价离子置换，如四面体中的Si^{4+}被Al^{3+}所取代，八面体中的Al^{3+}被Mg^{2+}所取代，所以2:1型黏土矿物一般以带负电荷为主。同晶置换没有或极少发生在1:1型矿物。在氧化铁矿物中，三价铁离子可能被四价钛离子置换而带永久正电荷。

2）胶体表面解离和吸附离子：土壤胶体上的一些基团，由于解离出H^+，使胶核表面带有负电荷，相反如果从介质中吸附H^+，则能使胶体带有正电荷。这种从介质中吸附离子或向介质中释放质子产生的电荷，会随着介质和电解质浓度变化而变化，称为可变电荷（variable charge）。土壤的电荷零点（zero point charge，ZPC）是表征可变电荷的一个重要指标，它被定义为土壤的可变正、负电荷数量相等时的pH。当介质pH高于ZPC时，胶体表面解离出H^+，pH愈高，产生的负电荷愈多；相反，当介质pH低于胶体ZPC时，则使胶体从介质中吸附H^+，pH愈低，产生的正电荷愈多。

金属氧化物、水合氧化物和氢氧化物的表面的O、OH、OH_2基从介质中吸附离子或向介质中释放质子产生可变正电荷或可变负电荷，简示为：

$$[M-OH_2]^+ \underset{-H}{\overset{+H}{\rightleftharpoons}} [M-OH] \underset{-H}{\overset{+H}{\rightleftharpoons}} [M-O]^-$$

土壤的有机质，特别是腐殖质的分子结构中，有机物表面上具有羧基（—COOH）、羟基（—OH）、醌基（=O）、醛基（—CHO）、甲氧基（—OCH_3）和氨基（—NH_2）等活性基团。这些表面官能团可解离H^+或缔合H^+而使表面带有电荷。例如：

$$R\text{-}COOH·H_2O \rightleftharpoons R\text{-}COO^- + H_3O^+$$

$$R\text{-}NH_2H_2O \rightleftharpoons R\text{-}NH_3^+ + OH^-$$

层状硅酸盐矿物的边面有许多暴露的OH原子团，也可以从介质中吸附离子或向介质中释放质子产生可变电荷。一般认为引起高岭石带电的主要原因是表面分子解离。

（3）分散性与凝聚性：土壤胶体分散在土壤溶液中，由于胶粒有一定的动电电位，由一定厚度的扩散层相隔，使之能均匀分散呈溶胶态，这就是胶体的分散性。加入电解质时，胶粒的动电电位降低趋近于零，扩散层逐渐变薄进而消失，使胶粒相聚成团，此时由溶胶转变为凝胶，这就是胶体的凝聚性。

胶体的分散和凝聚主要与加入的电解质种类和浓度有关。不同的电解质使胶体呈现不同的动电电位，一般是一价离子＞二价离子＞三价离子。动电电位大的离子，分散性强，凝聚性弱；反之，分散性弱，则凝聚性强。一般地讲，一价阳离子如K^+、Na^+和H^+等引起的凝聚是可逆的，当这些电解质浓度降低后，又由凝胶转变为溶胶。因此，由这类物质形成的团聚体是不稳定的。由Co^{2+}、Fe^{3+}等二、三价离子引起的凝聚作用一般是不可逆的，可以形成稳定性强的团聚体。

土壤胶体处于凝胶状态时，可以形成水稳性团粒，这对土壤的理化性质有良好作用。当土壤胶体成为溶胶时，不仅不能形成团粒，而且土壤黏结性、黏着性和可塑性都增大，并且能够缩短宜耕期，降低耕作质量。由于钙盐的凝聚能力较强，同时又是重要的植物营养元素，而且价格低廉易获取，因此在农业中常用它作凝聚剂。

二、土壤对阳离子的吸附与交换

1. 离子吸附的一般概念　吸附作用是指分子、离子或原子在固相表面的富集过程。按照吸附机制可以把土壤吸附性能分为交换性吸附、专性吸附和负吸附等3种类型。

（1）交换性吸附（exchangeable adsorption）：交换性吸附也称物理化学吸附，是借静电引力从溶液中吸附带异电荷离子的现象。

（2）专性吸附（specfic adsorption）：专性吸附是非静电因素引起的土壤对离子的吸附，它是指离子通过表面交换与晶体上的阳离子共享1个（或2个）氧原子，形成共价键而被土壤吸附的现象。

（3）负吸附（negative adsorption）：负吸附是指土粒表面的离子浓度低于整体溶液中该离子浓度的现象。

2. 阳离子的静电吸附　带负电荷的土壤胶体通常吸附着许多带正电荷的阳离子。被吸附的阳离子处于胶体表面双电层扩散层中，成为扩散层中的离子的组成部分。土壤胶体表面所带的负电荷愈多，吸附的阳离子数量就愈多；土壤胶体表面的电荷密度愈大，阳离子所带的电荷也就愈多，则离子吸附得愈牢。

3. 阳离子的交换作用

（1）阳离子交换作用的概念：土壤胶体表面通过静电作用从溶液中吸附阳离子的同时，胶体表面上交换性离子的解吸过程也在进行。在这个过程中，土壤胶体表面所吸附的阳离子与土壤溶液中的其他阳离子进行相互交换，这就是阳离子交换作用。一般可用下式表示：

$$\boxed{胶粒} \cdot Ca^{2+} + 2NH_4Cl \rightleftharpoons \boxed{胶粒} \cdot 2NH_4^+ + CaCl_2$$

阳离子交换作用有以下特点：①阳离子交换是一种可逆反应，可以迅速达到平衡，溶液中的阳离子与胶体表面吸附的阳离子处于动态平衡。因此，植物根系从土壤溶液中吸收了某种阳离子养分后，溶液中该阳离子的浓度降低了，土壤胶体表面的离子解吸、迁移到溶液中，进而被植物根系吸收利用。②阳离子交换遵循等价离子交换的原则。例如，1mol 二价的 Ca^{2+} 可交换 2mol 一价的 K^+。③阳离子交换符合质量作用定律。在一定温度下，当阳离子交换反应达到平衡时，会有一个平衡常数。即

$$K = \frac{[产物1][产物2]}{[反应物1][反应物2]}$$

（2）阳离子的交换能力：阳离子的交换能力指一种阳离子被胶体上另一种阳离子交换出来的能力。各种阳离子交换能力的强弱不同，主要的影响因素如下。

1）电荷价的影响：离子的电荷价愈高，受胶体吸附力就愈大，因而比低价离子具有更强的交换能力。换句话说，胶体上吸附的阳离子价数越低，越容易被交换出来，即越容易解吸。

2）离子的半径及水化程度：同价离子的交换能力，依其离子的半径及离子的水化程度而定。离子的水化是指在电场影响下水分定向排列在离子的周围。离子的半径愈大，单位面积上所带的电量就愈少，对水分子的吸引力就愈小，即水化程度弱，离子水化半径就小，较容易接近胶粒，胶体对它的吸力就大，从而具有较强的交换能力（表2-3）。

表 2-3　离子半径及水化半径与交换能力的关系

一价离子	Li⁺	Na⁺	K⁺	NH₄⁺	Rb⁺
离子真实半径 /nm	0.078	0.098	0.133	0.143	0.149
离子水化半径 /nm	1.008	0.790	0.537	0.532	0.509
离子在胶体上的吸附力	弱	$\longrightarrow$			强
离子的交换能力	小	$\longrightarrow$			大

3）离子运动速度：H^+ 由于水化程度很弱，半径很小，而且运动速度快，因而交换能力很强。土壤中常见的几种交换性阳离子的交换能力的顺序为：

$$Fe^{3+}>Al^{3+}>H^+>Ca^{2+}>Mg^{2+}>K^+\approx NH_4^+>Na^+$$

K^+ 和 NH_4^+ 由于离子水化半径极为接近，其交换能力实际上是差不多的。

4）离子浓度：由于阳离子交换作用受质量作用定律支配，因此，交换能力较弱的离子如果浓度较大，也可以把原来交换能力强但溶液中浓度较小的离子从胶体上置换出来。根据这一原理，可以用增加有益离子浓度的方法来调控离子交换的方向，进而达到培肥土壤、提高生产力的目的。

（3）阳离子交换量（cation exchange capacity，CEC）：土壤阳离子交换量是指土壤所能吸附和交换的阳离子的容量，以 pH 为 7 时每千克干土所吸附的全部交换性阳离子的厘摩尔数表示，单位为 cmol（＋）/kg。土壤阳离子交换量是土壤重要的化学性质，它直接反映了土壤的保肥、供肥性能和缓冲能力。一般认为保肥力和缓冲力强的土壤中阳离子交换量 >20cmol（＋）/kg，保肥力和缓冲力中等的土壤为 10～20cmol（＋）/kg，保肥力和缓冲力弱的土壤为 <10cmol（＋）/kg。

土壤阳离子交换量主要决定于土壤所带负电荷的数量。影响阳离子交换量的因素主要有以下几种。

1）胶体类型：不同类型的土壤胶体，由于所带的负电荷数量差异很大，因此阳离子交换量也区别显著。含腐殖质和 2∶1 型黏土矿物较多的土壤，阳离子交换量较大，而含高岭石和氧化物较多的土壤，阳离子交换量较小（表 2-4）。

表 2-4　不同土壤胶体的阳离子交换量　　　　　　　　单位：cmol（＋）/kg

胶体类型	一般范围	平均
蒙脱石	60～100	80
水云母	20～40	30
高岭石	3～15	10
含水氧化铁、铝	极微	—
有机胶体	200～450	300

2）土壤质地：土壤质地愈黏重，土壤黏粒的含量愈高，无机胶体数量愈多，交换量愈大。黏土交换量一般为 1～5cmol（＋）/kg；砂壤土为 7～8cmol（＋）/kg；壤土为 7～18cmol（＋）/kg；黏土可达 25～30cmol（＋）/kg。

3）土壤酸碱性：土壤 pH 是影响土壤胶体可变电荷数量的重要因素，因此也是影响土壤阳离子交换量的主要因素。一般情况下，随着土壤 pH 的升高，土壤胶体的可变负电荷量增加，阳离子交换量增大。例如，砖红壤的 pH 由自然条件下的 5 左右提高到 7 左右时，其负电荷量增加约 70%。

（4）盐基饱和度（base saturation percentage）：土壤胶体上吸附的阳离子分为两类，一类是致酸离子，包括 H^+ 和 Al^{3+}；另一类是盐基离子，包括 Ca^{2+}、Mg^{2+}、K^+、Na^+ 和 NH_4^+ 等。盐基饱和度就是指土壤中各种交换性盐基离子的总量占阳离子交换量的百分数。表示如下：

$$盐基饱和度 = \frac{交换性盐基[\,cmol(+)/kg\,]}{阳离子交换量[\,cmol(+)/kg\,]} \times 100\%$$

当土壤胶体上吸附的阳离子全部都是盐基离子时，称为盐基饱和的土壤。盐基饱和度常常被作为判断土壤肥力水平的重要指标之一。一般将盐基饱和度大于80%的土壤认为是肥沃的土壤，盐基饱和度50%～80%的土壤为肥力中等的土壤，而盐基饱和度低于50%的土壤肥力较低。

（5）交换性阳离子的有效度：土壤胶体上吸附的养分离子对植物的有效性不完全决定于该种吸附离子的绝对数量，而在很大程度上取决于解离和被交换的难易。通常应考虑以下几种因素。

1）离子的饱和度：离子饱和度是指土壤中某种交换性阳离子的数量占阳离子交换量的百分数。该离子的饱和度越大，则被解吸和交换的机会就越多，有效性也就越大。由表2-5可见，A土壤的交换性钙含量低于B土壤，但A土壤中的交换性钙离子的饱和度（75%）要远大于B土壤中的交换性钙离子的饱和度（33%）。所以钙离子在A土壤中的有效度大于其在B土壤中的有效度。由此可见，生产上集中施肥的方法，例如把肥料条施或穴施于作物根旁，将更有利于提高该肥料的有效性。

表2-5　土壤阳离子有效性与离子饱和度

土壤	CEC/[cmol(+)/kg]	交换性钙/[cmol(+)/kg]	饱和度/%
A	8	6	75
B	30	10	33

资料来源：朱祖祥，《土壤学》，1983。

2）互补离子的影响：与某种交换性阳离子共存的其他交换性阳离子称为互补离子（complementary ion）。例如，胶体同时吸附K^+、Na^+、Ca^{2+}和Mg^{2+}等离子，对K^+来说，Na^+、Ca^{2+}和Mg^{2+}都是K^+的互补离子；对Ca^{2+}来说，则K^+、Na^+和Mg^+是互补离子。一般如果互补离子与胶粒的吸附力强，则与之共存的阳离子更易于解吸，则有效性便较高；反之，与之共存的阳离子有效性便较低。从表2-6可以看出，即使3种土壤Ca^{2+}的饱和度相等，但由于其互补离子交换能力不同：$H^+ > Mg^{2+} > Na^+$，使Ca^{2+}的有效度的顺序为A>B>C，因而小麦幼苗吸钙量也是A>B>C（表2-6）。

表2-6　互补离子与交换性钙的有效性

土壤	交换性阳离子组成	小麦幼苗干重/g	小麦幼苗吸钙量/mg
A	40%Ca+60%H	2.80	11.15
B	40%Ca+60%Mg	2.79	7.83
C	40%Ca+60%Na	2.34	4.36

资料来源：朱祖祥，《土壤学》，1983。

4. 阳离子的专性吸附　被专性吸附的阳离子主要是过渡金属离子。过渡金属离子的原子核电荷数较多，离子半径较小，具有较多的水合热，在水溶液中以水合离子的形态存在，而且比较容易水解成羟基阳离子，简式如下：

$$M^{2+} + H_2O = MOH^+ + H^+$$

由于水解作用，使离子的平均电荷减少，致使离子在向吸附剂表面靠近时所需克服的能量降低，从而有利于与表面的相互作用。

产生阳离子专性吸附的土壤胶体物质主要是铁、铝、锰等的氧化物及其水合物。这些氧化物的结构特征是一个或多个金属离子与氧或羟基相结合,其表面由于阳离子键不饱和而水合,因而带有可离解的水基或羟基。过渡金属离子可以与其表面上的羟基相作用,生成表面络合物。被土壤中专性吸附的金属离子均为非交换态,不能与一般的阳离子交换反应,只能被亲和力更强的金属离子置换或部分置换,或在酸性条件下解吸。

由于专性吸附对微量金属离子具有富集作用的特性,土壤中的铁、铝、锰等的氧化物及其水合物起着控制土壤溶液中重金属浓度的重要作用。因此,专性吸附在调控重金属的生物有效性和生物毒性方面起着重要的作用。

三、土壤对阴离子的吸附与交换

土壤胶体对阴离子也有静电吸附和专性吸附的作用,但由于土壤胶体多数带负电荷,因此,在很多情况下,阴离子也可出现负吸附。

1. 土壤对阴离子的静电吸附　土壤对阴离子的静电吸附是土壤胶体带正电荷所引起的。土壤中产生正电荷的主要物质是铁、铝和锰的氧化物。在一定条件下,高岭石结晶的边缘或表面上的羟基也可以带正电荷。除此之外,有机胶体表面的某些基团如—NH_2 也可带正电荷。阴离子的静电吸附有如下特点:①产生静电吸附的阴离子主要是 Cl^-、NO_3^- 和 ClO_4^- 等,SO_4^{2-} 和 $H_2PO_4^-$ 亦可吸附,但易转变为专性吸附。②阴离子浓度、离子价、互补离子等对阴离子交换作用的影响与阳离子的吸附与交换作用相似。③阴离子吸附数量与土壤的 pH 有关。土壤 pH 降低,正电荷增加,则静电吸附的阴离子增加。当土壤 pH>7 时,土壤阴离子的静电吸附量很低。

2. 土壤对阴离子的负吸附　带负电荷土壤对土壤中的阴离子会产生负吸附。负吸附的产生是土壤中负电荷胶体对同号电荷的阴离子的排斥作用,其斥力的大小,与阴离子距土壤胶体表面的远近有关系,距离愈近斥力愈大,于是表现出较强的负吸附。一般负吸附随阴离子价数的增加而加强,如在钠质膨润土中,不同钠盐的阴离子所表现出的负吸附次序为: Cl^-、NO_3^-<SO_4^{2-}<$Fe(CN)_6^{4-}$。

3. 土壤对阴离子的专性吸附　土壤对阴离子的专性吸附是发生在胶体双电层内层的,可直接与胶体表面的配位离子(配位基)置换,故又称配位基交换。因此,阴离子的专性吸附不一定发生于带正电荷的胶体,也可以发生于电中性或带负电荷的胶体。产生专性吸附的阴离子主要有 F^- 以及磷酸根、硫酸根、钼酸根和砷酸根等含氧酸离子。

阴离子的专性吸附主要发生在铁、铝氧化物的表面,而这些氧化物多分布在热带、亚热带土壤中。阴离子专性吸附一方面对土壤的一系列化学性质如表面电荷、酸度等造成深刻影响;另一方面决定着多种养分离子和污染元素在土壤中存在的形态、迁移和转化,进而制约着它们对植物的有效性及其环境效应。

第三节　土壤的酸碱性

土壤酸碱性是土壤胶体的固液相性质的综合表现,由土壤溶液中游离的 H^+ 或 OH^- 显示出来。当土壤溶液中 H^+ 浓度大于 OH^- 浓度时呈酸性反应,反之,呈碱性反应,而当 H^+ 与 OH^- 相等时呈中性反应。土壤酸碱性是土壤的重要化学性质,是划分土壤类型、评价土壤肥力的重要指标之一,直接影响作物的生长和微生物的活动,对土壤的发生发育、养分的有效化及土壤的物理性质等有重要的影响。

一、土壤酸性

1. 土壤酸化的过程　在多雨的自然条件下,降水量大大超过蒸发量,土壤及其母质的淋溶作用非常强烈,土壤溶液中的盐基离子易于随渗滤水向下移动。这时溶液中 H^+ 取代土壤胶体表面吸附的盐基离子,使土壤盐基饱和度下降,氢饱和度增加,进而引起土壤酸化。在交换的过程中,土壤溶液中 H^+ 可以由碳酸和有机酸以及水的解离等途径补给。土壤中的碳酸主要由 CO_2 溶于水生成, CO_2 是由植物根系、微生物呼吸以及有机质分解产生的。有机酸是土壤有机质分解的中间产物。水的解离常数虽然很小,但由于 H^+ 被土壤吸附而使其解离平衡受到破坏,所以不断有新的 H^+ 释放出来。

随着阳离子交换的不断进行,氢饱和度也不断增加。当铝硅酸盐黏粒矿物表面吸附的氢离子超过一定限度时,它们的晶体结构便遭到破坏,铝八面体开始解体,铝离子脱离八面体晶格的束缚变成活性铝离子,一部分被吸附在带负电荷的黏粒表面,另一部分转变为交换性 Al^{3+},通过水解可产生相当数量的游离 H^+,使土壤进一步酸化。

2. 土壤酸性的类型　根据氢离子存在的方式可分为活性酸和潜性酸。

(1) 活性酸(soil active acidity): 土壤活性酸是指与土壤固相处于平衡状态的土壤溶液中的氢离子浓度。活性酸的大小通常以 pH 来表示。pH 是土壤酸度的强度指标,一般土壤酸碱度分为 6 级(表 2-7)。

表 2-7　土壤酸碱度分级

pH	酸碱度分级	pH	酸碱度分级
<4.5	极强酸性	6.5～7.5	中性
4.5～5.5	强酸性	7.5～8.5	碱性
5.5～6.5	酸性	>8.5	强碱性

我国土壤的 pH 大多在 4.5～8.5,呈"南酸北碱"的地带性分布特点。一般来说,在北纬 33° 以南,土壤多为酸性至强酸性;在北纬 33° 以北,土壤多为中性至碱性。

(2) 潜性酸(soil potential acidity): 土壤的潜性酸是指土壤胶体表面吸附的氢离子和铝离子,这些离子呈吸附态时不显示酸性,只有当它们转移到溶液中,变成溶液中的 H^+ 时,才会显示出酸性。吸附性铝离子转移到溶液中之后,通过水解作用产生氢离子。

$$Al^{3+} + H_2O \longrightarrow Al(OH)^{2+} + H^+$$

$$Al(OH)^{2+} + H_2O \longrightarrow Al(OH)_2^+ + H^+$$

$$Al(OH)_2^+ + H_2O \longrightarrow Al(OH)_3\downarrow + H^+$$

土壤潜性酸是土壤酸度的数量指标,通常用每 1kg 烘干土中 H^+ 的厘摩尔数来表示 [cmol(+)/kg]。土壤潜性酸的大小常用交换性酸或水解性酸来表示。

1) 交换性酸(soil exchangeable acidity): 用过量的中性盐溶液(如 1mol/L KCl 或 0.06mol/L

$BaCl_2$)与土壤作用,将胶体上的大部分 H^+ 或 Al^{3+} 交换出来,再以标准碱液滴定溶液中的 H^+(交换性 H^+ 及由 Al^{3+} 水解产生的 H^+),这样测得的酸度称为交换性酸。

$$Al\cdot\boxed{土壤胶体}\cdot Al + 4KCl \rightleftharpoons \boxed{土壤胶体}\cdot 4K + KCl + AlCl_3$$

用中性盐浸提的交换反应是个可逆的阳离子交换平衡反应,因此所测得的酸量只是土壤潜性酸量的大部分,而不是它的全部。交换性酸在调节土壤酸度估算石灰用量时有重要参考价值。

2)水解性酸(soil hydrolytic acidity):用弱酸强碱盐溶液(如 pH 为 8.2 的 1mol/L 醋酸钠)浸提土壤时,首先醋酸钠的水解生成解离度很小的醋酸和完全解离的氢氧化钠。然后由氢氧化钠解离的钠离子与吸附性氢或铝交换,交换出来的氢离子与氢氧离子结合成水,铝离子与氢氧离子生成氢氧化铝:

$$CH_3COONa + H_2O \rightleftharpoons CH_3COOH + NaOH$$

$$\boxed{土壤胶体}\cdot H + 4NaOH \rightleftharpoons \boxed{土壤胶体}\cdot 4Na + Al(OH)_3\downarrow + H_2O$$

上述反应产生的 H_2O 不易解离,而 $Al(OH)_3$ 在中性到碱性的介质中形成沉淀,所以反应向右进行,结果使交换程度比用中性盐类溶液更为完全,土壤吸附性氢、铝离子的绝大部分可被 Na^+ 交换。

此外,水化氧化物表面的羟基和腐殖质的某些官能团(如羟基、羧基)上部分的 H^+ 也因解离而进入浸提液被中和:

$$\boxed{氧化物}\cdot OH + NaOH \longrightarrow \boxed{氧化物}\cdot O^-Na^+ + H_2O$$

用标准碱液滴定浸出液,这样测得的酸度称为水解性酸。一般情况下,土壤水解性酸度大于交换性酸度。土壤水解性酸度也可作为酸性土壤改良时计算石灰需要量的参考数据。

(3)活性酸与潜性酸的关系:土壤中的活性酸和潜性酸,是同一个体系中的两种酸,它们始终处于动态平衡之中。如果溶液的浓度和组成发生改变,它们就可以相互转化。活性酸可以被胶体吸附成为潜性酸,而潜性酸也可以被交换出来变成活性酸。潜性酸是活性酸的主要来源和后备。

土壤潜性酸度往往远比活性酸度大。如砂土的潜性酸度比活性酸度可大 1 000 倍,而富含有机质的黏土可达 50 000～100 000 倍。因此,改良土壤酸性时,应以潜性酸度来确定石灰的施用量。

二、土壤碱性

1. 土壤碱性的来源 土壤中 OH^- 主要来自碱性物质的水解。土壤碱性物质主要是钾、钠、钙、镁的碳酸盐和重碳酸盐以及胶体表面吸附的交换性钠。

(1)碳酸钙的水解:在石灰性土壤中,碳酸钙、土壤空气体系中的 CO_2 和土壤水处于同一个平衡体系,碳酸钙通过水解作用产生 OH^-。其反应式如下:

$$CaCO_3 + H_2O \rightleftharpoons Ca^{2+} + HCO_3^- + OH^-$$

又因 HCO_3^- 又与土壤空气中 CO_2 处于下面的平衡关系:

$$CO_2 + H_2O \rightleftharpoons HCO_3^- + H^+$$

所以石灰性土壤的 pH 主要受土壤空气中 CO_2 分压控制。

(2)碳酸钠的水解:碳酸钠(苏打)在水中能发生碱性水解,使土壤呈强碱性反应。其反应式如下:

$$Na_2CO_3 + 2H_2O \rightleftharpoons 2Na^+ + 2OH^- + H_2CO_3$$

（3）交换性钠的水解：当土壤胶体上吸附性钠离子的饱和度增加到一定程度后，会引起交换水解作用而使溶液呈强碱性反应。其反应式如下：

$$\boxed{土壤胶体} \cdot Na + H_2O \rightleftharpoons \boxed{土壤胶体} \cdot H + NaOH$$

由于土壤中不断有大量 CO_2 产生，所以交换反应所形成的 NaOH 实际上都是以 Na_2CO_3 或 $NaHCO_3$ 的形态存在。

2. 土壤碱性的指标　土壤碱性的强弱除了用 pH 表示外，还可以用总碱度和碱化度来表示。

（1）总碱度：总碱度是指土壤溶液或灌溉水中碳酸根、重碳酸根的总量，一般用中和滴定法测定，单位以 cmol/L 表示。

碱性土壤中存在许多碱金属（Na、K）及碱土金属（Ca、Mg）的碳酸根和重碳酸根的盐类。$CaCO_3$ 及 $MgCO_3$ 的溶解度很小，在正常 CO_2 分压下，它们在土壤溶液中的浓度很低，所以含 $CaCO_3$ 和 $MgCO_3$ 的土壤，其 pH 都较低，最高在 8.5 左右。这种因石灰性物质所引起的弱碱性反应（pH 7.5～8.5）称为石灰性反应，土壤称之为石灰性土壤。Na_2CO_3、$NaHCO_3$ 及 $Ca(HCO_3)_2$ 等是水溶性盐类，可使土壤溶液的总碱度很高。总碱度在一定程度上反映土壤和水质的碱性程度，故可作为土壤碱化程度分级的指标之一。

（2）碱化度（exchangeable sodium percentage，ESP）：碱化度是指交换性钠离子占阳离子交换量的百分数。

$$碱化度 = （交换性钠 / 阳离子交换量） \times 100\%$$

土壤碱化度常被用来作为碱土分类及碱化土壤改良利用的指标和依据。我国将碱化层的碱化度 >30%，表层含盐量 <0.5% 和 pH>9.0 定为碱土，而将碱化度为 5%～10% 的土壤定为轻度碱化土壤，10%～15% 为中度碱化土壤，15%～20% 为强碱化土壤。

三、土壤酸碱性对土壤养分和作物生长的影响

1. 土壤酸碱性对土壤养分的影响　土壤酸碱性对土壤微生物的活性、有机质的分解和矿物质的溶解与沉淀有重要影响，进而影响土壤养分的释放、固定和迁移等。土壤中的氮素，绝大部分以有机态存在，参与有机质分解的微生物大多数在接近中性的环境下生长发育，因而在 pH 6～8 的范围内有效性最高（图2-3）。

磷素在酸性时，由于可溶性铁、铝增加，有效磷易被固定；当 pH 7.5～8.5 时，磷酸根又易被钙离子固定；pH 8.5 以上时磷素虽成为溶解性磷酸钠，但碱性过强不利于植物生长。故磷素在 pH 6.5～7.5 时的有效度最高。

在酸性土壤中，钾、钙、镁的盐可以溶解，也易被 H^+ 从土壤胶体表面交换出来，因而容易随淋溶而流失。所以在酸性土中较缺乏，在 pH 8.5 以上时，土壤中的钠离子含量较大，能把钙、镁

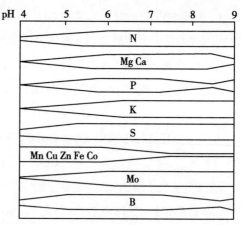

● 图2-3　土壤 pH 和植物养分元素的有效性关系

离子交换出来生成钙、镁的碳酸盐而沉淀。所以钙、镁的有效性以 pH 6～8 时最好。铁、锰、铜、锌等微量元素在酸性土壤中因可溶而有效度提高，而在石灰性土壤中微量元素容易产生沉淀而降低其有效性。硼在强酸性时易流失，在石灰性土壤中生成硼酸钙而降低有效度，在盐碱土中生成硼酸钠溶解度提高。钼在酸性时，因土壤活性铁、铝较多而生成不溶性的钼酸铁、钼酸铝而降低有效性。

2. 土壤酸碱性与植物生长　不同的栽培植物适宜生长在不同的 pH 范围（表 2-8）。大多数作物偏好近中性的土壤，以 pH 6.0～7.5 为宜。有些植物对土壤酸碱条件要求十分严格，它们只能在某一特定的酸碱范围内生长，这些植物可以为土壤酸碱度起指示作用而被称为指示植物。芒萁、映山红、石松、茶是酸性土的指示植物；蜈蚣草、苍耳、甘草、柏木是石灰性土的指示植物；剪刀股、芨芨草、碱灰菜、碱蓬是碱土的指示植物。认识这些植物，有助于野外鉴别土壤酸碱性。

表2-8　一些作物适宜的土壤 pH 范围

作物	pH	作物	pH	作物	pH
水稻	5.0～6.5	花生	5.0～6.0	菠萝	5.0～6.0
小麦	5.5～7.5	甘蓝	6.0～7.0	草莓	5.0～6.5
大麦	6.5～7.8	豌豆	6.0～8.0	西瓜	6.0～7.0
大豆	6.0～7.0	柑橘	5.0～6.5	橄榄	6.0～7.0
玉米	5.5～7.5	荔枝	6.0～7.0	番茄	6.0～8.0
棉花	6.0～8.0	苹果	6.0～8.0	南瓜	6.0～8.0
马铃薯	4.8～6.0	桃	6.0～7.5	黄瓜	6.0～7.0
甜菜	6.0～8.0	梨	6.0～8.0	紫花苜蓿	7.0～8.0
甘薯	5.0～6.0	烟草	5.0～6.0	紫云英	6.0～7.0
向日葵	6.0～8.0	茶	5.0～5.5	桑	6.0～8.0

资料来源: 熊顺贵，《土壤学》，2001。

四、土壤酸碱性的调节

1. 酸性土的改良　酸性土通常用石灰来改良，其作用机制可表示为：

$$\boxed{土壤胶体}\cdot 2Na + Ca(OH)_2 \Longleftrightarrow \boxed{土壤胶体}\cdot Ca + 2H_2O$$

$$\boxed{土壤胶体}\cdot 2Al + 3Ca(OH)_2 \Longleftrightarrow \boxed{土壤胶体}\cdot 3Ca + 2Al(OH)_3\downarrow$$

石灰施用量的理论值通常是根据土壤交换性酸或水解性酸来计算的，但实际石灰需要量还要根据植物的生物学特性和土壤性质以及石灰的种类而决定。不耐酸的要多施，耐酸的植物要少施。对于大多数的植物来说，土壤 pH 6 左右就可不必施用石灰，一般没有必要把土壤 pH 调至中性；质地黏重或腐殖质多的土壤可多施一些，砂质土和腐殖质少的土壤应酌量少施。在石灰种类上，如果施用的是碳酸钙（$CaCO_3$），碱性较平缓，作用时间长，用量可多一些，而生石灰（CaO）和熟石灰[$Ca(OH)_2$]的碱性强，用量要少一些。除石灰以外，在沿海地区还可以用含钙的贝壳灰改良酸性土壤。另外，草木灰既是良好的钾肥又可中和酸性，有条件的地方也可采用。

2. 碱性土的改良　碱性过强的土壤通常可用石膏、硫黄、明矾（硫酸铝钾）或绿矾（硫酸亚铁）来改良。石膏改良碱性土的作用如下：

$$\boxed{土壤胶体}\cdot 2Na + CaSO_4 \Longleftrightarrow \boxed{土壤胶体}\cdot Ca + NaSO_4$$

$$Na_2CO_3 + CaSO_4 \Longrightarrow NaSO_4 + CaCO_3$$

硫黄（S）经土壤中硫细菌的作用氧化生成硫酸；明矾和硫酸亚铁在土壤中水解亦产生硫酸，都能中和土壤的碱性。另外，施用有机肥料，利用有机肥料分解释放出大量的CO_2和有机酸来中和碱性。

值得注意的是，在碱性土或微碱性土壤上栽种喜酸性植物（如杜鹃等花卉），也必须对土壤进行改良。

第四节　土壤的热量状况

一、土壤热能的来源及影响因素

（一）土壤热能的来源

1. 太阳辐射能　太阳辐射能是土壤热量最主要的来源。太阳辐射能极其巨大，到达地球的仅是其中的极小部分。在北半球阳光垂直照射时，每分钟辐射到每平方厘米土壤表面的太阳辐射能为8.12J。

2. 生物热　微生物分解有机质的过程是释放的热量的过程。释放的热能一部分作为土壤微生物的能量，大部分用于提高土温。在农业耕作过程中，多施有机肥并添加热性物质，如半腐熟的马粪等，能促进幼苗早发，加速成株生长。

3. 地球内热　由地球内部的岩浆通过传导作用至土壤表面的热量。因地壳导热能力差，因此这部分热量占的比例小，但温泉附近，这一热源不可忽视。

（二）影响因素

1. 太阳的辐射强度　日照角越大，坡度越大，地面接受的太阳辐射越多。在中纬度地区，南坡坡地每增加1°，约相当于纬度南移100km所产生的影响。同样，在中纬度地区，南坡比北坡接受的辐射能多，土壤温度也比北坡高。坡度越陡，坡向的温差越大。坡向的这种差异具有巨大的生态意义和农业意义。

2. 地面的反射率　太阳的入射角越大，反射率越低，反之越大。土壤的颜色、粗糙程度、含水状况，植被及其他覆盖物等都影响反射率。

3. 地面有效辐射

（1）云雾、水汽和风：它们能强烈吸收和反射地面发出的长波辐射，使大气逆辐射增大，因而使地面有效辐射减少。

（2）海拔高度：空气密度、水汽、尘埃随海拔高度增加而减少，大气逆辐射相应减少，有效辐射增大。

（3）地表特征：起伏、粗糙的地表比平滑表面辐射面大，有效辐射也大。

（4）地面覆盖：导热性差的物体如秸秆、草皮、残枝落叶等覆盖地面时，可减少地面的有效辐射。

二、土壤的热性质

同一地区的不同土壤，获得的太阳辐射能几乎相同。但土壤温度却差异较大，这是因为土壤温度的变化还取决于土壤的热性质。

（一）土壤热容量

土壤热容量（soil heat capacity）是指单位容积或单位质量的土壤在温度升高或降低 1℃时所吸收或放出的热量。可分为容积热容量和质量热容量。容积热容量是指每 1cm³·K 土壤增、降温 1℃时所需要吸收或释放的热量。用 C_V 表示，单位为 J/(cm³·K)；质量热容量也称比热，是指每克土壤增、降温 1℃时所需要吸收或释放的热量。用 c 表示，单位为 J/(g·K)。两者之间的关系为：

$$C_V = c \times d \qquad\qquad 式（2-1）$$

式中，d 为土壤容重。

土壤热容量愈大，土壤温度变化愈缓慢，反之，土壤热容量愈小，则土壤温度变化频繁。

土壤热容量的大小主要受土壤的三相组成影响。土壤水分的热容量最大，土壤空气的热容量最小；矿质土粒和土壤有机质的热容量介于两者之间。由土壤组成可知，土壤固相相对稳定，因此土壤热容量的大小主要取决于土壤水分和土壤空气的含量。土壤愈潮湿（水多气少），热容量愈大，增温和降温均较慢，土壤温度变化小；反之，土壤愈干（水少气多），热容量愈小，升温快，降温也快，土壤温度变化大。例如，质地黏重的土壤，水分含量较高，在早春季节解冻迟，土壤温度回升慢，故有冷性土之称；而质地较轻的砂土，水分含量较低，早春土壤温度回升快，称为热性土。

（二）土壤导热率

土壤导热率（soil thermal conductivity）是评价土壤传导热量快慢的指标，它是指在面积为 1m²、相距 1m 的两截面上温度相差 1K 时，每秒中所通过该单元土体的热量焦耳数。其单位为：J/(m·K·s)。

土壤的三相组成中，空气的导热率最小，矿物质的导热率最大，为土壤空气的 100 倍，水的导热率介于两者之间（表 2-9）。因此，土壤导热率的大小，主要与土壤矿物质和土壤空气有关。在单位体积土壤内，矿物质含量愈高，空气含量愈少，导热性愈强；反之，矿物质含量少，空气含量愈高，导热性则差。可见，土壤导热率与土壤容重呈正相关，而与土壤孔隙度呈负相关。所以，冬季土壤镇压后导热率增加，白天利于热量向下层土壤传导，夜里则利于热量由底土向表土传导，从而可以有效地防止冻害。

表 2-9　土壤组成与土壤的热特性

土壤组成	容积热容量 / J/(cm³·K)	重量热容量 / J/(g·K)	导热率 / J/(m·K·s)	导温率 / m²/s
土壤空气	0.001 3	1.00	0.000 21～0.000 25	0.016 15～0.192 3
土壤水分	4.187	4.817	0.005 4～0.005 9	0.001 3～0.001 4
矿质土粒	1.930	0.712	0.016 7～0.020 9	0.008 7～0.010 8
土壤有机质	2.512	1.930	0.008 4～0.012 6	0.003 3～0.005 0

此外,增加土壤水分含量,也可以提高土壤的导热性。例如,干、湿砂土(含水 400g/kg)的导热率分别为 0.293J/(m·K·s)和 2.18J/(m·K·s);干、湿黏土(含水 400g/kg)为 0.25J/(m·K·s)和 1.59J/(m·K·s);这是因为一方面水的导热率比空气大 25 倍,另一方面干土中导热仅仅依靠土粒间的接触点,而湿土中土粒间还因为水膜增加了联系。

(三)土壤导温率

土壤导温率(soil temperature conductivity)又称土壤导热系数或热扩散率。它是指在标准状况下,当土层在垂直方向上每厘米距离内有 1J 的温度梯度,每秒钟流入断面面积为 $1m^2$ 的热量,使单位体积($1m^3$)土壤所发生的温度变化。显然,流入热量的多少与导热率的高低有关,流入热量能使土壤温度升高多少则受热容量制约。土壤导温率的计算公式为:

$$K = \lambda / C_V \qquad\qquad 式(2-2)$$

式中,K 为土壤导温率;λ 为导热率;C_V 为土壤溶剂热容量。

可见,土壤导温率与导热率呈正相关,与热容量呈负相关。土壤空气的导温率比土壤水分要大得多。因此,干土比湿土容易增温。例如,干砂土的导温率为 $35m^2/s$,湿砂土为 $70m^2/s$;干黏土为 $12m^2/s$,湿黏土为 $110m^2/s$。

在土壤湿度较小的情况下,湿度增加,导温率也增加;当湿度超过一定数值后,导温率随湿度增大的速率变慢,甚至下降。土壤导温率直接决定土壤中温度传播的速度,因此影响着土壤温度的垂直分布和最高最低温度的出现时间。

三、土壤热量平衡与土壤温度

土壤热量平衡是指土壤热量的收支情况。土壤表面吸收的太阳辐射能,部分以土壤辐射形式返回大气,部分用于土壤水分蒸发的消耗,还有部分用于向下层土壤的传导,剩余的热量用于土壤升温。土壤热量平衡可用式(2-3)表示:

$$Q = E - Q_1 - Q_2 - Q_3 \qquad\qquad 式(2-3)$$

式中,Q 为用于土壤增温的热量,E 为土壤表面获得的太阳辐射能,Q_1 为地表辐射所损失的热量,Q_2 为土壤水分蒸发所消耗的热量,Q_3 为其他方面消耗的热量。

在一定的地区 E 一般是固定的,若 Q_1、Q_2、Q_3 等方面的支出减少,土壤温度将增加;反之,土壤温度则下降。因此,生产实际中可采用塑料大棚、遮阳网覆盖、中耕松土等措施来调节土壤温度。

第五节 土壤生物学性质

一、土壤微生物特性

土壤微生物是土壤有机质、土壤养分转化和循环的动力;同时,土壤微生物对土壤污染极其敏感,是代谢降解有机农药等有机物污染和恢复土壤环境的先锋。土壤微生物特性特别是土壤微生物多样性是土壤重要的生物学性质之一。土壤微生物多样性包括其种群多样性、营养类型多样性及呼吸多样性三个方面。其中种群多样性已在土壤的基本组成中有所讨论,本节仅介绍营养类型多样性和呼吸类型多样性。

(一)土壤微生物营养类型的多样性

土壤中的微生物根据其对能源和营养的要求不同可分为4种营养类型:光能自养型、光能异养型、化能自养型和化能异养型。光能指微生物生长所需要的能源来自光能,化能指微生物生长所需能源来自于无机物或有机物氧化分解产生的化学能。自养型指利用二氧化碳等无机物合成细胞物质的无机营养型,异养型指利用有机物作为生长繁殖的碳源或供氢体的有机营养型。土壤中的大多微生物属异养型微生物。

1. 光能自养型　光能自养型指以二氧化碳作为主要或唯一的碳源,以无机氮化物作为氮源,通过光合作用获得能量的土壤微生物,如光合细菌、厌气紫硫细菌能利用CO_2合成有机物。

2. 光能异养型　光能异养型指不能以二氧化碳作为主要或唯一碳源,而需以有机物作为供氢体,利用光能将二氧化碳还原成细胞物质。如红螺菌属(*Rhodospirillum*)中的一些细菌就属这种类型,它们能利用异丙醇使二氧化碳还原成细胞物质,同时积累丙酮,光能异养型细菌在生长时,大多需要外源的生长因子。

3. 化能自养型　化能自养型指利用无机化合物的化学变化产生的能量进行生命活动。化能自养型微生物尽管所占比例不大,但它们在土壤养分的转化中起着至关重要的作用。根据它们氧化不同底物的能力,分为亚硝酸细菌、硝酸细菌、硫氧化细菌、铁细菌和氢细菌5种类型。

4. 化能异养型　化能异养型微生物的能源和碳源都来自于有机物,能源来自有机物的氧化分解,ATP通过氧化磷酸化产生,碳源直接取自于有机碳化合物。该类型微生物数量、种类最多,它包括自然界绝大多数的细菌,全部的放线菌、真菌和原生动物,根据生态习性化能异养型微生物可分为腐生型、寄生型和兼性寄生3类,土壤中的微生物多为腐生型,如引起腐败的梭状芽孢杆菌、毛霉、根霉、曲霉等。

上述营养类型的划分并非是绝对的,只是根据主要方面决定的。绝大多数异养型微生物也能吸收利用CO_2,可以把CO_2加至丙酮酸上生成草酰乙酸,这是异养型微生物普遍存在的反应。因此,划分异养型微生物和自养型微生物时的标准不在于它们能否利用CO_2,而在于它们是否能利用CO_2作为唯一的碳源或主要碳源。在自养型和异养型之间、光能型和化能型之间还存在一些过渡类型。例如,氢细菌就是一种兼性自养型微生物类型,在完全无机的环境中进行自养生活,利用氢气的氧化获得能量,将CO_2还原成细胞物质,但如果环境中存在有机物质时又能直接利用有机物进行异养生活。

(二)土壤微生物呼吸类型的多样性

根据呼吸过程中对氧的需要程度不同,可将土壤微生物分为好氧、厌氧和兼性3类。

1. 好氧微生物　指只有在有氧环境中才能生活的微生物,主要是利用空气中氧,将土壤中的有机物、无机物等彻底氧化并释放能量。土壤中大多数细菌如芽孢杆菌、假单胞菌、根瘤菌、固氮菌、硝化细菌、硫化细菌及真菌、放线菌、藻类、原生动物都属好氧微生物。常见的有芽孢杆菌、假单胞菌、固氮菌、硝化细菌、硫化细菌等。

2. 厌氧微生物　指在嫌气条件下进行无氧呼吸的土壤微生物。此条件下土壤中的有机物、无机物氧化不彻底，释放能量少。如梭菌、产甲烷细菌、脱硫弧菌等。

3. 兼性微生物　指在有氧和无氧环境中均能进行呼吸的土壤微生物，但两种环境下产生的呼吸产物不同，如酵母菌和大肠埃希菌等。

（三）土壤微生物生物量

土壤微生物生物量（microbial biomass）是指土壤中体积小于 $5 \times 10^3 \mu m^3$ 的生物总量，是土壤有机质中最为活跃的组分。人们常通过生理生化方法测定微生物细胞被降解后所产生的 CO_2 的量或菌体中某种组分的量，来计算微生物生物量，通常以微生物生物量碳的含量来表示。除含碳外，微生物体内还含有较多的氮、磷和硫。因此，广义的微生物量还包括微生物生物量氮、微生物生物量磷及微生物生物量硫。

1. 微生物生物量的周转　微生物在其生命活动过程中不断同化环境中的物质，同时又向外界释放代谢产物。微生物完成自身全部物质更新所需的时间称为微生物物质的周转期，单位时间内微生物更新自身物质的量称为微生物生物物质的周转速率，它们均是反映微生物同化-矿化活性的重要指标，对研究生态系统中碳素循环及氮、磷、硫的植物有效性均有重要意义。

土壤微生物生物量碳的周转期变幅为 0.14～2.5 年，微生物生物量氮的周转期与微生物碳相近，大致为 1 年。研究表明土壤黏粒含量对微生物量碳的周转期影响较大，而土壤管理对其影响较小。黏粒含量越高，土壤微生物量碳周转时间越长。

2. 微生物生物量的生态学意义

（1）农业生态条件与微生物生物量：在农业生态系统中，土壤微生物生物量中的养分元素一般只占土壤中相应元素含量的极小部分，但因为土壤的养分储备中绝大部分处于稳定或半稳定状态，活性和有效性均较低。而微生物生物量中的养分则非常活跃。土壤微生物通过自身代谢，即对有机物的矿化和对无机养分的同化作用，在土壤物质循环中起着决定作用，不仅其本身所含的氮、硫、磷是植物的有效养料库，而且土壤微生物对土壤有机质和养分的转化作用是土壤有效氮、磷、硫的重要来源。

土壤含水量是影响土壤微生物生物量的主要因素。-0.01～0.05MPa 接近微生物的最佳湿度，干湿交替作用能造成土壤微生物大批死亡或更新。土壤 pH 也明显影响土壤微生物生物量，强酸性及盐碱土的微生物生物量较低。此外，低温（<6℃）或高温（>35℃）对土壤微生物生物量也有很大影响。对于大多数土壤来说，异养微生物占主导地位，维持其生命活动需要消耗一定能量。因此，土壤有机质含量也影响是影响土壤微生物生物量的关键因子。

（2）微生物生物量与环境污染：土壤重金属污染对微生物量及其活性有永久影响，除非有办法除去污染的重金属元素。研究表明，有些重金属元素在低浓度时对微生物生物量有一定刺激作用，但超过一定浓度时对微生物有明显毒害作用。如对遭受 703μg/g Pb、57μg/g As 和 73μg/g Cu、5μg/g Cd 复合污染土壤的研究发现，重金属污染使土壤中的细菌、真菌、放线菌数量均显著下降。

除重金属外，杀虫剂、杀菌剂和除草剂等农药对微生物生物量均能产生暂时性或永久性影响。一般来说，农药污染对土壤微生物生物量的影响不及重金属严重。

（四）土壤微生物研究的意义

土壤微生物是生态系统的重要组成部分，是土壤生态系统的核心，广泛直接或间接参与调节土壤养分循环、能量流动、有机质转换、土壤肥力形成、污染物的降解及环境净化等。土壤微生物的种类和组成不同，都会引起土壤酶活性在质和量上的差异，利用先进的微生物研究技术、生物化学技术和分子生物学技术来探讨土壤微生物，尤其是土壤微生物区系、微生物数量、微生物多样性及生物量与土壤酶活性的关系，有助于揭示土壤酶的来源、性质及土壤酶在生态过程中的作用和地位。

二、土壤酶

土壤酶是由微生物、动植物活体分泌及由动植物残体分解释放于土壤中的一类具有催化能力的生物活性物质。土壤酶是土壤中最活跃的有机成分之一，驱动着土壤的代谢过程，参与土壤中各种化学反应和生化过程，与有机物质矿化分解、矿质营养元素循环、能量转移、环境质量等密切相关。土壤酶活性值的大小反映土壤中生化反应的方向和强度，是评价土壤肥力的重要参数之一，也是重要的土壤生物学性质之一。

1. 土壤酶的种类　在目前已知存在于生物体内近 2 000 种酶类中，已发现有 50 多种累积在土壤中。这些酶可分为两类，一类是与游离的增殖细胞相关的生物酶，包括分布在细胞质里的胞内酶、外周质空间的酶以及细胞表面的酶。另一类酶与与活细胞不相关，被称为非生物酶，包括活细胞生长或分裂过程中分泌的酶、细胞碎屑和死细胞中的酶、来自活细胞或细胞溶解进入土壤溶液中的酶，它们能稳定地吸附于土壤黏粒内外表面，或通过吸附、聚合存在于土壤腐殖质胶体内。按照土壤酶的作用原理，可分为氧化还原酶、转移酶、水解酶及裂解酶。

2. 土壤酶的存在形态　土壤酶有游离态和复合态两种存在形式，主要以酶 - 无机矿物胶体复合体、酶 - 腐殖质复合体和酶 - 有机无机复合体等形式吸附在土壤有机质和矿质胶体上，以复合物状态存在。因此，土壤有机质吸附酶的能力大于矿质，土壤细粒级部分吸附酶的能力强于粗粒级部分。酶与土壤有机质或者黏粒的结合可以增强它的稳定性，防止其被蛋白酶或钝化剂降解。

3. 土壤酶的作用

（1）水解酶类：主要包括蔗糖酶、淀粉酶、脲酶、蛋白酶、脂肪酶、磷酸酶、纤维素分解酶、β-葡萄糖苷酶、荧光素二乙酸酯酶等。水解酶能水解多糖、蛋白质等大分子物质，从而形成简单的、易被植物吸收的小分子物质，对于土壤生态系统中的碳、氮循环具有重要作用。

（2）氧化还原酶类：主要包括脱氢酶、多酚氧化酶、过氧化氢酶、硝酸还原酶、硫酸盐还原酶等。氧化还原酶是土壤中研究较多的一类酶，由于这些酶所催化的反应大多与获得或释放能量有关，因此在土壤的物质和能量转化中有很重要的地位。它参与土壤腐殖质组分的合成，也参与土壤形成过程，因此对于土壤氧化还原酶系的研究，有助于对土壤发生及有关土壤肥力等问题的了解。

（3）转移酶类：主要包括转氨酶、果聚糖蔗糖酶、转糖苷酶等，主要催化某些化合物中基团的转移，不仅参与蛋白质、核酸和脂肪的代谢，还参与激素和抗生素的合成和转化，在土壤的物质转化中起着重要的作用。

（4）裂解酶类：主要包括天冬氨酸脱羧酶、谷氨酸脱羧酶、色氨酸脱羧酶，具有裂解氨基酸的作用。

4. 影响土壤酶活性的环境因素　影响土壤酶活性的因素很多，如土壤理化性质、根际环境、外源土壤污染物及人为因素等，各种因素之间相互影响、相互制约，共同影响土壤酶的稳定性及活性强弱。

（1）土壤理化性质：土壤理化性质是土壤水、热、气、机械组成及结构状况等物理性质和土壤养分、土壤 pH 等化学性质的总称，土壤各种理化性质不仅直接影响土壤酶活性的大小，还通过相互之间的作用间接调控土壤酶活性。

1）土壤水、热、气：土壤水、热、气会直接或间接影响土壤酶活性的存在状态与强弱。一般来说，湿度大的土壤酶活性较高，但土壤过湿可能会造成土壤缺氧，不利于土壤微生物和动物的生长和繁衍，限制了土壤微生物的代谢产酶能力，造成土壤酶活性降低；温度直接影响释放酶类的微生物种群及数量，过高和过低的土壤温度会导致土壤酶活性的钝化和失活，因此，在不良水热状况下，土壤酶活性较低。另外，土壤中二氧化碳、氧气含量与土壤微生物的活性相关，因此对土壤酶活性有直接影响。

2）土壤的机械组成及结构：一般情况下，同一类土壤的黏质土壤比轻质土壤具有较高的酶活性，主要是因为酶主要分布在腐殖质含量较高和微生物数量较多的细小颗粒中。而且，土壤黏粒含量较高的土壤，酶活性的持续期也相对较长。另外，不同粒径团聚体的酶的活性也不一样。如微团聚体中蔗糖酶、淀粉酶、蛋白酶、过氧化氢酶的活性比大团聚体的活性较高；脲酶的活性随着土壤微团聚体粒径的增大有下降的趋势；蔗糖酶的活性也主要在微团聚体中，相当于粉砂颗粒，随着粒径的减小，蔗糖酶活性下降；中性磷酸酶和蛋白酶活性主要吸附在胶粒和黏粒部分，与脲酶分布规律一致，因此，向矿质土中加入黏质土，能较大地增强蛋白酶、脲酶和蔗糖酶的活性。

3）土壤 pH：土壤中的酶活性是在一定的 pH 范围内表现出来的，酶活性随 pH 改变而改变。酶的最大活性常常在较窄的 pH 范围内表现出来。如淀粉酶一般在 pH 为 4.2 时作用最强；蔗糖酶在 pH 为 5 时活性最大；磷酸酶在酸性、中性和碱性土壤中都可以表现出较大活性，但酸性磷酸酶在 pH 较低的酸性土壤中活性最强，碱性磷酸酶在 pH 较高的碱性土壤中活性最强，而中性磷酸酶在 pH 为 7 的中性土壤中活性最强；脲酶一般在 pH 为 6.5～7.0 的中性土壤中活性较强；脱氢酶在 pH 为 8～9 的碱性土壤中活性最强，在酸性土壤中不显示最大活性；过氧化氢酶在酸性土壤中酶的活性较低，也不显示最适活性。

4）土壤有机质：有机质含量是土壤肥力的一个重要因子，虽然有机质在土壤中的数量不高，但对土壤的理化性质影响很大，它能调节土壤空气、水分的含量和土壤结构，同时是微生物的营养源和能源，也是土壤酶的有机载体。土壤积累的腐殖质多，有机质含量高，土壤结构疏松，孔隙比例适当，水热条件和通气状况好，微生物生长旺盛，代谢活跃，呼吸强度加大从而使土壤酶活性较高。有机质含量较高的土壤，酶活性的持续期也相对较长。

5）肥料：肥料作为土壤中的重要养分，对土壤酶的影响分为直接和间接两种。其中，直接影响是肥料中的化学物质直接对酶产生作用；间接影响是肥料通过促进微生物的合成作用来影响土壤酶的活性。无机肥料可以为植物提供养料，植物庞大的活根系分泌释放许多酶类；有机肥料不仅提供营养物质，还能改善土壤的理化性质，提高土壤保水、保肥能力和缓冲性能。

（2）根际环境：根际环境是指与植物根系发生紧密相互作用的土壤微域环境。由于植物根系的生命活动，如养分吸收、呼吸作用、根系分泌等过程改变了根际土壤的理化及生物性质从而影响土壤酶的活性。

放线菌、真菌和细菌等是土壤酶的主要来源，由于根系分泌物和根际微生物的积极活动，植物根际的土壤酶促过程要比根际外强得多。另外，由于根际微生物的数量比非根际土壤高，微生物向根际环境中分泌酶，导致根际和非根际土壤酶的活性有明显的差异。如杉木的根际土壤多酚氧化酶活性低于非根际土壤，脲酶、土壤磷酸化酶、过氧化氢酶、转化酶和过氧化物酶的活性都高于非根际土壤；油茶林地根际土壤的过氧化氢酶、脲酶、蛋白酶、纤维素酶活性大于非根际酶的活性。

另外，由于植物生长习性的差异及根际土壤环境的改变，土壤酶活性的表现也有差异。如在温带林牧系统的根际土壤中磷酸化酶的活性非常高，白蜡的根际土壤中脲酶的活性比较强，而土壤多酚氧化酶活性则是在刺槐的根际土壤中比较显著。栽培人参的根际土壤 β- 葡萄糖苷酶、土壤蛋白酶、脱氢酶、转化酶和脲酶的活性明显降低，而酸性磷酸酶活性增强，栽培人参时间越长的土壤，其根际土壤蛋白酶、脱氢酶活性降低的幅度越大；随着土壤连作年限的增加，黄芪根际土壤细菌数量增加，真菌数量减少，脲酶和蔗糖酶活性降低，纤维素酶活性增加。因此，根际环境对土壤酶活性的影响是植物介导下根际土壤的结构、质地、养分、根系分泌物、pH、微生物特性等因素综合作用的结果。

（3）外源土壤污染物：许多重金属、有机化合物包括杀虫剂、杀菌剂等外源污染物均对土壤酶活性有抑制作用。

1）农药的影响：进入土壤的农药会以农药本身或其分解产物的形式残留在土壤环境中，从而对土壤生态环境以及酶活性产生影响。如施入土壤中的氯吡硫磷（又名毒死蜱）对土壤蔗糖酶活性具有抑制作用，抑制程度的大小随外界环境的变化而变化，有机质含量越高，抑制作用越显著，酸性条件下的抑制较碱性条件下强。如百菌清、百菌清 - 多菌灵混剂、氯氰菊酯在实验浓度范围内（0.1～50mg/g）明显抑制土壤转化酶活性，多菌灵、吡虫啉浓度低于 0.1mg/g 时对转化酶有激活作用，而浓度高于 0.5mg/g 时抑制转化酶活性；百菌清和多菌灵联合使用，会使农药毒性明显增强。

农药对土壤酶活性作用还因土壤理化性质的不同而有所差异。如五氯硝基苯对不同土壤脲酶活性的影响规律不同。黏粒含量高的土壤，由于土壤脲酶受到黏粒的保护，使五氯硝基苯对其影响较低而使其脲酶活性值较高，即使产生激活作用也能较快恢复。

农药对土壤酶活性的影响可通过多种途径实现：一是农药作用于土壤微生物，影响微生物的新陈代谢，改变微生物向土壤分泌酶的种类及数量；二是农药使附在有机黏粒上的酶发生解吸，改变土壤游离状态酶的种类及数量；三是农药直接作用于土壤酶，通过改变其分子结构来影响土壤酶的活性；四是农药参与酶促反应，通过改变反应速率来影响土壤酶的活性。因此，农药对土壤酶活性影响的机制非常复杂，需要多学科知识体系相互渗透来进行系统研究。

2）重金属的影响：由于工业生产规模扩大和城市化进程加快，大量重金属通过污水灌溉、化肥和农药施用、大气沉降等方式进入土壤系统，导致土壤污染。重金属作为一种重要的外源污染物，具有难降解、移动性差的特点，进入土壤的重金属可能会对土壤环境造成严重污染。重金属参与土壤中生物化学反应,对土壤酶有一定的激活或抑制效应,这与重金属的浓度、形态以及土壤性质等有关。

重金属浓度会影响土壤酶的活性,当重金属含量较低时,对土壤酶有一定的促进作用,超过一定含量时则会抑制土壤酶的活性。如随着重金属浓度的增加对脲酶的抑制作用增强。通常情况下,重金属复合污染的生态效应和毒性效应较单一污染更为复杂,复合污染比单一污染对酶的影响更显著。

重金属在土壤中存在形态分为可交换态、碳酸盐结合态、铁-锰氧化物结合态、有机物结合态和残渣态,活性较高的重金属形态会对土壤酶产生危害。如 Cd 交换态含量较高时,土壤脲酶、磷酸酶活性较低;但随 Cd 残渣态含量升高,土壤脲酶、磷酸酶活性显著升高。砂姜黑土中交换态 Cu、Cd、Zn 对脲酶活性有显著抑制作用,有机态 Cu、Cd、Zn 对过氧化氢酶表现为一定程度的促进作用。

另外,土壤 pH 可以通过改变重金属存在形态而影响土壤酶的活性,pH 偏小时,大多数重金属被活化而转化为有效态,导致土壤酶的活性降低。

本章小结

本章主要介绍了土壤的物理性质、化学性质和生物学性质。包括土壤的孔性、结构性等物理性质;土壤胶体及土壤阳离子交换作用、土壤阴离子交换作用、土壤的酸碱性化学性质;土壤微生物多样性、土壤酶活性等土壤生物学性质。这些特性直接影响土壤功能、肥力以及生产力。

思考题

1. 什么是土壤孔性、孔度、孔隙比?
2. 土壤容重和密度两者有何异同?
3. 影响土壤孔性的因素有哪些?
4. 根据团粒结构形成的过程和条件,论述团粒结构对土壤肥力的意义。
5. 简述土壤胶体的特征及对土壤肥力的影响。
6. 试述土壤酸碱性的类型及影响土壤酸碱性的因素。如何调节土壤的酸碱性?
7. 土壤微生物对于农业有何意义?

第二章同步练习

第三章课件

第三章　土壤的形成与分类

学习目标

掌握：土壤分类的等级。

熟悉：土壤的形成过程及影响因素。

了解：我国土壤分类系统。

第一节　土壤的形成过程

早在19世纪末，土壤地理学家道库恰耶夫就提出：土壤是在母质、气候、生物、地形和时间五大自然成土因素综合作用下形成的产物。自人类利用土壤、从事农业生产开始，人为因素就影响了土壤的形成。因此对耕作土壤来说，除上述五大自然成土因素外，人类活动已成为一个具有特别重要作用的因素。

一、土壤形成因素

（一）母质因素

母质是地壳表层的岩石矿物经过风化作用形成的风化产物，是形成土壤的物质基础，也是构成土壤的"骨架"。土壤的矿物质组成及其性质是从母质那里继承过来的，两者存在"血缘"关系。因此，母质对土壤的形成过程和土壤属性均有很大影响。主要表现为以下3个方面。

1．母质的机械组成直接影响土壤的机械组成　一般在石英含量较多的砂岩风化产物中，在其上发育形成的土壤质地也较粗。相反，在泥页岩风化物上形成土壤，质地必然偏细。

2．母质的化学组成影响成土过程的速度、性质和方向　母岩的化学组成是成土物质的主要来源，对风化和成土过程的初级阶段有着显著的影响。这种影响可以加速或延缓土壤的形成过程，暂时地制约着土壤的性状和肥力的差异，但会随着土壤发育的进一步发展，各种母质上发育的土壤性质趋向一致。

3．母质的层次性影响土壤的剖面构造　一般来说，成土过程进行得愈久，母质与土壤的性质差别就愈大。但母质的某些性质却仍会体现在土壤中。

第三章　土壤的形成与分类　**77**

（二）气候因素

气候因素中最主要的是水热条件，它们是所有气候因素中最活跃的因素，直接影响土体中一系列物理、化学和生物过程，影响土壤形成过程的方向和速率。

1. 对土壤风化过程的影响　母岩和土壤中矿物质的风化速率直接受热量和水分控制。热带地区岩石矿物风化速率和土壤形成速率、风化壳和土层厚度比温带和寒带地区都要大得多。

2. 对土壤物质迁移的影响　一般而言，土壤中的物质迁移速度与数量随着水分与热量的增加而增大。在我国东南部湿润地区土壤中的游离盐基离子被强烈淋溶，土壤无石灰性反应，盐基不饱和。在西北半旱地区，土壤淋溶过程弱，只有易溶性盐分被淋洗，而碳酸钙虽被淋溶，但在土壤剖面中下层淀积，出现一个碳酸盐淀积层。土壤有石灰性反应，呈中性至微碱性。

3. 对土壤有机质的影响　在气候干旱少雨地区，地面植物生长稀疏，土壤有机质的合成量也少。在温热多雨地区，微生物活动旺盛，有机质的分解也快，结果是土壤中的有机质累积少。在气候温暖湿润地区由于干冷季节来得早，有机质分解缓慢，土壤有机质累积较多；而在寒带地区，虽然有机质累积较少，但因其分解缓慢，土壤有机质累积也较多。

4. 对成土方向和黏土矿物类型的影响　气候因素是直接和间接影响成土过程方向和强度的基本因素。我国温带湿润地区，黏土矿物一般以伊利石、蒙脱石、绿泥石和蛭石等 2:1 型黏土矿物为主；在亚热带的湿润地区，黏土矿物一般以高岭石等 1:1 型黏土矿物为主；而在热带地区，黏土矿物主要是铁、铝、硅的氧化物为主。

（三）生物因素

土壤形成的生物因素包括植物、土壤动物和土壤微生物。生物因素是促进土壤发生发展的最活跃因素，在土壤形成中起着主导作用。从一定的意义上说，没有生物因素的作用，就没有土壤的形成过程。

1. 植物在成土过程中的作用　在土壤形成过程中，高等绿色植物能把分散在母质、水体和大气中的营养元素选择性地吸收起来，利用太阳辐射能，合成有机质，并以有机残体的形式聚积在母质或土壤表层，同时，经微生物的分解、合成作用或进一步的转化，使母质表层的营养物质和能量逐渐丰富起来，使土壤肥力得以不断提高，促进土壤的形成。

不同植物类型所形成的有机残体数量不同，一般来说，热带常绿阔叶林 > 温带夏绿阔叶林 > 寒带针叶林；草甸 > 草甸草原 > 干草原 > 半荒漠和荒漠。

2. 土壤动物在土壤形成中的作用　土壤动物种类多、数量大，其残体是土壤有机质来源之一。其中，鞭毛虫、线虫等参与有机质的转化。动物的活动可疏松土壤，促进土壤形成良好的团粒结构。

3. 土壤微生物在土壤形成中的作用　微生物可分解有机质，释放各种养料，为植物吸收利用，同时还能合成土壤腐殖质，发展土壤胶体性能。另外，某些微生物还可固定大气中的氮素，增加土壤含氮量，并且促进土壤物质的溶解和迁移，增加矿质养分的有效度（如铁细菌能促进土壤中铁溶解移动）。

（四）地形因素

在成土过程中，地形因素是影响土壤与环境之间进行物质与能量交换的一个重要条件，它是通过其他成土因素而对土壤形成起作用的。

1. 地形与母质的关系　地形主要对母质起重新分配的作用。不同的地形部位常分布有不同的母质。在高地(如丘陵、山地)的坡面分布残积母质,而在低地(如平原、洼地)分布洪积物、冲积物、湖积物等堆积母质,其间也存在过渡类型。

2. 地形与水热条件的关系　地形支配着地表径流,很大程度上决定着地下水的活动情况。在较高的地形部位,土壤中物质易遭受淋溶;在地形低洼处,土壤物质不易淋溶,腐殖质较易积累;在干旱半干旱地区的低洼地常形成盐渍土或沼泽土。不同的地形部位,地表温度状况不同,南坡比北坡的温度高,其湿度变异也较大,因此分布有更多的土壤类型。

3. 地形与土壤发育的关系　地形对土壤发育的影响,在山地表现尤为明显。山地地势高,坡度大,切割强烈,水热状况和植被变化大,因此山地土壤有垂直地带性分布的现象。

(五)时间因素

土壤的形成是随着时间的推移而不断发展的,土壤形成的母质、气候、生物和地形等因素的作用程度和强度,都是随着时间的延长而加深的。一般来说,时间越长,土壤发生层的分化越明显,土壤个体发育显著。

土壤发育时间和长短称为土壤年龄,通常把土壤年龄分为绝对年龄(absolute age)和相对年龄(relative age)。土壤绝对年龄是指土壤在当地新鲜风化层或新母质上开始发育时算到现今所经历的时间,用年表示。常用孢粉分析法、地层对比法、^{14}C 同位素法等方法测算。土壤相对年龄则是指土壤的发育程度,一般用剖面分异程度加以确定。通常所说的土壤年龄指的是相对年龄。土壤剖面发生层越多,厚度越大,说明土壤的发育程度就越高,经历的时间越长,即相对年龄较大。相反,如果剖面分异不明显、层次较薄者相对年龄就小。

(六)人为因素

人为因素在土壤形成过程中具独特的作用,但它与其他 5 个因素有本质的区别。人是在逐渐认识土壤发生发展规律的基础上,有意识、有目的、定向地采取各种利用改造措施培育土壤,使土壤朝着更有利于农业生产需要的方向发展。自然土壤在人类活动的影响下便开始了农业土壤的发生发展过程。人类对土壤的影响也具有两重性,合理利用则有助于土壤肥力的提高,而利用不当会导致土壤的退化。

上述成土因素大体分为自然成土因素(母质因素、气候因素、生物因素、地形因素及时间因素)和人为因素,前者存在于一切土壤形成过程中,产生自然土壤;后者是在人类活动的范围内起作用,对自然土壤进行改造,可改变土壤的发育程度和发育方向。各种成土因素对土壤形成起着不同的作用,但是它们对土壤形成的影响作用不是孤立的。各个成土因素是相互不能替代而又不可分割地影响着土壤的形成过程。

二、主要成土过程

土壤是在岩石风化物和其他搬运沉积物的基础上,受到大气圈、水圈、生物圈长期综合作用的结果。土壤形成过程是在地质大循环与生物小循环基础上进行的土体与环境,以及土体内物质和能量转化、交流等的一系列物理、化学和生物化学综合作用的过程。它使土体分化出形态、结构和肥力特征不同的几个层次。

（一）地质大循环与生物小循环

1. 地质大循环　裸露地表的岩石矿物风化后，其风化产物经淋溶、搬运、沉积，最后又重新形成岩石，这个岩石→风化物→岩石的循环过程称为物质的地质大循环。它的循环特点是时间长、范围广，植物所需的养分元素不积累。

2. 生物小循环　生物在地质大循环的基础上，得到岩石风化产物中的养分，构成了生物有机体。生物死亡后经微生物的分解又重新释放出养分，再供下一代生物吸收利用。这种由风化释放出的无机养分转变为生物有机质，再转变为无机养分的循环是通过生物进行的，称为物质的生物小循环。它的循环特点是时间短、范围小，可促进植物养分元素的积累，使土壤中有限的植物营养元素得到无限的利用。

3. 地质大循环和生物小循环的关系　地质大循环和生物小循环的共同作用是土壤发生的基础，无地质大循环，生物小循环就不能进行；无生物小循环，仅地质大循环，土壤就难以形成。在土壤形成过程中，这两个循环过程相互渗透，不可分割地同时同地进行着，推动土壤不停地运动和发展。它们之间通过土壤相互连接在一起。

（二）成土过程

土壤是在成土因素的综合作用下，经过成土过程而形成的。在自然界中，土壤形成过程的基本规律是统一的。但是，由于成土条件的复杂性和多变性，决定了土壤形成过程总体的内容、性质及表现形式也是多种多样的。根据成土过程中物质、能量的交换、迁移、转化、累积的特点，土壤形成有如下主要过程。

1. 原始成土过程　是指从岩石露出地表着生微生物和低等植物开始到高等绿色植物定居之前形成的土壤过程，它是土壤形成作用的起始点。包括三个阶段：岩石表面着生蓝藻、绿藻和硅藻等岩生微生物的"岩漆"阶段；其次为地衣对原生矿物发生强烈的破坏性影响的"地衣"阶段；第三阶段为苔藓阶段，生物风化与成土过程的速度大大增加，为高等绿色植物的生长准备了肥沃的基质。原始成土过程也可以与岩石风化同时同步进行。

2. 有机质积聚过程　有机质积聚过程指在各种植被下，有机质在土体上部积累的过程。它是土壤形成过程中最普遍的一个成土过程。一般说来，有机质聚积有以下表现形式：①腐殖化，其结果是使土体发生分化，往往在土体上部形成一个暗色的腐殖质层；②斑毡化，森林植被下，由于环境凉湿，植物残体分解不彻底，形成腐殖化程度低的粗腐殖质，呈斑毡状；③泥炭化，在低温或过高湿度条件下，植物残体呈半分解状态，大多仅有颜色的改变，植物组织仍保持原状。

3. 黏化过程　黏化过程是指土体中黏土矿物形成和聚积过程。黏化过程的结果，往往使土体的中下层形成一个较黏重的层次，称为黏化层。它既有土壤肥力上的意义，又有土壤发生分类上的重要诊断意义。

4. 钙化过程　钙化过程主要是指钙在土体内的淋溶、淀积的过程。在高度湿润和植被茂密的生物气候带，钙易被彻底淋失，土壤脱钙；在干旱半干旱气候条件下，易溶性盐大部分被淋失，而硅、铁、铝等氧化物在土体中基本上不发生移动,钙(镁)则在土体中发生淋溶,并在土体的中、下部淀积,形成钙积层。

5. 盐化及脱盐过程　盐化是指土壤中各种易溶性盐类在土壤表层积聚过程。除滨海地区外,盐化过程多发生在干旱或半干旱地区。随着盐化过程的发展,土壤中可溶性盐类聚积到对作物危害时,即形成具盐化层的盐渍土。与上述过程相反,土壤中的可溶性盐在降水、灌溉淋洗、排水降低地下水位等人为因素作用下,使可溶性盐类含量逐渐降低,或排出土体,或迁移到下层的过程称为脱盐过程。

6. 碱化及脱碱过程　指土壤胶体上交换性钠增多,使土壤呈强碱性反应(pH>9.0),土壤物理性质恶化的过程。土壤碱化过程的发生,是与土壤中存在 $NaHCO_3$ 或 Na_2CO_3 有关,在碱性条件下,钠离子可将土壤胶体上吸附的 Ca^{2+}、Mg^{2+} 等离子交换出来,使胶体上钠的饱和度不断增加。另外,当土壤中含有大量中性钠盐时,在良好的排水条件下,土壤胶体上的交换性钙、镁也能不断地被钠取代,从而使钠的饱和度逐渐增大。

7. 灰化过程　灰化过程是指在寒温带针叶林下,残落物经微生物分解产生酸性很强的富里酸,与金属离子络合,使铁铝发生强烈淋溶而到达下层淀积,使亚表层脱色,只留下极耐酸的 SiO_2 呈灰白色土层(灰化层),在剖面下部形成较密实的棕色铁铝淀积层。

8. 富铝化过程　富铝化过程指在碱性淋溶条件下,硅酸和盐基被淋洗而铁和铝富集的过程。在热带、亚热带高温多雨并有一定干湿季节的条件下易造成铝、铁(锰)氧化物在土体中残留和富集的过程。

9. 潜育化和潴育化过程　潜育化是土壤长期渍水,有机质进行嫌气分解产生较多的还原性物质,使高价的铁、锰强烈还原,并形成灰蓝至灰绿色土体的过程。潜育化形成的土层称为潜育层。

潴育化是指土壤渍水带经常处于上下移动,土体中干湿交替比较明显,促使土壤中氧化还原反复交替,结果在土体内出现锈纹、锈斑、铁锰结核和红色胶膜等物质混杂的土层,称为潴育层。

10. 白浆化过程　白浆化过程指在季节性还原条件下,土壤表层的铁锰与黏粒随水位向上或向下移动。在腐殖质层下形成粉砂含量高而铁、锰贫乏的白色淋溶层,在剖面中下部形成铁、锰和黏粒富集的淀积层。该过程的发生与地形条件有关,多发生在白浆土中。

11. 熟化过程　熟化过程是指在人为因素影响下,通过耕作、施肥、灌溉等措施,改造土壤的土体构型,减弱或消除土壤中存在的障碍因素,协调土体水、肥、气、热等,使土壤肥力向有利于作物生长方向发展的过程。简单地说,熟化过程是人类定向培育土壤的过程。

12. 退化过程　退化过程指因自然环境不利因素和人为利用不当而引起土壤肥力下降,植物生长条件恶化和土壤生产力减退的过程。通常将土壤退化过程分为3类,即土壤物理退化、土壤化学退化、土壤生物退化。

三、土壤剖面

土壤在各种自然因素和人为因素的影响下,随着成土过程的发生发展,土体中发生深刻的变化,产生物质移动或沉积,使土壤上下层在形态和成分上出现显著差异,土壤发生层次,形成一定的剖面形态和土体结构。

土壤剖面指从地面垂直向下挖掘而露出的土壤纵剖面,也就是完整的垂直土层序列,是土壤成土过程中物质发生淋溶、淀积、迁移和转化形成的。不同类型的土壤,具有不同形态的土壤剖面。通过剖面的研究,可以了解成土因素对土壤形成过程、影响及土壤内部的物质运动和肥力特点;研究土壤剖面,也是研究土壤性质、区别土壤类型的重要方法之一。

(一)自然土壤剖面

自然土壤剖面一般分为5个层次,即覆盖层、腐殖质层或淋溶层、淀积层、母质层和基岩层。

(1)覆盖层:代号 A_0(国际代号 O)。这一层主要由枯枝落叶组成,多见于森林土壤。覆盖层不属于土体本身,但对土壤腐殖质的形成、积累有重要作用。

(2)腐殖质层或淋溶层:代号 A(国际代号 O)。这一层生物活动过程强烈,累积较多的腐殖质,一般具良好的结构,呈暗色,故称腐殖质层,但此层同时进行着物质的淋溶和转移过程,故又称淋溶层。

(3)淀积层:代号 B(国际代号 O)。从腐殖质淋溶的物质,移动到一定的深度,淀积成层。此层积聚的物质较丰富,有各种有机和无机胶体,铁、铝、锰的化合物等。

(4)母质层:代号 C(国际代号 C)。位于淀积层之下,受成土作用影响小,发育程度低,一般为岩石风化层。

(5)基岩层:代号 D(国际代号 R)。是半风化或未风化的基岩。

(二)耕作土壤剖面(图3-1)

1.旱地土壤剖面

(1)耕作层(表土层、熟化层):代号 A,一般深 15~30cm,土层较疏松,含有机质多,具结构性,有效养分较丰富。此层土壤的薄厚和肥力状况,反映人类生产活动熟化土壤的程度。

(2)犁底层:代号 P。位于耕作层下,呈片状结构,土层紧实,会影响根系伸展和土体通透性。耕作层和犁底层合称为表土层,是人为活动影响最深的土层。

(3)心土层:代号 B。位于犁底层以下,一般深 20~40cm,含淀积物质,土体紧实。

(4)底土层:代号 C。剖面最下层,距地表 50~60cm 以下,受生产活动较少。

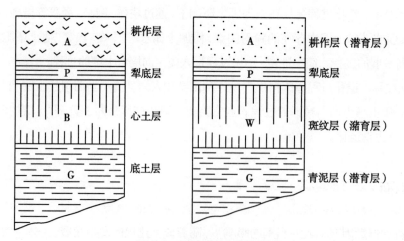

● 图3-1　耕地土壤剖面示意图
左.旱地;右.水田

2. 水田土壤剖面　在人工耕作熟化的水田土壤中,由于特殊的水热条件和物质循环方式,形成了在人工作用下的土壤发生层。一般水田层次可分为:水旱交替下形成的耕作层(淹育层,Aa层),呈片状结构的犁底层(P层),处于干湿交替频繁、淋溶淀积作用活跃的潴育层(W层)和长期处于水分饱和还原条件下的潜育层(G层)。

耕作土壤剖面构造的层次组合随耕作情况不断变化,某一种耕作土壤不一定同时具有上述全部层次。田间观察时,应结合具体情况而定。

第二节　我国土壤的形成及分布

一、形成条件与形成过程

(一)成土母质

总的来说,我国土壤的成土母质类型在秦岭—淮河一线以南地区多是各种岩石在原地风化形成的风化壳,并以红色风化分布最广。昆仑山—秦岭—山东丘陵一线以北地区,主要的成土母质是黄土状沉积物及沙质风积物。在各大江河中下游平原,成土母质主要是河流冲积物。平原湖泊地区的成土母质主要是湖积物。高山、高原地区除各种岩石的就地风化物外,还有冰碛物和冰水沉积物。

(二)气候

概括地说,在我国东部地区,秦岭—淮河一线以北,热量较低,降水也较少,矿物风化、淋溶作用和有机质分解都较微弱,土壤可由微酸性至微碱性反应,部分土壤含有碳酸钙,也有一些土壤含有可溶盐而有盐渍化现象。但在该线以南,由于湿热程度增强,有机质分解强烈,风化产物和成土产物的分解和淋溶程度高,富铝化作用显著,土壤呈酸性反应,除滨海地段外,土壤无盐渍化。

在北部和西北地区,干旱程度自东往西增强,形成各种含碳酸钙的草原土壤以至漠境土壤。青藏高原的高寒环境使土壤形成受到冻融交替的强烈影响,矿物和有机物的分解程度都不高,从而形成各类高山土壤。

(三)地形

我国地势总轮廓是西高东低,呈阶梯状分布。这些阶梯状的地势对土壤的形成和土地开发利用影响重大。例如,在秦岭南坡形成酸性的黄棕壤,而北坡形成中性至微碱性的褐土。又如,大兴安岭东坡为暗棕壤,而西坡为灰色森林土。

在山地和高原地区,海拔越高,土壤变化越复杂,形成的土壤类型就越多。在平原、盆地和丘陵范围内,地形的高差变化虽小,但对土壤的形成仍有明显影响。在地形高、排水好的部位,形成能反映当地生物气候条件的地带性土壤;而地形低的部位,形成非地带性的半水成土和水成土,如果地下水含盐类较多,还可以形成盐渍化土壤。

（四）植被

我国的草甸与草甸草原在东北平原和青藏高原均有大面积分布,也散见于各河谷平原。沼泽植被在青藏高原与东北三江平原有集中连片分布。草原在东北、内蒙古和西北等地均有大面积分布。荒漠草原在内蒙古、新疆、青海和宁夏各省区有广泛分布。

（五）人类活动

陕西关中地区原来在黄土母质上形成的褐土,由于在长期农业生产活动中施用土粪的结果,熟化的耕作层不断加厚,形成了塿土。宁夏银川平原引黄灌溉,泥沙淤积而形成灌淤土。这些都是人为作用使土壤向有利于提高土壤生产力的方向发展,使土壤性质更能满足农作物生长需要的例子。但是,如果土地利用不合理,那么就会出现水土流失、沙漠化、盐碱化、沼泽化和土壤肥力下降等不利后果。

二、我国土壤的分布

（一）土壤分布的水平地带性

土壤分布的水平地带性是指土壤在水平方向上随生物气候带而演替的规律性。我国土壤水平地带性分布规律主要受水热条件的控制。

1. 纬度地带性分布规律 由于太阳辐射和热量在地表随纬度由南到北有规律的变化,从而导致气候、生物等成土因素以及土壤性质、土壤类型也按纬度方向由南到北有规律的更替,称为土壤纬度地带性分布规律。在我国东部,形成湿润海洋土壤地带谱,由南而北依次分布着:砖红壤—赤红壤—红壤、黄壤—黄棕壤—棕壤—暗棕壤—漂灰土。

2. 经度地带性分布规律 由于海陆位置的差异,以及山脉、地势的影响,造成温度和降雨量在空间分布上的差异,使水热条件在同一纬度带内从东往西、从沿海到内陆随经度方向发生有规律的变化,土壤性质和土壤类型从东往西、从沿海到内陆也随经度方向有规律的更替,称为土壤的经度地带性分布规律。在我国西部形成干旱内陆性土壤地带谱,由东向西分布着:黑土—灰褐土—栗钙土—棕钙土—灰钙土—灰漠土。

（二）土壤分布的垂直地带性

土壤垂直地带性是指随海拔高度增加而呈现演替分布的规律性。因为地形高低差异,水热条件存在差异,植被分布亦不同,从而土壤形成发育及分布在垂直方向上发生有规律的变化。土壤的垂直分布是在不同的水平地带开始的,所以,各个水平地带各有不同的土壤垂直带谱。这种垂直带谱,在低纬度的热带和较高纬度的寒带更为复杂,而且同类土壤的分布,自热带至寒带逐渐降低。山体的高度和相对高差,对土壤垂直带谱有影响。山体愈高,相对高差愈大,土壤垂直带谱愈完整。

（三）土壤的区域性分布

土壤的区域性分布是指土壤在水平地带性和垂直地带性分布规律的基础上,在中小地形上,土壤因为受到局部地形、母质、水文、地质、人类活动等因素的影响,使土壤类型的分布在局部范围内产生了差异,又称土壤微域性分布。

1. 土壤中域分布　土壤中域分布是指在中型地形条件下地带性土类与非地带性土类按不同地形部位呈现有规律性的组合现象。一般有枝形、扇形和盆形3种组合形式。

(1)枝形土壤组合:枝形土壤组合广泛出现于高原与山地丘陵区,由于河谷发育,随水系的树枝状伸展,形成树枝状土壤组合,由地带性土壤、水成土和半水成土壤组成。如我国黄土高原沟谷多呈树枝状,由黑炉土、黄绵土、潮土组成。

(2)扇形土壤组合:扇形土壤组合主要是不同土壤类型沿洪积 - 冲积扇呈有规律分布。由于沉积物的分选作用,洪积扇上部物质粗,多为地带性土壤,下部地下水位升高出现草甸土或盐渍土。

(3)盆形土壤组合:盆形土壤组合是以湖泊洼地为中心向周围所形成的土壤组合。如荒漠地带由山麓到盆地中心常见的荒漠土、草甸土、风沙土、盐土等。

2. 土壤微域分布　土壤微域分布是指在小范围内或小地貌组合中,由于成土母质的不同或地形起伏的差异,或阴坡、阳坡差异,或受人为耕种利用影响所引起的不同性状土壤的分布状况。如在黑钙土地带的高地上,相应地见到淋溶黑钙土、黑钙土和碳酸盐黑钙土;在黑钙土地带低洼地上则出现盐化草甸土、盐渍土或盐化沼泽土。

第三节　我国土壤分类

土壤分类是依据各种土壤之间成土条件、成土过程、土壤属性的差异和内在联系,通过科学的归纳和划分,把自然界的土壤进行系统排列,建立土壤分类系统,使人们能更好地认识、利用、改良和保护现有的土壤资源。我国目前有两种土壤分类系统,即中国土壤分类系统和中国土壤系统分类。

一、现行中国土壤分类系统概述

现行中国土壤分类系统以成土条件、成土过程和土壤属性3个因素来划分土壤,属于地理发生学土壤分类(非定量化的)。分土纲、亚纲、土类、亚类、土属、土种和亚种7级,其中前4级为高级分类单元,土属为中级分类单元,土种为基层分类单元,以土类和土种最为重要。各级分类单元的划分依据如下。

1. 土纲　土纲是土壤重大属性差异的归纳和概括,反映了土壤不同发育阶段中,土壤物质移动累积所引起的重大属性的差异。

2. 亚纲　亚纲是在同一土纲中,根据土壤形成的水热条件和岩性及盐碱的重大差异进行划分的。

3. 土类　土类是高级分类的基本单元。它是根据成土条件、成土过程和由此发生的土壤属性的统一和综合进行划分的。同一土类的土壤,成土条件、主导成土过程和主要土壤属性相同。

4. 亚类　亚类是土类的续分,其反映主导土壤形成过程以外,还有其他附加的成土过程。一个土类中有代表它典型特性的典型亚类,即它是在定义土类的特定成土条件和主导成土过程作用下产生的;也有表示一个土类向另一个土类过渡的亚类,它是根据主导成土过程之外的附加成土过程来划分的。

5. 土属　土属是根据成土母质的成因、岩性及区域水分条件等地方性因素的差异进行划分的。它是基层分类的土种与高级分类的土类之间的重要"接口"，因此在分类上起了承上启下的作用。对于不同的亚类，所选择的土属划分的具体标准不一样。

6. 土种　土种是土壤基层分类的基本单元，它处于一定的景观部位，是具有相似土体构型的一类土壤。同一土种要求：①景观特征、地形部位、水热条件相同；②母质类型相同；③土体构型（包括厚度、层位、形态特征）一致；④生产性和生产潜力相似，而且具有一定的稳定性，在短期内不会改变。

土种主要反映了土属范围内量上的差异，而不是质的差别。

7. 亚种　亚种又称为变种，它是土种的辅助分类单元，是根据土种范围内由于耕层或表层性状的差异进行划分的。例如，根据表层耕性、质地、有机质含量和耕层厚度等进行划分。亚种经过一定时间的耕作可以改变，但同一土种内各亚种的剖面构型一致。表3-1是中国土壤分类系统中的高级分类。

表3-1　中国土壤分类系统

土纲	亚纲	土类	亚类
铝铁土	湿热铝铁土	砖红壤	砖红壤、黄色砖红壤
		赤红壤	赤红壤、黄色赤红壤、赤红壤性土
		红壤	红壤、黄红壤、棕红壤、山原红壤、红壤性土
	湿暖铁铝土	黄壤	黄壤、漂洗黄壤、表潜黄壤、黄壤性土
淋溶土	湿暖淋溶土	黄棕壤	黄棕壤、暗黄棕壤、黄棕壤性土
		黄褐土	黄褐土、黏盘黄褐土、白浆化黄褐土、黄褐土性土
	湿暖温淋溶土	棕壤	棕壤、白浆化棕壤、潮棕壤、棕壤性土
	湿温淋溶土	暗棕壤	暗棕壤、灰化暗棕壤、白浆化暗棕壤、草甸暗棕壤、潜育暗棕壤、暗棕壤性土
		白浆土	白浆土、草甸白浆土、潜育白浆土
	湿寒温淋溶土	棕色针叶林土	棕色针叶林土、灰化棕色针叶林土、白浆化棕色针叶林土、表潜棕色针叶林土
		漂灰土	漂灰土、暗漂灰土
		灰化土	灰化土
半淋溶土	半湿热半淋溶土	燥红土	燥红土、淋溶燥红土、褐红土
	半湿暖温半淋溶土	褐土	褐土、石灰性褐土、淋溶褐土、潮褐土、燥褐土、褐土性土
	半湿温半淋溶土	灰褐土	灰褐土、暗灰褐土、淋溶灰褐土、石灰性灰褐土、灰褐土性土
		黑土	黑土、草甸黑土、白浆化黑土、表潜黑土
		灰色森林土	灰色森林土、暗灰色森林土
钙层土	半湿温钙层土	黑钙土	黑钙土、淋溶黑钙土、石灰性黑钙土、淡黑钙土、草甸黑钙土、盐化黑钙土、碱化黑钙土
	半干温钙层土	栗钙土	暗栗钙土、栗钙土、淡栗钙土、草甸栗钙土、盐化栗钙土、碱化栗钙土、栗钙土性土
		栗褐土	栗褐土、淡栗褐土、潮栗褐土
		黑垆土	黑垆土、黏化黑垆土、潮黑垆土、黑麻土
半旱土	半温半旱土	棕钙土	棕钙土、淡棕钙土、草甸棕钙土、盐化棕钙土、碱化棕钙土、棕钙土性土
	半暖温半旱土	灰钙土	灰钙土、淡灰钙土、草甸灰钙土、盐化灰钙土

土纲	亚纲	土类	亚类
漠土	干温漠土	灰漠土	灰漠土、钙质灰漠土、草甸灰漠土、盐化灰漠土、碱化灰漠土、灌耕灰漠土
		灰棕漠土	灰棕漠土、石膏灰棕漠土、石膏盐盘灰棕漠土、灌耕灰棕漠土
	干暖温漠土	棕漠土	棕漠土、草甸棕漠土、盐化棕漠土、石膏棕漠土、石膏盐盘棕漠土、灌耕棕漠土
初育土	土质初育土	黄绵土	黄绵土
		红黏土	红黏土、积钙红黏土、复盐基红黏土
		新积土	新积土、冲积土、珊瑚砂土
		龟裂土	龟裂土
		风沙土	荒漠风沙土、草原风沙土、草甸风沙土、滨海风沙土
		粗骨土	酸性粗骨土、中性粗骨土、钙质粗骨土、硅质岩粗骨土
	石质初育土	石灰(岩)土	红色石灰土、黑色石灰土、棕色石灰土、黄色石灰土
		火山灰土	火山灰土、暗火山灰土、基性岩火山灰土
		紫色土	酸性紫色土、中性紫色土、石灰性紫色土
		磷质石灰土	磷质石灰土、硬盘磷质石灰土、盐渍磷质石灰土
		石质土	酸性石质土、中性石质土、钙质石质土、含盐石质土
		粗骨土	酸性粗骨土、中性粗骨土、钙质粗骨土、硅质盐粗骨土
半水成土	暗半水成土	草甸土	草甸土、石灰性草甸土、白浆化草甸土、潜育草甸土、盐化草甸土、碱化草甸土
	淡半水成土	潮土	潮土、灰潮土、脱潮土、湿潮土、盐化潮土、碱化潮土、灌淤潮土
		砂姜黑土	砂姜黑土、石灰性砂姜黑土、盐化砂姜黑土、碱化砂姜黑土、黑黏土
		林灌草甸土	林灌草甸土、盐化林灌草甸土、碱化林灌草甸土
		山地草甸土	山地草甸土、山地草原草甸土、山地灌丛草甸土
水成土	矿质水成土	沼泽土	沼泽土、腐泥沼泽土、泥炭沼泽土、草甸沼泽土、盐化沼泽土、碱化沼泽土
	有机水成土	泥炭土	低位泥炭土、中位泥炭土、高位泥炭土
盐碱土	盐土	草甸盐土	草甸盐土、结壳盐土、沼泽盐土、碱化盐土
		滨海盐土	滨海盐土、滨海沼泽盐土、滨海潮滩盐土
		酸性硫酸盐土	酸性硫酸盐土、含盐酸性硫酸盐土
		漠境盐土	漠境盐土、干旱盐土、残余盐土
		寒原盐土	寒原盐土、寒原草甸盐土、寒原硼酸盐土、寒原碱化盐土
	碱土	碱土	草甸碱土、草原碱土、龟裂碱土、盐化碱土、荒漠碱土
人为土	人为水成土	水稻土	潴育水稻土、淹育水稻土、渗育水稻土、潜育水稻土、脱潜水稻土、漂洗水稻土、盐渍水稻土、咸酸水稻土
		灌淤土	灌淤土、潮灌淤土、表锈灌淤土、盐化灌淤土
		灌漠土	灌漠土、灰灌漠土、潮灌漠土、盐化灌漠土
高山土	湿寒高山土	草毡土(高山草甸土)	草毡土(高山草甸土)、薄草毡土(高山草原草甸土)、棕草毡土(高山灌丛甸土)、湿草毡土(高山湿草甸土)
		黑毡土(亚高山草甸土)	黑毡土(亚高山草甸土)、薄黑毡土(亚高山草原草甸土)、棕黑毡土(亚高山灌丛草甸土)、湿黑毡土(亚高山湿草甸土)

土纲	亚纲	土类	亚类
高山土	半湿寒高山土	寒钙土（高山草原土）	寒钙土（高山草原土）、暗寒钙土（高山草甸草原土）、淡寒钙土（高山荒漠草原土）、盐化寒钙土（高山盐渍草原土）
		冷钙土（亚高山草原土）	冷钙土（亚高山草原土）、暗冷钙土（亚高山草甸草原土）、淡冷钙土（亚高山荒漠草原土）、盐化冷钙土（亚高山盐渍草原土）
		冷棕钙土（山地灌丛草原土）	冷棕钙土（山地灌丛草原土）、淋溶冷棕钙土（山地淋溶灌丛草原土）
	干寒高山土	寒漠土（高山漠土）	荒漠土（高山漠土）
		冷漠土（亚高山漠土）	冷漠土（亚高山漠土）
	寒冻高山土	寒冻土（高山寒漠土）	寒冻土（高山寒漠土）

二、中国土壤系统分类

我国从 1984 年开始进行了中国土壤系统分类的研究。通过研究和不断修改补充，1995 年提出了《中国土壤系统分类》（修订方案），2001 年完成《中国土壤系统分类》（第 3 版）。

《中国土壤系统分类》（第 3 版）拟定了 11 个诊断表层，20 个诊断表下层，2 个其他诊断层和 25 个诊断特性。这个分类系统主要参照美国土壤系统分类的检索方法，首先根据诊断层和诊断特性检索其土纲和归属，然后往下依次检索亚纲、土纲和亚类（表 3-2）。

表 3-2　中国土壤系统分类中 14 土纲检索表

诊断层和 / 或诊断特性	土纲（Order）
1. 土壤有机质总厚度 ≥40cm；若土壤容重 <0.1mg/m³，则土壤有机质总厚度 ≥60cm，且其上界位于地表或地表至 40cm 深度范围	有机土（Histosol）
2. 其他土壤中有水耕表层和水耕氧化还原层；或肥熟表层和磷质耕作淀积层；或灌淤表层；或堆垫表层	人为土（Anthrosol）
3. 其他土壤在土表下 100cm 范围内有灰化淀积层	灰土（Spodosol）
4. 其他土壤在土表至 60cm 或至更浅的石质接触面范围内 60% 或更厚的土层具有火山灰特性	火山灰土（Andosol）
5. 其他土壤中有上界在土表至 150cm 范围内的铁铝层	铁铝土（Ferralosol）
6. 其他土壤中土表至 50cm 范围内黏粒 ≥30%，且无石质或准石质接触面，土壤干燥时有宽度 >0.5cm 的裂隙，和土壤至 100cm 范围内有滑擦面或自吞特征	变性土（Vertosol）
7. 其他土壤有干旱表层和上界在土表至 100cm 范围内的下列任一诊断层：盐积层、超盐积层、盐盘、石膏层、超石膏层、钙积层、钙盘、黏化层或雏形层	干旱土（Aridosol）
8. 其他土壤中土表至 30cm 范围内有盐积层，或土表至 75cm 范围内有碱积层	盐成土（Halosol）
9. 其他土壤中土表至 50cm 范围内有一厚度 ≥10cm 土层有潜育特征	潜育土（Gleyosol）
10. 其他土壤中有暗沃表层和均腐质特征，且矿质土表之下到 180cm 或至更浅的石质或准石质接触面范围内盐基饱和度 ≥50%	均腐土（Isohumosol）

诊断层和／或诊断特性	土纲（Order）
11. 其他土壤中，土表至125cm范围内有低活性富铁层	富铁土（Ferrosol）
12. 其他土壤中，土表至125cm范围内有黏化层或黏盘	淋溶土（Argosol）
13. 其他土壤中有雏形层；或矿质土表至100cm范围内有如下任一诊断层，漂白层、钙积层、超钙积层、钙盘、石膏层、超石膏层；或矿质土表下20～50cm范围内有一层（≥10cm厚）的$n<0.7$；或黏粒含量<80g/kg，并有有机表层；或暗沃表层；或暗瘠表层；或有永冻层和矿质土表至50cm范围内有滞水土壤水分状况	雏形土（Cambosol）
14. 其他土壤	新成土（Primosol）

资料来源：龚子同、张甘霖、陈志诚，《土壤发生与系统分类》，2007。

本章小结

母质因素、气候因素、生物因素、地形因素及时间因素存在于一切土壤形成过程中，产生自然土壤；人类活动对自然土壤进行改造，可改变土壤的发育程度和发育方向。土壤形成过程是在地质大循环与生物小循环基础上进行的土体与环境，以及土体内物质和能量转化、交流等的一系列物理、化学和生物化学综合作用的过程。在土壤形成过程中，形成一定的剖面构造和形态。我国土壤一方面表现为广域的土壤分布的水平地带性和垂直地带性分布规律，另一方面，在中小地形上，表现为土壤的中域性分布或土壤微域性分布规律。我国目前中国土壤分类系统和中国土壤系统分类两种土壤分类系统。现行的中国土壤分类系统分土纲、亚纲、土类、亚类、土属、土种和亚种7级。《中国土壤系统分类》（第3版）拟定了11个诊断表层，20个诊断表下层，2个其他诊断层和25个诊断特性。

思考题

1. 五大成土因素是如何影响土壤形成的？
2. 请列举4个最为广泛的成土过程，并分别对每个成土过程给出一个实例。
3. 如何理解人类活动对土壤形成的特殊作用？
4. 什么是地质大循环与生物小循环？它们与土壤形成有何关系？
5. 什么是土壤剖面？典型土壤剖面的基本构造有哪些？
6. 什么是土壤分布的水平地带性、垂直地带性和区域性？
7. 简述我国现行土壤分类系统。

第三章同步练习

第四章 土壤资源与管理

掌握：我国主要土壤资源概况；连作障碍的概念。

熟悉：土壤连作障碍的产生原因，连作障碍、重金属污染和有机污染的修复方法。

了解：土壤退化类型及其改良措施。

第一节　我国土壤资源的特点

一、土壤资源特点

1. 土壤资源丰富多样　我国土地面积约占世界陆地总面积的 1/15，仅次于俄罗斯和加拿大。我国土壤类型多样，资源丰富。既有温暖湿润区的富铁土和铁铝土，又有西北内陆的干旱土和青藏高原的寒冻雏形土，还有古老的水耕和旱耕人为土，这样丰富的土壤资源是其他国家无法比拟的。南方丘陵富铁土和铁铝土区，水热充沛，生物资源丰富，为我国热带、亚热带林木、果树和粮食生产基地。黄淮海平原为我国耕地面积最大的平原农业区，土体深厚，宜耕适种，是我国粮、棉、油作物的重要产区。东北平原区的湿润均腐土，盛产小麦、大豆、玉米、高粱等，是我国重要粮食生产基地。西北漠境地区的干旱土、盐成土，日照充沛，光能资源丰富，有高山融化雪水灌溉之便，盛产长绒棉、小麦及优质瓜果。多样化的土壤类型为我国农业全面发展和综合开发利用提供了优越条件。

2. 区域分布差异明显　在 400mm 年等降水线以东、以南，季风盛行，雨量充沛，光、热、水条件好，是我国目前主要的农业区。此线以西、以北降雨量较少，是我国的主要牧区，绝大部分为草原、沙漠、戈壁与高寒山区。800mm 等降水线以北的华北和东北区，土壤中的矿质淋溶适中，旱作农业发达，此线以南的华东和华南区土壤受降水强烈淋溶作用的影响，土壤往往偏酸性，农业以水稻种植为主。

3. 土壤资源自然条件优越　我国疆土约有 98% 位于北纬 20°～50° 的中纬度地区，与高纬度相比，热量条件显得更具优势。我国亚热带、暖温带、温带地区所占面积最大，约占国土总面积的 71.2%，其中亚热带占 25.7%，暖温带占 19.2%，温带占 26.3%，农作物可一年两熟或三熟。

我国大部分地区属夏季高温多雨、冬季寒冷干旱的季风气候,全年降水量有2/3集中于4—9月份,在此期间,月均温东部为5～28℃,西部为8～23℃,这种雨热同期的气候特点,可以满足主要农区中各类农作物生长期间对水分和热量的需求,这是保证大部分土壤资源得以开发利用的重要条件。

上述优越的自然条件,决定了我国土壤资源具有较大的生产潜力。

二、耕地资源特点

1. 耕地总量大但人均少　我国耕地总量较大,但是人均资源稀缺。2016年我国耕地资源总量为15.044万km²,占世界耕地总量的8.6%,仅次于美国、印度和俄罗斯。但是由于我国人口基数大,人均耕地资源稀缺。2019年底,我国人口总量为14.56亿人,人均耕地为0.000 97km²,仅为世界平均水平(0.002 06km²)的37.32%,而经济发达的地区人均耕地水平更低。据统计,我国20%以上的县区人均耕地低于联合国粮农组织确定的警戒水平(0.000 533hm²)。

2. 耕地整体质量不高　我国耕地总体质量不高,且后备资源不足。在现有耕地中,中等、低等及不宜农耕的土地所占比例达58.67%。此外,水田和旱地占耕地总面积的比例分别为23.11%和76.89%,旱地中水浇地只占耕地总面积的17.2%,坡耕地面积比例多达35.1%。我国耕地后备资源潜力仅为13.33万km²左右,且60%以上分布在水源不足和生态脆弱地区,其开发利用难度较大。

三、土壤资源开发利用存在的问题

1. 土壤退化严重　当前我国土壤退化现象严重,具体表现在水土流失、耕地肥力下降、土地荒漠化、土壤盐渍化、土壤石漠化及土壤酸化等诸多问题,对我国生态安全构成了严重威胁。根据2020年《中国环境状况公报》,全国水土流失面积271.08万km²,其中水力侵蚀面积113.47万km²,风力侵蚀面积157.61万km²。按侵蚀强度分,轻度、中度、强烈、极强烈和剧烈侵蚀面积分别占全国水土流失总面积的62.92%、17.10%、7.55%、5.89和6.54%。

2. 土壤肥力失衡　由于长期不合理使用化肥,我国耕地土壤肥力失衡现象日益严重。在我国现有化肥投入中,氮、磷、钾的投入比例为1∶0.41∶0.27,与合理施肥水平有明显差距,同时氮肥利用率仅为30%～35%,磷肥仅为10%～20%,有机肥料使用比重较少。

3. 土壤污染加剧　随着社会经济的高速发展和高强度的人类活动,我国污染土壤数量日益增加,范围不断扩大。据全国土壤污染状况调查结果显示,我国部分地区土壤污染较重,耕地土壤环境质量堪忧,点位超标率高达19.4%。从污染分布情况看,南方土壤污染重于北方;长江三角洲、珠江三角洲、东北老工业基地等部分区域土壤污染问题较为突出,而这些地区正是我国主要的粮食产区。

4. 土壤保护意识薄弱　近年来,我国对土壤保护问题的认识和重视虽有所提高,但对土壤资源、土壤质量、土壤功能及土壤的社会价值认识尚显不足,公众缺乏积极保护土壤的意识。相比于大气和水体,我国在土壤环境质量基准及标准制定方面尚缺乏明确的规定与界限。

四、我国土壤资源的合理利用与保护

1. 保护土壤资源,提高利用潜力　掌握我国土壤资源数量、质量动态变化状况和突出环境问题,建立全国土壤资源和土壤质量数据信息系统,实施生态环境脆弱区的土壤保护,进一步加大区域水土流失、沙尘暴源头区和退化土壤的治理力度,使全国水土流失、草地退化、沙漠化、盐渍化和石漠化面积扩大趋势得到有效控制,退化区得到明显治理恢复。加强重要生态保护功能区(如水源涵养区、洪水调蓄区、防风固沙区、水土保持区及重要物种资源集中分布区等)和自然保护区的土壤保护和治理,使土壤环境质量达到满足保护生物和水质的标准。

2. 保护生态安全,防治环境污染　开展土壤污染调查,掌握土壤环境质量状况。按污染程度将农用地划为 3 个类别,即未污染和轻微污染土壤划为优先保护类,轻度和中度污染土壤划为安全利用类,重度污染土壤划为严格管控类,并分别采取相应管理措施,以保障农产品质量安全。各地应将符合条件的优先保护类耕地划为永久基本农田,实行严格保护,确保其面积不减少、土壤环境质量不下降,推行秸秆还田、增施有机肥料、少耕免耕、粮豆轮作、农膜减量与回收利用等措施,避免因过度施肥、滥用农药等掠夺式农业生产方式造成土壤环境质量下降;对于轻度和中度污染耕地,应根据土壤污染状况和农产品超标情况,并结合当地主要作物品种和种植习惯,制定实施受污染耕地安全利用方案,采取农艺调控、替代种植等措施,降低农产品超标风险;对于重度污染耕地,应加强管控,依法划定特定农产品禁止生产区域,严禁种植食用农产品,实行退耕还林还草;对威胁地下水、饮用水水源安全的,要制定环境风险管控方案,并落实有关措施。总之,应实施农用地分类管理,保障农业生产环境安全。

3. 制定科技战略,突出土壤环境管理　实施国家土壤环境科技创新、土壤环保标准体系建设和土壤环境技术管理体系建设等任务。开展基础理论、环境标准和高新技术推广应用研究,形成一套有机联系的土壤环境科技创新体系。加强长期、稳定的土壤科学研究和关键技术开发,有针对性地系统研究全国性和区域性土壤保护科学问题,认识和掌握土壤障碍问题成因与质量演变规律;加强土壤资源数量和质量变化规律及其影响评价方法研究;建立国家土壤质量评价方法指标体系和监测网,实现土壤资源科学保护和信息化管理;建立和发展适合我国农业生产的耕地土壤质量分区管理系统,构建管理信息共享与成果转化技术平台,形成农村地区有效推广和运行的土壤肥力质量培育创新机制,科学建立土壤质量基准和保护标准体系;在土壤环境监测、土壤退化以及土壤污染控制和修复、耕层土壤保护、土壤次生盐渍化防治和土壤肥力平衡等技术与设备方面,形成适合国情的自主创新研发体系。

4. 健全完善法制,确保项目实施　建立和完善土壤保护法制、体制和机制,构建我国土壤保护体系。研究并颁布土壤保护的国家法律和地方法规,制定相关政策,实施土壤环境质量标准战略;建立严格的土壤保护责任制度、经济补偿和投入机制,以及毁损和污染土壤的经济、刑事惩罚制度和行政问责制度等;建立生态补偿制度和管理机制;完善国家和地方土壤保护监管机构,建立有效的土壤监测网络;培育土壤保护的市场经济机制,加强土壤保护宣传教育,提高人民群众的土壤保护意识和生态文明程度。

第二节　土壤退化与改良

一、土壤退化的概念及其分类

狭义的土壤退化(soil degradation)是土壤质量的下降,指在各种自然,特别是人为因素影响下所发生的导致土壤的农业生产能力或土地利用和环境调控潜力,即土壤质量及其可持续性下降(包括暂时性的和永久性的)甚至完全丧失其物理的、化学的和生物学特征的过程。广义的土壤退化还包括土壤数量的减少。

1994 年,在联合国环境计划署(UNEP)的资助下,国际土壤参比信息中心(ISRIC)联合联合国粮食及农业组织(FAO)和该地区 16 个国家的研究机构,建立了土壤退化状况评价指南,即南亚和东南亚国家人为诱导下土壤退化状况的评价(Assessment of the Status of Human-induced Soil Degradation in South and Southeast Asia, ASSOD)。根据 ASSOD 的工作指南和我国的实际情况,可将我国土壤退化分为 7 种类型,即土壤侵蚀、土壤荒漠化、土壤盐渍化、土壤贫瘠化、土壤潜育化、土壤污染以及土壤生产力丧失等。

二、我国土壤退化的主要类型及改良措施

1. 土壤侵蚀

(1)土壤侵蚀的概念:土壤侵蚀(soil erosion)是指土壤及其母质在水力、风力、冻融、重力等外营力的作用下,被破坏、剥蚀、搬运和沉积的过程。土壤侵蚀是全球性的主要环境问题之一,不但导致土地生产力降低,而且造成水土流失,对生态、环境、人类生存和社会经济发展带来严重影响,同时,土壤侵蚀和泥沙搬运使土壤有机 C、N 的含量、组分产生较大变化,进而影响全球气候变化。

(2)土壤侵蚀的现状及分布:目前,我国土壤侵蚀现象较为严重。从分布上看,黄河流域是全国最严重的土壤侵蚀地区,约有 67% 的土地遭侵蚀,且呈逐步恶化的趋势。据估算,黄土高原土壤的侵蚀量从 1194 年的 1.16×10^9 吨增加到 1987 年的 1.63×10^9 吨。在相当长的历史时期内,黄土高原的自然侵蚀率保持在 7.9% 左右,而人为侵蚀增长率则由 130 年前的 6.7% 增加至中华人民共和国成立前的 14.8%,中华人民共和国成立后至今又增加至 24.8%。

我国南方红色土壤丘陵地区和东北地区土壤侵蚀也较为严重,其中南方红壤丘陵区水土流失率在 20 世纪 80 年代已达 38%~76%,长江流域水土流失由 20 世纪 50 年代的 $3.6 \times 10^5 km^2$ 增加到 80 年代的 $5.6 \times 10^5 km^2$。东北黑土区在 20 世纪 60 年代开垦的土地已有 35% 受到侵蚀。据估算,黑龙江省松嫩江平原的东北部,1903 年土壤约有 1m 以上的黑土层,后来由于风蚀每年大约损失 1cm 的黑土层,目前该地区农田只剩下大约 10cm 的黑土层。

(3)土壤侵蚀防治

1)增加植被控制土壤侵蚀:通过增加植被的方法控制土壤侵蚀十分有效。植被尤其是草类

植被减少水土流失的主要原因在于削减了径流的侵蚀动力，提高了土壤的抗冲性能。但由于植被生长发育等状况的不同以及人为等因素的影响，不同植被的冠层、地表层以及地下根系分布层等出现较大差异，其水土保持效益也就有所不同。

2）通过工程措施缓解土壤侵蚀：水土保持工程措施是治理流域水土保持重要举措。朱显谟院士提出在黄土高原实行"全部降雨就地拦蓄入渗"、长江流域实行"排水保土"的分区治理措施，形成了目前我国黄土高原淤地坝系建设，淤地坝是一种行之有效的水土保持工程措施，兴修梯田并辅以坡面水系工程形成水土保持综合治理的良好局面，并取得了显著的生态、社会和经济效益。

2. 荒漠化

（1）荒漠化的概念及成因：荒漠化（land desertification）是指包括气候变化和人类活动在内的多种因素造成的干旱、半干旱和亚湿润干旱地区的土地退化的现象。荒漠化通常表现为土壤生产力下降或者丧失，生物群落退化，水文状况恶化等。干旱、半干旱地区水资源匮乏，植被覆盖度低，生态环境脆弱，其对外界强迫响应敏感、反应迅速，是荒漠化发生的高频地带。干旱、半干旱区的气候变化对荒漠化过程有较大的影响，显著变暖和干旱化加剧了干旱、半干旱区的缺水形势，改变了其生态水文过程，使生态系统受到影响而发生退化。荒漠化并不是一个单一的自然过程，而是自然与经济、社会相关联的多层面的复杂环境问题。一定的自然条件为荒漠化的发生提供了必然性，人类活动对环境的影响则在一定程度上决定了荒漠化的严重程度。干旱、半干旱地区生态脆弱，不适合高强度农业生产活动，而近年来随着经济和社会发展，出现了开垦荒地、过度放牧、滥砍滥伐以及不合理的水资源利用等突出的生态问题。荒漠化的出现与人类活动有密切关系，大部分荒漠化的发生是在自然环境的基础上，受人类活动的干扰形成，甚至部分地区以人类活动的贡献为主。因此，气候变化和人类活动是导致荒漠化发生的两大驱动力，大多数的荒漠化都是两者共同作用的结果。

（2）我国荒漠化现状：我国是世界范围内受荒漠化影响较严重的国家之一，广阔的干旱、半干旱及部分湿润地区存在严重的土地荒漠化现象。据 2015 年的《中国荒漠化和沙化状况公报》，截至 2014 年，我国荒漠化土地面积 261.16 万 km²，占国土总面积的 27.20%。与 2009 年相比，5 年间荒漠化土地面积净减少 12 120km²，年均减少 2 424km²。各气候类型区荒漠化中，干旱区荒漠化土地面积为 117.16 万 km²，占全国荒漠化土地总面积的 44.86%；半干旱区荒漠化土地面积为 93.59 万 km²，占 35.84%；亚湿润干旱区荒漠化土地面积为 50.41 万 km²，占 19.30%。从荒漠化类型来看，风蚀荒漠化土地面积 182.63 万 km²，占全国荒漠化土地总面积的 69.93%；水蚀荒漠化土地面积 25.01 万 km²，占 9.58%；盐渍化土地面积 17.19 万 km²，占 6.58%；冻融荒漠化土地面积 36.33 万 km²，占 13.91%。从荒漠化程度来看，轻度荒漠化土地面积 74.93 万 km²，占全国荒漠化土地总面积的 28.69%；中度荒漠化土地面积 92.55 万 km²，占 35.44%；重度荒漠化土地面积 40.21 万 km²，占 15.40%；极重度荒漠化土地面积 53.47 万 km²，占 20.47%。

（3）荒漠化的防治：荒漠化的防治关键在于水分的合理利用及植树造林，主要措施如下。

1）合理管理和使用水资源，控制流域上游过度利用水资源和盲目灌溉，建立流域管理体系和节水农业体系。

2）合理规划和使用耕地及草地，营造防护林和薪炭林，保护植被，防止水土侵蚀。

3）改变过度放牧和过度垦殖的状况,限制载畜量,退耕还牧,有效改善退化的土地。

3. 盐渍化

（1）盐渍化的概念及成因:盐渍化(soil salinization)指易溶性盐分在土壤表层积累的现象或过程。土壤盐渍化易引发植被生理干旱,影响作物对养分的吸收,并且使土壤板结,降低阳离子交换量,抑制土壤微生物的活动,从而使土壤理化性质和生物性状恶化。盐渍土的形成是由多种因素综合作用形成的,其实质是各种易溶盐在地面作水平方向与垂直方向的重新分配,使得盐分在集盐地区的土壤表层逐渐积聚起来。我国盐渍化土壤多分布在干旱、半干旱地区,地貌以高原、盆地和山地为主,该条件下土层中所含盐分随着水分的蒸发从底层向表层转移,最后积聚在土壤表层。东北、华北地区的盐碱土有明显的脱盐、返盐季节;而在西北地区,由于降水量很少,土壤盐分的季节性变化不明显。

（2）盐渍化的分布:在我国,现代盐化过程造成的盐渍化土壤有 $3.69 \times 10^7 hm^2$,其中受盐渍化影响的耕地主要分布在黄淮海平原、东北平原西部、黄河河套地区、西北内陆地区,东部沿海地区也有小面积的分布,总面积达 $6.24 \times 10^6 hm^2$。干旱与半干旱地区耕地的盐渍化主要是人为灌溉所致。新疆、黄河河套地区的土壤盐渍化问题日趋严重,目前新疆、甘肃和宁夏三省（区）约35%的耕地以及50%的内蒙古河套地区的耕地受到土壤盐渍化的威胁。华北平原20世纪50年代末的盐碱地面积约 $2.7 \times 10^6 hm^2$,在大力发展引黄灌溉、片面强调平原蓄水、盲目种稻的情况下,地下水位普遍升高,导致70年代盐碱地面积达 $4.0 \times 10^6 hm^2$;之后通过多年定点改良试验、推广,到80年代中期再计算时,已减少半数。

（3）次生盐渍化成因:次生盐渍化通常指由于人为灌溉造成的土壤盐渍化。随着我国设施农业的发展,次生盐渍化问题也日益严重。随着设施栽培年限的增加,设施菜地土壤次生盐渍化日益加重,严重影响了蔬菜的产量和品质,阻碍蔬菜生产的可持续发展。次生盐渍化的表现是土壤表面出现大面积白色盐霜,有的甚至出现块状紫红色胶状物（紫球藻）,土壤盐化板结,作物长势差,甚至绝产。

关于设施农业土壤次生盐渍化的成因,主要是由于过量及不合理施肥。据在山东寿光县的调查结果显示,农民半年内向大棚土壤投入化肥 $3\,000 \sim 4\,500 kg/hm^2$,而肥料利用率却很低,这势必会造成过量的养分累积。另外,施肥比例不合理也是一个重要原因。我国目前重施 N 肥轻施 P、K 肥的情况比较严重,导致土壤养分失衡,进一步影响蔬菜的正常吸收利用,并引起土壤中 N 的过剩、积累。此外,设施菜地是人为创造的小环境,缺乏降雨对土壤的淋溶作用,菜地内施用的大量过剩养分不能随雨水流失,而是残留在土壤耕层内,加之设施菜地内长期处于高温状态,土壤水分蒸发量较大,致使土壤表层水分迅速消耗并促使下层水分和地下水向上运移以补充上层水分的消耗,从而使盐分随水被带至表层,加速了表层土壤盐分的积累。因此,设施农业土壤次生盐渍化盐分与所施肥料种类紧密相关,组成以 NO_3^-、SO_4^{2-}、Ca^{2+} 为主,其次为 Cl^-、CO_3^{2-}、Mg^{2+}、K^+。

（4）治理措施:我国学者在盐渍化防治方面积累了丰富的经验,可总结为物理方法、化学方法、生物方法和综合方法,总之应根据盐渍化成因的不同,采取不同的措施。

1）物理改良措施:物理改良措施主要采取客土改良、冲洗脱盐、明沟排水、平整土地、深翻松耕、压沙等方法,这些方法在前期盐碱地的治理中起到了良好的效果。深翻松耕有利于疏松土层,切断土壤毛细管,减少水分蒸发,抑制土壤返盐。20世纪80年代我国主要利用"井灌井排""抽咸换淡""强排强灌"等方法治理盐碱地,并取得了显著的效果。冬季灌溉也可以降低土壤的盐渍化危害。一方面,表层土壤盐分可通过淋洗作用向下转移;另一方面,冬季气温较低,土层水分蒸发量少,盐分随水分保持在土壤较深处,不易向上延伸。

沸石也是一种成本低廉的改良材料,因为沸石对钠离子和阴离子均有着良好的吸附效果,使得土壤黏质性变小,土壤容重和含盐量降低,提高土地产量。物理改良措施见效快,但是工程量大,成本高,维持时间有限,受限于水资源,推广起来存在一定的难度。

2)化学改良措施:化学改良措施就是通过施加化学改良剂和一些矿质化肥来改良盐碱地的过程。常用的化学改良剂有矿质化肥、脱硫石膏、磷石膏、亚硫酸钙、硫酸亚铁、有机或无机肥料等。增施有机肥料能增加土壤的腐殖质含量,有利于土壤团粒结构的形成,增加土壤的通气性和透水性,促进盐分的淋洗,活化土壤中的微量元素,分解后产生的有机酸还可中和土壤中的碱性,改善养料的供应状况。同时,有机质本身具有较好的吸附力,能够产生一定的缓冲作用,减轻盐碱地对植被的伤害。化学改良措施虽然见效快,效果明显,但是成本昂贵,且使用不当易对环境造成二次污染。

3)生物改良措施:相对于物理改良措施和化学改良措施,生物改良措施价格低廉,环保有效,同时能产生一定的经济效益。20世纪60年代,美国农业部成立了国家盐碱地实验室,分别对草本、蔬菜、粮食和果树等植物的相对耐盐性数据进行了系统的构建,指出不同植物的耐盐性能,发现植物耐盐碱能力一般为向日葵>高粱>粟>棉花>玉米>小麦,胡萝卜>甜菜>葱>菠菜,葡萄>梨>枣>苹果。在较重的盐碱地上,可选择耐盐碱较强的田菁、紫穗槐等;在中度盐碱地,可以种植草木犀、紫花苜蓿、黑麦草等;在盐碱威胁不大的地区,则可种植豌豆、蚕豆、紫云英、高粱等耐盐作物。通过耐盐碱植物的种植,可有效地抑制土壤返盐。此外,盐碱地树种选择需要具备易繁殖、易管理、经济价值高、耐盐耐旱能力强等特点。

4)综合改良措施:盐碱地的形成是一个复杂的过程。单一的治理方式已不能够满足改良的需求。随着盐碱地改良措施的发展,综合性的改良措施得以迅速发展。我国天津临港地区通过多年的探索试验和观测研究,总结出"减蒸促排""集雨附盐防蒸"模式的改良盐碱地。近几年,在干旱、半干旱地区普遍使用深翻松耕、淋洗脱盐和种植耐盐作物等综合改良措施来改善盐渍化土壤的理化性质。

4. 贫瘠化

（1）贫瘠化（impoverishment）的现状:由于过度垦殖,造成全国范围土壤肥力的下降,形成了贫瘠化。第二次全国土壤普查表明,全国耕地土壤平均有机质质量分数低于1.5%,11%的土壤的有机质质量分数低于0.7%。全国缺磷土壤的面积由1953年的$2.7 \times 10^7 hm^2$增加到1995年的$6.7 \times 10^7 hm^2$。我国南方和西南地区有90%的土壤缺硼和钼;华北平原和黄土高原有80%的土壤缺锌和钼;西北干旱地区有80%的土壤缺锌和锰。

（2）贫瘠化改良措施

1)增施有机肥料:施用有机肥料是提升土壤肥力、防治贫瘠化的一种重要措施。有机肥料不仅可以降低土壤容重,增加土壤孔隙度,提高土壤团粒结构比率,同时还可以提供多种营养,改善植物生长,对于培肥地力十分有效。而我国长期以来忽略有机肥料的施用,使土壤有机质逐渐减少，不利于农业可持续发展。为此，早在 2015 年，我国农业部就发布了《到 2020 年化肥使用量零增长行动方案》，明确指出，通过合理利用有机养分资源，用有机肥料替代部分化肥，实现有机无机相结合。提升耕地基础地力，用耕地内在养分替代外来化肥养分投入。《"十四五"全国农业绿色发展规划》明确提出"推进化肥减量增效"，要求推动有机肥替代，推动畜粪还田利用，减少化肥用量，增加优质绿色产品供给；引导地方加大投入，更大范围推进有机肥替代化肥。

2）合理施用化学肥料：合理施用化学肥料是改善土壤贫瘠化的有效措施，而测土配方施肥是合理施肥的途径。测土配方施肥技术是以土壤测试结果和肥料田间试验为基础，根据作物需肥规律、土壤供肥性能和肥料效应，在合理使用有机肥料的基础上，提出氮、磷、钾及微量元素等肥料的施用数量、施肥时期和施用方法，其技术的核心是调节和解决作物需肥与土壤供肥之间的矛盾，有针对性地补充作物所需土壤供应不足的营养元素，实现各种养分平衡供应，满足作物的需要。组织实施测土配方施肥项目，对于提高粮食单产、降低生产成本、实现农业增效和农民持续增收具有重要的现实意义，对于提高肥料利用率、减少肥料浪费、保护农业生态环境、改善耕地养分状况、实现农业可持续发展具有深远影响。

5．土壤潜育化

（1）土壤潜育化（soil gleying）的概念、成因及分布：土壤潜育化是指土壤长期滞水，严重缺氧，产生较多还原物质，使高价铁、锰化合物转化为低价状态，土壤由此变成蓝灰色或青灰色的现象。潜育化水稻土有机质及全量养分贮量丰富，但土壤矿化度低，有效养分偏少，对水稻的生长不利。土壤潜育化是所有水成土共同经历的过程之一，主要受淹水程度、淹水类型以及母质性质等环境因素影响，导致水成土发育成不同类型的潜育土。土壤潜育化一般发生在具有充足的水分、丰富的有机质以及兼性或嫌气性微生物区系的区域。在我国南方地区，特别是江苏、江西、浙江、广西等地，潜育化水稻土广泛分布。潜育化的水稻土还原性物质多，重金属活性增强，土壤微生物活性下降，易导致作物减产，因此，水稻土壤潜育化问题已经严重影响到了农业生产。

（2）潜育化的防治措施：潜育化的改良和治理应从环境治理做起，治本清源、因地制宜、综合利用。主要方法措施如下。

1）开沟排水，消除渍害：在稻田周围开沟，排灌分离，防止串灌，沟距以 6～8m（重黏土）或 10～15m（轻黏土）为宜。

2）多种经营，综合利用：宜采用稻田 - 养殖等农业模式，有条件的地区可实施水旱轮作。

3）合理施肥：潜育化稻田 N 肥的效益较低，宜增施 P、K、S 肥，同时配施有机肥料也是一种较好的治理方法。

4）开发耐渍水稻品种：该方法是一种生态适应性措施，应根据不同水稻品种对潜育化水稻土的适应性和耐性，选择优质的水稻品种。

5）起垄植稻：潜育化水稻土改平作为垄作，可有效地调控土壤水、肥、气、热状况，创建有利于作物生长的良好生态环境。

6．土壤污染（soil pollution） 人类活动产生的污染物进入土壤并积累到一定程度，超过土壤自净能力的限度，而引起土壤环境质量恶化的现象，称为土壤污染。根据性质的不同，土壤污染物可分为以下几类：①无机物（如汞、镉、铬、铅、砷等以及盐碱类等）；②有机污染物（多环芳烃、杀虫剂、杀菌剂和除草剂等）；③废弃物（污泥、矿渣和粉煤灰等）；④放射性物质（铯、锶等）；⑤病原微生物(寄生虫、病原菌及病毒等)。

根据2014年《全国土壤污染状况调查公报》,我国土壤环境状况总体不容乐观,部分地区土壤污染较重,耕地土壤环境质量堪忧。工矿业、农业等人为活动以及土壤环境背景值高是造成土壤污染或超标的主要原因。全国土壤总的超标率为16.1%,其中轻微、轻度、中度和重度污染点位比例分别为11.2%、2.3%、1.5%和1.1%。污染类型以无机型为主,有机型次之,复合型污染比重较小,无机污染物超标点位数占全部超标点位的82.8%。从污染分布情况看,南方土壤污染重于北方,长江三角洲、珠江三角洲、东北老工业基地等部分区域土壤污染问题较为突出,西南、中南地区土壤重金属超标范围较大,镉、汞、砷、铅4种无机污染物含量分布呈现从西北到东南、从东北到西南方向逐渐升高的态势。其中我国土壤镉、汞、砷、铜、铅、铬、锌、镍8种无机污染物点位超标率分别为7.0%、1.6%、2.7%、2.1%、1.5%、1.1%、0.9%、4.8%(表4-1)。六六六、滴滴涕、多环芳烃3类有机污染物点位超标率分别为0.5%、1.9%、1.4%(表4-2)。

其中我国耕地土壤点位超标率为19.4%,其中轻微、轻度、中度和重度污染点位比例分别为13.7%、2.8%、1.8%和1.1%,主要污染物为镉、镍、铜、砷、汞、铅、滴滴涕和多环芳烃。

表4-1　我国土壤无机污染物超标情况

污染物类型	点位超标率/%	不同程度污染点位比例/%			
		轻微	轻度	中度	重度
镉	7.0	5.2	0.8	0.5	0.5
汞	1.6	1.2	0.2	0.1	0.1
砷	2.7	2.0	0.4	0.2	0.1
铜	2.1	1.6	0.3	0.15	0.05
铅	1.5	1.1	0.2	0.1	0.1
铬	1.1	0.9	0.15	0.04	0.01
锌	0.9	0.75	0.08	0.05	0.02
镍	4.8	3.9	0.5	0.3	0.1

表4-2　有机污染物超标情况

污染物类型	点位超标率/%	不同程度污染点位比例/%			
		轻微	轻度	中度	重度
六六六	0.5	0.3	0.1	0.06	0.04
滴滴涕	1.9	1.1	0.3	0.25	0.25
多环芳烃	1.4	0.8	0.2	0.2	0.2

三、药用植物栽培退化土壤的修复

1. 连作障碍土壤的修复

(1)连作障碍的概念及成因:在同一块土壤中连续栽培同种或同科作物时,即使在正常的栽培管理状况下,也会出现生长势变弱、产量降低、品质下降、病虫害严重的现象,生产上常把这种现象称为连作障碍(continuous cropping obstacle)。在日本称为"忌地"现象、连作障害或连作障碍,欧美国家称为再植病害或再植问题,我国常称连作障碍或重茬问题。水稻、烟草、花生等农作物均会发生连作障碍现象,而连作障碍在药用植物中尤为突出,据估计约有70%根和根茎类药材存在连作障碍问题,较为典型的有人参 *Panax ginseng* C. A. Mey.、三七 *P. notoginseng*(Burk.) F. H. Chen、地黄 *Rehmannia glutinosa* Libosch.、白术 *Atractylodes macrocephala* Koidz.、丹参 *Savia miltiorrhiza* Bge. 等。连作障碍的效应常常可持续数年之久,以怀地黄为例,在同一地块上间隔8~10年方可再植,否则便会发生连作障碍,因此严重制约了地黄产区的发展。

发生连作障碍的原因比较复杂,不同植物发生连作障碍的机制很可能有所不同。主要原因如下。

1)土壤养分偏耗:不同的药用植物对矿质元素的需求是有特定规律的,长期种植一种药用植物时,会偏好吸收某种特定营养元素,从而造成土壤养分的亏缺,使土壤营养元素失去平衡,进而影响下茬植株的正常生长。如太子参 *Pseudostellaria heterophylla*(Miq.)Pax ex Pax et Hoffm. 连作1~12年后,速效氮、钾、磷含量降低,微量元素钼含量降低甚至缺失。由于钼是亚硝酸还原酶的必要组分,其缺失可使亚硝酸还原酶失活,进而影响植物氮代谢,最终导致太子参减产。因此,土壤养分亏缺是造成连作障碍的一个原因。

2)化感自毒作用:植物化感作用是指一种活体植物(供体)产生并以挥发(volatilization)、淋溶(leaching)、分泌(excretion)和分解(decomposition)等方式向环境释放次生代谢产物,而影响邻近伴生植物(受体)生长发育的化学生态学现象。受体和供体为同种植物时产生抑制作用的现象,称为植物的化感自毒作用(allelopathic autotoxicity)。药用植物含量丰富的次生代谢产物,往往具有较强的化感作用,其中有些物质还会对植物自身产生毒性。这些毒素主要来自作物根系、地上茎叶及植株残茬腐解分泌的有毒物质,可通过影响细胞膜透性、酶活性、离子吸收和光合作用等多种途径抑制植物的生长。例如,地黄连作后,土壤中的阿魏酸含量增加,并可以显著抑制地黄叶片和块根的生长。而连续种植花生后,土壤中对羟基苯甲酸、香草酸和香豆酸含量显著升高,这些酚酸类物质可抑制花生幼苗及根系生长。相对于普通作物,某些药用植物育种及栽培的目标恰恰是提高其次生代谢产物的含量,因此更易产生化感自毒作用。

3)土壤理化性质恶化:作物连作,尤其是过度施肥后常会导致土壤理化性质恶化,如酸化、盐渍化等。大量使用酸性化学肥料,特别是氮肥的施用会造成土壤的酸化。而连作可以选择吸收某些离子(如 K^+、NH_4^+ 等),因而加剧酸化。酸化可使土壤固相中的铝活化并释放进入土壤溶液,对农作物根系产生毒害,影响作物生长。土壤酸化还会加速土壤养分的流失,使土壤肥力下降。不合理施肥和灌溉常使土壤下层盐分离子随水分迁移至表层并积聚,并使土壤团粒结构破坏形成板结层,盐分不能渗透到土壤深层,而在水分蒸发后累积于表层土壤,从而导致盐渍化,而盐渍化是设施农业土壤常见的问题,可导致土壤微生物区系失调,微生物多样性和均匀度显著变化,对作物造成生理干旱并影响养分吸收。因此土壤理化性质恶化可能是导致连作障碍的原因之一。

4)土壤微生物失调:土壤中含有丰富的微生物,不同的微生物在土壤养分转化中具有不同的功能。健康土壤中的微生物群落具有较高的多样性,真菌、细菌和放线菌比例较为协调。而当栽培植物后,植物根系不断向根际土壤中分泌各种代谢产物,如有机酸、氨基酸、糖类等。不同的作物根系分泌物种类不同,对于土壤中的微生物而言,这个特殊区域就是一个"天然的选择性培养基",适宜的微生物可以大量繁殖而不适宜的微生物就会被抑制,其结果常常会促使土壤微生物区系发生改变,多数情况下会由"细菌型"向"真菌型"转化,使病原菌增加。例如,地黄连作后,根际土壤细菌群落多样性降低,数量减少;而真菌中的木霉和黄曲霉等病原微生物数量显著增加。病原菌的增加可以导致土传病害暴发，较为常见的土传病害有根腐病、黑腐病、全蚀病、锈腐病、枯萎病等。不同中药材易发的土传病害有所不同，如白术、地黄、三七、桔梗 *Platycodon grandiflorum*（ Jacq. ）A. DC. 等易发根腐病，主要由镰刀菌属真菌引起；人参根部的锈腐病由柱孢属真菌引起；人参、三七、西洋参 *Panax quinquefolium* L. 等易发的枯萎病则是由尖孢镰刀菌引起，而土传病害是连作障碍的重要表现形式之一。

（2）连作障碍的防治：由于连作障碍发生机制的多样化，因此其防治需要因地制宜，采用相应的措施，目前常用的措施如下。

1）合理轮作：合理轮作是生产上恢复土壤地力、减少病虫害、缓解植物连作障碍的重要措施。目前对于老参地的改良主要是通过建立合理的轮作制度。日本采用与水稻、豆类、小麦、玉米、牧草、蔬菜、花卉及果树等轮作的方法，使人参的轮作年限从30～60年缩短为13～19年。近年来，我国还建立了利用周期为1～3年的人参、西洋参短期轮作技术，取得较好的效果。

2）土壤灭菌：土壤灭菌是目前克服连作障碍的重要途径之一，尤其是对于连作后土传病害加重的药用植物，采用化学药剂熏蒸是一种常用的土壤灭菌方法。溴甲烷曾是三七连作栽培上广泛使用的土壤熏蒸灭菌剂，但由于其对大气臭氧层有严重破坏作用，现已被有机硫熏蒸剂所代替。三七连作地于播种前和移苗前用大扫灭粉粒剂和钾-威百液剂进行耕作层土壤熏蒸处理，之后施入益生菌剂，可以较好地解决三七的连作障碍。用土壤消毒剂氯化苦对连作西洋参基质进行消毒，可显著提高存苗率，减少根病发生。

化学药剂往往会带来二次污染，对食品或中药安全造成一定的安全隐患。近年来兴起了一种强还原灭菌法，可以在不使用化学药剂的情况下较好地杀灭病原菌。该方法主要通过向土壤中添加大量易分解的有机物料，然后淹水并覆膜，形成强烈的厌氧环境，在此种环境中，有机物料可分解为乙酸、丙酸等有机酸以及氨、硫化氢等物质，这些物质本身对病原微生物具有杀灭作用，此外，厌氧环境也可杀灭多种好氧病原菌。当强还原处理结束时，中间产物还可以继续氧化，最终达到无害程度。强还原处理具有明显的特点：可有效杀灭土壤中病原菌，对植物根结线虫也具有较好的致死效果；可改善土壤理化性质，有效缓解土壤酸化、次生盐渍化等现象；不需要添加任何人工合成化学品，不会导致二次污染，环境友好；实现农业有机废弃物的资源化利用，一定程度上减轻了农业有机废弃物对环境的危害。

3）施用拮抗微生物菌剂：在连作作物根区土壤中接种生防菌制剂，使拮抗菌在根际微环境中大量繁殖，进而成为优势微生物，并利用这些微生物产生的抗性物质抑制土壤中特定病原菌的生长，利用营养和空间竞争等途径减少病原菌数量，使根际微环境中的微生物区系保持在正常状态，从而达到"以菌治菌"的效果。

枯草芽孢杆菌是最早商业化的生防菌之一，其生防作用机制多种多样，主要包括竞争、拮抗、溶菌、诱导植物抗病性和促进植物生长等几个方面。枯草芽孢杆菌对纹枯病、稻瘟病、根腐病、枯萎病、霜霉病都有较好的防治效果。

此外，木霉也是生物防治中应用较多的一种微生物，目前，世界上已有多个木霉菌株被用于商业化生产中，用来大面积防治作物病害的发生。木霉在中药材病害的防治方面也有较多报道，有学者发现，木霉菌剂对黄芪根腐病、北沙参菌核病、西洋参立枯病具有较好的防治效果。

2. 重金属污染的土壤修复

（1）土壤重金属污染影响中药安全：土壤中的重金属可以被某些药用植物根系吸收，转运并分布到其他器官，造成重金属超标，从而给中药材安全带来隐患。以三七为例，该植物对镉具有较强的富集能力，各器官对镉的富集系数在 1.51～4.01。一项调查表明，在我国云南省某地，三七中 Cd、Cr、Pb 的超标率范围分别为 81%～100%、75%～100%、25%～63%。商陆 *Phytolacca acinosa* Roxb. 又称山萝卜，其根具有泻下逐水、消肿散结功效，对 Mn 具有明显的富集特征，其中叶片内 Mn 含量最高达 19 299mg/kg。鸭跖草科植物鸭跖草以全草入药，具有清热解毒、利水消肿功效，有调查表明铜尾矿库周围生长的鸭跖草中 Cu 的含量可达 500mg/kg。

随着我国土壤重金属污染的日益严重，重金属超标问题也逐渐突出。一项调查表明，中药材中存在不同程度的重金属超标情况，其中铜、铅、砷、镉、汞超标率分别为 21.0%、12.0%、9.7%、28.5% 和 6.9%；单样本同一批次药材中存在 2 种、3 种或 4 种重金属同时超标的现象，平均超标率分别为 4.6%、1.5% 和 0.7%（表4-3）。

表4-3　我国部分中药重金属超标率

药材	Cu		Pb		As		Cd		Hg	
	样本数	超标率/%	样本数	超标率/%	样本数	超标率/%	样本数	超标率/%	样本数	超标率/%
百合	—	—	11	0	10	0	11	27.3	10	0
半夏	6	0	9	0	11	0	10	10.0	11	0
柴胡	18	5.5	17	0	19	0	18	11.1	17	0
川芎	16	12.5	6	0	3	0	5	20.0	3	33.3
大黄	29	3.4	2	0	3	0	3	66.7	1	—
丹参	27	3.7	23	0	13	0	24	4.2	11	0
当归	12	8.3	1	—	2	0	2	50.0	2	50.0
党参	6	0	19	0	21	57.1	21	19.0	23	8.7
豆蔻	9	0	8	0	11	9.1	10	10.0	—	—
杜仲	4	0	19	0	21	9.5	3	66.7	19	31.6
莪术	3	100	25	24.0	23	8.7	23	60.9	23	0
甘草	3	0	11	11.0	10	0	11	9.1	10	0
枸杞子	7	0	13	0	14	0	13	0	12	0
广藿香	10	50.0	10	20.0	5	0	5	0	5	0
黄柏	3	0	11	0	13	0	5	40.0	11	9.1
黄连	13	84.6	11	54.5	3	0	10	60.0	8	50.0
黄芪	18	5.6	43	13.9	39	0	44	9.1	37	2.7
黄芩	5	0	2	0	10	60.0	3	66.7	—	—
蒺藜	—	—	10	0	10	0	10	10.0	10	0
桔梗	16	31.3	25	12.0	26	3.8	26	61.5	26	7.7
连翘	2	0	35	0	37	0	11	9.1	11	0
两头尖	—	—	10	0	10	0	10	0	10	0
龙骨	10	30	10	100	1	—	10	0	10	90.0
龙胆	—	—	11	27.3	12	83.3	10	90.0	10	10.0

药材	Cu		Pb		As		Cd		Hg	
	样本数	超标率/%	样本数	超标率/%	样本数	超标率/%	样本数	超标率/%	样本数	超标率/%
麻黄	28	14.3	4	0	4	0	4	25.0	2	0
牛膝	18	0	2	0	—	—	—	—	2	50.0
女贞子	5	100	12	0	10	0	10	0	10	0
平贝母	11	0	20	0	10	0	19	5.3	19	0
羌活	20	95.0	20	0	17	23.5	19	5.3	3	0
人参	12	25.0	14	14.3	9	0	13	15.4	8	12.5
三七	4	25.0	53	5.7	55	12.7	2	50	52	0
山药	12	50.0	10	30	—		7	28.6	3	0
西洋参	14	0	14	0	14	0	4	0	2	0
细辛	17	11.7	16	56.3	18	100	17	82.4	—	—
泽泻	11	27.3	10	0	12	0	11	45.5	7	0
枳壳	10	0	2	0	9	0	3	0	11	0
平均值	—	21.4	—	10.5	—	11.1	—	27.4	—	11.1

由此可见我国药用植物安全问题不容乐观,必须采取措施进一步降低药材重金属含量,加强对中药材安全的管理,而其中最有效的方法是对药材产区土壤展开修复。

(2)重金属污染土壤的主要修复措施:针对重金属污染农田土壤,目前较为成熟的修复措施主要有植物修复和化学稳定化修复。

1)植物修复:植物修复是目前农田重金属污染治理的主流方法,也是药材产区土壤污染修复的理想方法。植物修复的机制主要包括植物萃取(phytoextraction)、根际过滤(root filtration)、植物挥发(phytovolatilization)和植物固定(phytostabilization)等。

植物萃取是目前最重要的植物修复方法,其修复机制是通过栽培积累或超积累植物,利用植物的吸收作用使重金属转移到植物体内,收获后对植株进行处理,从而把重金属从土壤中去除。超积累植物(hyper-accumulator)的标准目前一般采用 Baker 和 Brooks(1983 年)提出的参考值,即把植物叶片或地上部干重含 Mn、Zn 达到 10 000μg/g,Cd 达到 100μg/g,Pb、Cu、Cr、Co、Ni 等达到 1 000μg/g 及以上,且转移系数大于 1 的植物称为相应元素的超积累植物。世界上至今共发现的超积累植物有 500 余种,常见的重金属富集植物见表 4-4。一般来说,超积累植物的根际对土壤重金属具有活化效应,对重金属具有快速的吸收转运体系,以及对重金属具有强的解毒贮存能力等特点。

尽管超积累植物具有较强的重金属富集能力,但是在实际修复工作中,由于土壤重金属有效性往往较低,以及某些超富集植物生物量较小等原因,使植物修复的周期一般较长,因此限制了该方法的大规模应用。一些学者提出,通过化学、生物以及农艺措施可强化植物修复,提高植物修复效率。

化学强化修复是向污染土壤中添加化学试剂从而提高土壤重金属有效性和移动性的方法,是强化植物修复效率的常用调控措施。常用的活化剂有乙二胺四乙酸(ethylenediaminetetraacetic acid,EDTA)、乙二胺二琥珀酸(ethylenediamine disuccinic acid,EDDS)、氨三乙酸(nitrilotriacetic acid,NTA)、柠檬酸等。

最近研究发现某些微生物也可以提高植物修复的效果。例如,向土壤中添加巨大芽孢杆菌 *Bacillus megaterium* 后,土壤中 Cd 的生物有效性显著提高,并大幅度提高了植物对重金属的修复效率。微生物对植物修复强化功能主要表现在以下几个方面:通过转化重金属形态,优化植物根际环境,改善植物生存条件来促进植物生长,提高植物的生物量;以菌根和内生菌等方式与植物根系形成联合体,提高植物抗重金属毒性的能力;促进根系发展,增大植物根部吸收量和增强植物向其地上部分转运重金属的能力。在重金属污染土壤上,耐性植物或超积累植物在长期选择下形成特异的微生物群落,研究土著微生物及其与植物间的相互作用,可强化植物修复。

农艺措施强化修复是通过施肥、水分调控、收割等农艺途径,调节植物生长并最终提高植物修复效率的方法。去除顶端优势是常用的调控植物生长的农艺措施,通过去除修复植物顶端,增加了植物枝条数目,提高了植物生物量,进而提高修复效率。施肥也是一种重要的调控修复能力的措施,一方面施肥可以提高土壤肥力,促进重金属积累植物生长,提高生物量;另一方面,施肥可以改变土壤的某些理化性质,提高或降低土壤 pH 进而改变土壤溶液中重金属的生物有效性,从而影响植物根系对重金属的吸收。土壤水分状况对修复效果影响也很大。一方面,水分可以影响重金属的生物有效性,例如,淹水状态有助于 $CdSO_4$ 转化为 CdS,降低了镉的溶解性和生物可利用性,而烤田的作用则相反;另一方面,土壤水分状况也影响着植物的生长状况和修复效果,例如,砷超积累植物蜈蚣草在高于 500mm 年降水量的条件下就可以正常生长和繁殖,但是过度缺水会削弱其砷吸收能力。翻耕可以将深层重金属污染物翻到土壤表层,起到混匀的作用,这样既有利于根系的生长发育又能改变重金属的空间分布,促进植物与重金属的接触,提高植物修复效果。刈割能提高很多作物地上部分的再生能力,对于多年生、再生能力强的超积累植物,可以采用刈割措施来提高其生物量,延迟其生育期,提高重金属吸收效率。间(套)作指在同一田地上于同一生长期(不同生长期)内,分行或分带相间种植 2 种或 2 种以上作物的种植方式。在植物修复重金属污染土壤时,间(套)作可以改变植物根系分泌物、土壤酶活性和土壤微生物等,间接改变重金属的有效性,影响植物对重金属的吸收。近年来,围绕"边生产,边修复,边收益"的理念,植物间作修复技术的研究越来越多。在中草药生产中,可以根据修复植物和中草药对重金属吸收、积累和分布的特点,科学地进行间作,在确保中草药安全前提下,进行边修复边生产,发挥土壤资源的最大效益。

表 4-4　目前发现的超富集植物

重金属	植物	浓度 /（mg/kg）	转移系数
Pb	羊茅	11 750	>1
	荞麦	10 000	3.03
	白莲蒿	2 857	10.38
	圆锥南芥	2 484	1.96
	羽叶鬼针草	2 164	1.25
	兴安毛连菜	2 148	2.47
	圆叶无心菜	2 105	>1
	白背枫	1 835～4 335	1.1
	小鳞苔草	1 834	9.96
	肾蕨	1 020	2.3
	马蔺	1 109	0.46

重金属	植物	浓度/（mg/kg）	转移系数
Cd	壶瓶碎米荠	189～3 800	0.83～1.42
	球果薄菜	1 301	1.0～1.3
	金边吊兰	865	0.57
	蜀葵	573	<1
	龙葵	228	>1
	风花菜	120	2.0～3.5
	三叶鬼针草	119	1.52
	商陆	100	≈1
Zn	长柔毛委陵菜	26 700	0.71
	圆锥南芥	20 800	>1
	叶芽阿拉伯芥	26 400～71 000	2.23～9
	东南景天	5 000	1.25～1.94
Mn	人参木	23 500	>1
	土荆芥	20 990	1.57
	杠板归	18 342	1.10～4.12
	短毛蓼	16 649	1.06
	福木	13 100	>1
	木荷	9 975	13.5
	垂序商陆	5 160～8 000	1.03～15.56
	水蓼	3 675	1.37
Cu	荸荠	1 538	45.7
	海州香薷	1 500	>1
	蓖麻	1 290	>1
	鸭跖草	1 034	>1
	密毛蕨	567	3.88
Cr	狼尾草	18 672	2.35
	李氏禾	2 977	11.59
	假稻	2 292	>1
	扁穗牛鞭草	821	>1
As	澳大利亚粉叶蕨	16 413	>1
	蜈蚣草	2 350～5 018	>1
	虎杖	1 900	4.42
	凤尾草	>1 000	>1
	斜羽凤尾蕨	>1 000	>1
	大叶井口边草	694	1～2.6
多元素	野茼蒿	Zn：3 331 Pb：128 Cd：1 289	Zn：<1 Pb：0.85 Cd：1.58
	秃疮花	Zn：10 384 Pb：1 318 Cd：246	Zn：12.89 Pb：2.51 Cd：2.47
	宝山堇菜	Zn：3 962 Pb：2 215	Zn：2.08 Pb：1.68
	苎麻	Cd：335 Pb：92.3	Cd：>1
	三叶鬼针草	Cd：2 223 Pb：1 960	Cd：>1 Pb：>1

2）化学稳定化修复：化学稳定化修复是向污染土壤中施入各种稳定化剂，利用吸附、沉淀、氧化还原、络合等机制，改变污染物的形态与活性，使其转化成非活性、植物难吸收的组分，从而实现修复利用的技术。目前采用的稳定化剂主要包括各类含磷矿石、黏土矿物、生物炭、氧化物、有机物料等。

含磷物质除提供植物磷营养外，对重金属的稳定化修复效果明显，同时也是一种廉价、环境友好的修复材料。在实际应用中，常见的含磷材料有磷酸及可溶性磷酸盐、磷酸钙、磷灰石、磷矿粉、骨粉等难溶含磷材料，以及活化磷矿粉、溶磷菌-磷矿粉、动物粪便-磷矿粉堆肥等复合含磷材料。含磷材料修复的对象主要包括 Pb、Cd、Cu、Zn、Ni、Hg、Cr、Co 以及 As 等。

黏土矿物也是用于土壤重金属稳定化修复的重要材料，常用的有海泡石、凹凸棒石、膨润土（蒙脱石）等，它们具有较大的比表面积，可通过吸附、离子交换、配位反应和共沉淀等反应稳定化重金属。粉煤灰颗粒呈多孔型蜂窝状结构，比表面积较大，具有较高的吸附重金属能力，可有效固定土壤重金属。

生物炭在环境保护领域具有多种功能，也是可实现土壤重金属稳定化的一种重要材料。生物炭对重金属的稳定化效果受到多因素的影响，如生物炭的来源、制备条件（温度、炭化时间等）、土壤性质、重金属种类及污染程度等。生物炭的表观性质在一定程度上决定了其对重金属的固定能力。不同原材料和热解温度会得到性质不同的生物炭，对土壤重金属的修复效果和机制也有差别。

石灰是一种廉价的碱性材料，可以通过降低土壤中 H^+ 浓度，增加土壤颗粒表面负电荷，促进对重金属离子的吸附，降低重金属的迁移性。另外，石灰可改变重金属形态，促进金属碳酸盐形成，减少活性重金属的比例。由于钙和镉具有相近的离子半径，因此可发生同晶替代作用。因此，施用生石灰对土壤镉的稳定化尤为有效。

有机物料不仅提供植物养分，改善土壤理化性质，同时也是有效的土壤重金属吸附剂和络合剂。通常情况下，有机物通过提升土壤 pH、增加土壤阳离子交换量、形成难溶性金属-有机络合物等方式来降低土壤重金属的生物可利用性。目前常用的有机稳定化剂主要包括植物秸秆、畜禽粪便、城市污泥和有机堆肥等。

纳米铁或含铁纳米材料在土壤重金属治理过程中也发挥着重要的作用。有研究者利用零价纳米铁降低污染土壤中 Cd、Cr 和 Zn 的有效性，发现其能明显提高金属的稳定性，对 Cr 的修复效果和稳定性很好。

3. 有机物污染土壤的修复　对于土壤有机污染，目前主要采用微生物修复、植物修复及其联合修复方法。

（1）微生物修复：微生物修复是指利用天然存在的或所培养的功能微生物（主要有土著微生物、外来微生物和基因工程菌），在人为优化的适宜条件下，促进微生物代谢功能，从而达到降低有毒污染物活性或将其降解成无毒物质而达到修复受污染环境的技术，是治理农田土壤污染的最有效的方法之一。微生物是土壤生态系统的重要生命体，它不仅可以指示污染土壤的生态系统稳定性，而且还有巨大的潜在的环境污染修复功能。微生物能以有机污染物为唯一碳源和能源或与其他有机物进行共代谢而将其降解。微生物修复具有效果好、成本低和无二次污染等优点，且已在多环芳烃、多氯联苯、滴滴涕、六六六、石油烃等污染物的修复中取得了较好的效果。通常一种微生物能降解多种有机污染物，如假单胞杆菌可降解滴滴涕、艾氏剂、毒杀酚和敌敌畏等。此外，微生物可通过改变土壤的理化性质而降低有机污染物的有效性，从而间接起到修复污染土壤的目的。我国在微生物修复土壤的有机污染方面取得了丰硕的成果,目前已构建了有机污染物高效降解菌筛选技术、微生物修复剂制备技术和有机污染物残留微生物降解田间应用技术。微生物修复的主要措施如下。

1)优选微生物菌种:土著微生物虽然在土壤中广泛存在,但由于其生长较慢,代谢活性不高,或者由于污染物的存在造成土著微生物的数量下降,致使降解污染物的能力降低,因此往往需要在污染土壤中接种降解污染物的高效菌,以缩短修复时间。研究表明,在实验室条件下,30℃时每克土壤接种 10^6 个五氯酚(PCP)降解菌,使PCP的半衰期从2周降低到1天。为了增加对某些特定有机污染物的降解,利用分子生物学构建高效降解菌及酶系,以提高它们的降解能力,是目前强化土壤微生物修复效果的研究热点。近年来,利用基因工程手段研究和构建高效基因工程菌,可将多种降解基因转入同一微生物中,使其获得广谱的降解能力。具体技术包括降解性质粒DNA的体外重组、组建带有多个质粒的新菌株和原生质体融合等。例如,将甲苯降解基因转移给其他微生物,使受体微生物也能降解甲苯,这比简单地接种特定的微生物要有效得多。

2)电子供体:土壤中污染物氧化分解的最终电子受体的种类与浓度也极大地影响着生物修复的速度和程度。微生物氧化还原反应一般以氧为电子受体,但在厌氧条件下,也可以用硫酸根离子和硝酸根离子作为电子受体。

3)环境条件:环境温度是影响微生物生长的重要环境条件之一。温度对有机污染物的降解速率具有显著影响,不同微生物对有机污染物的降解需要特定温度范围,过高和过低的温度都不利于微生物对有机污染物的降解。按照最适降解温度的不同,可把微生物分为嗜冷菌、嗜热菌和中温菌等,其中以中温菌居多。

pH是影响微生物降解的另一重要环境因子。在不同的pH条件下,微生物的生长状况及酶活性均不相同,这也导致了在不同pH范围内微生物的降解效果不同。如真菌适合生长的pH比细菌低,因此在大多数pH<5的酸性土壤中,真菌更易生长和繁殖。

4)营养条件:微生物的生长繁殖需要碳、氢、氧、磷和其他各种矿物质元素。因此,适当添加营养物是促进降解菌尽快定植并将污染物完全降解的主要措施。为了达到良好的降解效果,在添加营养盐之前,一般要确定营养盐的添加形式、浓度及合适的配比。目前常用的营养盐的种类很多,如正磷酸盐或聚磷酸盐、铵盐、尿素及酿造酵母废液等。虽然在理论上可以估算N、P的需要量,但有些污染物的降解速度太慢,而且不同地点N、P的可利用性变动很大,实际值与计算值会有较大的偏差。目前,有些外国公司针对特定的环境已经开发出一些强化生物修复的肥料,如用石蜡包埋正磷酸盐或尿素,该配方的营养物易溶于油相,可以缓慢释放,处理土壤石油类污染物效果显著。

(2)植物修复:利用植物能忍耐和超量积累环境中污染物的能力,通过植物的生长来清除环境中的污染物,是一种经济、有效、安全的污染土壤修复方式。植物对土壤中有机污染物的修复主要包括3种机制:①许多植物可以直接从土壤中吸收有机污染物进入植物体内,通过木质化作用或在植物生长代谢活动中发生不同程度的转化或降解;②植物释放到根际土壤中的酶可直接降解有关化合物,如水解酶类和氧化还原酶类等,这些酶通过氧化、还原、脱氢等方式将有机污染物分解成结构简单的无毒小分子化合物;③植物为微生物提供了良好的生存场所,通过转移氧气使根区微生物的好氧呼吸作用能够正常进行,同时植物根系能释放出多种化学物质,如蛋白质、糖类、氨基酸、脂肪酸、有机酸等,这些物质增加了根际土壤中有机质的含量,可以改变根际土壤对有机污染物的吸附能力,显著提高根际微生物的活性,从而间接促进了有机污染物的根际微生物降解。

（3）植物与菌根菌的联合修复:菌根是土壤中的真菌菌丝与高等植物营养根系形成的一种联合体。根据菌根形态学及解剖学特征的差异,可将菌根分为内生菌根、外生菌根、内外生菌根3种主要类型。其中能降解有机污染物的主要是外生菌根真菌和丛枝菌根真菌,它们在促进有机污染土壤中植物的生长、有机污染物的降解与转化等方面发挥着积极作用。菌根降解有机污染物的机制主要包括:①菌根真菌在某些有机污染物诱导下分泌一些酯酶、过氧化物酶等,这些酶可以降解或转化有机污染物;②菌根真菌以有机污染物作为碳源,通过代谢分解有机污染物获取生长所需的能源,从而达到降解有机污染物的目的;③菌根菌丝使植物根系的吸收范围更广,可以增加宿主植物对营养的吸收,促进植物生长,同时也增加了根系对有机污染物的接触面积,提高修复效率;④菌根的存在改善了根际周围的微生态环境及群落结构,增强了微生物的生物活性,从而提高了微生物和植物的降解效率。

（4）植物与内生菌的联合修复技术:植物内生菌是指能定植在植物组织内部,但并不使其宿主植物表现出症状的一类微生物。自然界现存的近30万种植物中,基本上每个植物体内均存在1种或多种内生菌,具有丰富的生物多样性。植物内生菌与植物两者之间相互作用、相互依存。一方面,植物内生菌能够产生降解酶类直接代谢有机污染物。例如,定植于植物内部的黄孢原毛平革菌能够分泌细胞色素 P450 和锰过氧化物酶来降解菲,并且可以通过提高锰过氧化物酶活力的方式增强对菲的降解效果。另一方面,内生菌参与调控植物代谢有机污染物。当内生菌定植于植物体时会分泌一些植物激素、铁载体、脱氨酶等物质,促进植物根系生长,提高植物生物量,增强植物抗逆境能力,从而增强植物体内有机污染物的代谢能力。一些内生菌能够利用 1- 氨基环丙烷 -1- 羧酸(1-aminocyclopropanecarboxylic acid , ACC)脱氨酶分解 ACC 生成的氨和 α- 丁酮酸,作为自身生长的氮源,不但能够补充自身所需的营养物质,还能有效地降低植物细胞内乙烯的含量,缓解对植物生长产生的不利影响。此外,植物为内生菌提供了一个相对稳定的生存场所,促进内生菌的繁殖,从而加快有机污染物的降解速率。

本章小结

本章主要讲述我国土壤资源概况,主要的土壤退化类型及其改良措施,并重点讲述土壤连作障碍、重金属污染和有机污染的修复方法。

思考题

1. 我国土壤退化类型及其改良措施有哪些?
2. 什么是连作障碍? 连作障碍的防治措施有哪些?

第四章同步练习

第五章　植物营养与施肥原理

学习目标

掌握：植物必需营养元素的判断标准；药用植物栽培中施肥的原则。

熟悉：植物营养元素的特征；合理施肥的基本原理及施肥技术。

了解：植物营养与药用植物产量和品质的关系。

第一节　植物的营养元素

植物的组成十分复杂。一般新鲜植物含有 75%～95% 的水分和 5%～25% 的干物质。植物的年龄、部位、器官不同而含水量有差异，如幼嫩植株的含水量较高，衰老的植株含水量较低；叶片含水量较高，茎秆含水量较低，种子中则更低。如果将水分烘干，剩下的部分为干物质，其中占干物质重的 90%～95% 为有机物，5%～10% 为无机物。以氧煅烧来处理干物质，有机物在燃烧过程中氧化分解，并以气体的形式而挥发，这些气体主要成分是 C、H、O、N 4 种元素；剩余的部分是灰分，组成复杂，包括 P、K、Ca、Mg、S、Fe、Zn、Mn、Cu、Mo、B、Cl、Si、Na、Se、Al、Ni、Co、I、Pb 等。用现代分析技术研究表明，地壳岩石中所含的化学元素几乎均能在植物体内找到，目前，在植物体内可检出 70 多种矿质元素。

植物体内化学元素的含量和组成因植物种类与品种、生育时期、气候条件、土壤性质、栽培技术等不同而有所不同。如盐土中生长的植物含有钠，海滩上的植物富含碘，酸性红黄壤上的植物含有铝，豆科植物含有较多的氮和钾，黄芪含较多的硒等。这说明植物体内的元素一方面受植物的基因型决定，另一方面还受其生长的环境条件所影响。

一、植物必需的营养元素

1939 年 Arnon 和 Stout 提出了高等植物必需营养元素的三条标准：①如果缺少某种元素，植物就不能完成其生活史；②必需营养元素的功能不能由其他营养元素所代替，如缺少某种元素时，植物会表现出特有的症状，只有补充这种元素后症状才能减轻或消失；③必需营养元素直接参与植物的代谢作用，如酶的组成成分或参与酶促反应，而不是间接作用。

当某种元素符合以上 3 条标准时,则称为植物必需营养元素。根据这一标准,现已确认高等植物必需营养元素有 17 种,其中 14 种为矿质必需营养素,即 N、P、K、Ca、Mg、S、Fe、Mn、Cu、Zn、B、Mo、Cl、Ni;3 种非矿质必需营养元素,即 C、H、O。

根据必需营养元素在植物体内的含量分为大量元素和微量元素(表 5-1),其中大量元素在植物中的含量高,一般占植株干物质重的 1% 以上,微量元素在植物中的含量较低,一般占植株干物质重的 1% 以下。有时候将占生物体干物质重为 0.1%~1% 的元素(S、Ca、Mg)称为中量元素,将占比低于 0.01% 的元素称为微量元素。

表 5-1　高等植物必需营养元素种类、可以利用形态及其适合含量

元素	化学符号	植物利用形式	含量(以干重计)	
			(mg/kg)	(%)
大量元素	C	CO_2	450 000	45
	O	O_2、H_2O	450 000	45
	H	H_2O	60 000	6
	N	NH_4^+、NO_3^-	15 000	1.5
	K	K^+	10 000	1.0
	Ca	Ca^{2+}	5 000	0.5
	P	$H_2PO_4^-$、HPO_4^{2-}	2 000	0.2
	Mg	Mg^{2+}	2 000	0.2
	S	SO_4^{2-}	1 000	0.1
微量元素	Cl	Cl^-	100	0.01
	Fe	Fe^{2+}、Fe^{3+}	100	0.01
	Mn	Mn^{2+}	50	0.005
	B	$H_2BO_3^-$、$B_4O_7^{2-}$	20	0.002
	Zn	Zn^{2+}	20	0.002
	Cu	Cu^{2+}、Cu^+	6	0.000 6
	Mo	MoO_4^{2-}	0.1	0.000 01
	Ni	Ni^{2+}	0.1	0.000 01

二、植物必需营养元素的功能

在植物体内,17 种必需营养元素不论数量多少都是同等重要的,而且每一种必需营养元素都有特殊的功能,不能被其他元素所代替,这就是植物营养元素的同等重要律和不可代替律。但是营养元素之间的功能也有相似性,K. Mengel 和 E. A. Kirkby(1982 年)根据元素在植物体内的生物化学作用和生理功能将植物必需营养元素划分为以下四组(表 5-2)。

第一组包含 C、H、O、N 和 S。它们是构成植物有机体的主要成分,也是酶促反应过程中原子团的必需元素。C、H、O、N 和 S 同化为有机物(如蛋白质、氨基酸、核酸、类脂等)的反应是植物新陈代谢的基本生理过程。

第二组包含 P 和 B 都以无机阴离子或酸的形态而被吸收,可与植物体中的羟基化合物进行酯化作用生成磷酸酯、硼酸酯等。磷酸酯还参与能量转换反应。

表 5-2　矿质元素依据生物化学功能分类

矿质元素	功能
具有特殊功能	
含碳化合物组成	
N	氨基酸、蛋白质、酰胺、核酸、核苷酸、多胺及其他代谢产物的组成成分
S	胱氨酸、半胱氨酸、甲硫氨酸、蛋白质、硫辛酸、辅酶 A、硫胺素焦磷酸、谷胱甘肽、磷酸腺苷、生物素等其他生化代谢产物的组成成分
对能量贮存和利用很重要	
P	磷酸糖类、核酸、核苷酸、辅酶、磷脂、磷酸腺苷、植酸或其他钙、镁盐的组成成分，在涉及 ATP 的反应中有重要作用
与细胞壁结构有关	
Ca*	结合在细胞壁多聚糖上
B	与 Ca 类似，B 结合在细胞壁的果胶多聚糖上，与甘露醇、甘露聚糖、多聚甘露糖醛酸和其他细胞壁的组成成分形成复合物，保证细胞壁的稳定性
酶或其他必需代谢物的组成成分	
Mg*	叶绿素分子的组成成分
Fe*	非血红素蛋白、氧化还原蛋白和铁硫蛋白的组成成分
Mn	光合系统 II 中水分解酶复合体超氧化物气化酶的组成
Zn	一些金属酶的金属部分
Cu	像锌一样，是一些金属酶的金属部分，有时与其他金属元素结合
Ni	脲酶的组成成分
Mo	固氮酶、硝酸还原酶的组成成分
活化或控制酶的活性	
K	激活多种酶
Na	活化 C_4 和 CAM 植物中将丙酮酸转化成磷酸烯醇丙酮酸的酶，代替 K 活化一些酶
Cl	活化光合系统 II 中的酶，将水分解并放氧
Mg*	比其他元素活化的酶类更多，特别是活化磷酸转移酶类
Ca*	结合在钙调蛋白上，后者负责传递信号和调节许多酶的活性
Mn	活化很多酶，包括三羧酸循环中一些酶类
Ca*、Fe、Zn、Cu	活化一些酶，但专一性不强
不具有特殊功能	
作为具有相反电荷的反向运输离子	
K^+、Na^+、NO_3^-、Cl^-、SO_4^{2-}、Ca^{2+}、Mg^{2+}	作为具有相反电荷的反向运输离子，或带电荷的有机配体的反向离子
作为主要的细胞渗透质	
K^+、Na^+、NO_3^-、Cl^-	作为细胞内溶质，起到渗透质的作用

资料来源：李春俭，《高级植物营养学》，2008。

注：* 具有多种作用。

　　第三组包含 K、Mg、Ca、Mn 和 Cl。它们以离子的形态被植物吸收，并且在植物细胞中只以离子形态存在于汁液中，或被吸附在非扩散的有机阴离子上。这些离子有的能调节细胞渗透压，有的能活化酶，或作为酶的辅酶（基），或成为酶和底物之间的桥梁。

　　第四组包含 Fe、Cu、Zn、Mo 和 Ni。它们主要以螯合态存在于植物体内，除 Mo 以外也常常以配合物或螯合物的形态被植物吸收。这些元素中的大多数可通过原子化合价的变化传递电子。

三、植物的有益元素和有害元素

除了上述 17 种必需营养元素之外，还有一些营养元素只对某些植物种类，或在某些特定条件下是必需的，或对某些植物生长有刺激作用，这些元素通常称为"有益元素"，也称"农学必需元素"。目前研究比较多的有益元素主要有 Si、Al、Co、Se、Na 等。研究发现 Si 对藻类和某些植物的生长是有益的，如木贼科的某些种（木贼）、禾本科的湿生种（水稻），它们的 SiO_2 含量为 10%～15%（以地上部干重 % 计）。对于一些植物，如盐生植物、黑麦草、甜菜等，适量的钠能产生一些有益作用，可以刺激植物的生长，改善植物的水分状况，促进细胞伸长等。而对大多植物来说，过多的钠使植物生长迟缓，产量降低，甚至死亡。Co 能促进豆科植物的生长发育和根瘤固氮，充足的钴元素可使得大豆根瘤中维生素 B_{12} 和蛋白质含量增高，固氮能力也就越强。植物吸收硒的量的多少取决于植物的种类，一般植物含 Se 量为 0.02～1mg/kg，而黄芪属、紫云英属、鸡冠花属、鸡眼藤属和菊科的一些植物的含硒量高达每千克几千毫克。目前，关于植物有益元素的研究愈来愈受到人们的关注。

植物的有害元素，一般指含量（浓度）不高甚至极低就会对植物生长产生毒害的元素。它们大部分是重金属元素（镉、铅、汞等）及放射性元素（镭、铀、铋等）。这些元素还可以通过食物链危害人类和动物的健康，也可以对环境造成严重的污染。有些必需元素和有益元素在低浓度时对植物生长起促进作用，高浓度时则产生毒害现象，如 Mn、Cu、Co、Zn、Se 等，一般不将其视为有害元素。因此，有益元素和有害元素之间没有明显的界限，特别是有害、无害与用量有密切关系。

第二节 植物对养分的吸收及影响因素

养分吸收，是指营养物质从介质进入植物体内的过程。植物吸收养分的基本单位是细胞，主要器官是根系。根系是植物吸收和运输养分和水分的重要器官。它在土壤中能固定植物，保证植物正常生长和受光，并能作为养分的储藏库。在有些植物根细胞内还可以进行许多复杂的生物化学过程，如还原大量的 NO_3^- 和 SO_4^{2-}，或者合成某些植物激素和生物碱等。根系也有抵御外来损伤（如化学物质毒害等）的功能。

一、根部对养分的吸收

植物根系吸收养分是一个很复杂的过程，一般包括 4 个过程：①养分从土体迁移到根表，此即养分的供应；②养分从根表进入根内的自由空间，并在细胞膜外聚集；③养分透过细胞膜或液泡膜进入原生质体，此即养分的吸收；④养分从地下部分运输到地上部分。

（一）根系吸收养分的部位及形态

根系吸收养分和水分的主要部位是根尖的成熟区。根尖成熟区因根毛数量多，吸收面积大，有黏性，与土壤颗粒接触紧密，所以吸收养分的速率和数量较大，吸收养分总量最多。大约离根尖10cm范围以内,越靠近根尖的部位吸收能力越强。

植物根能吸收的养分形态有气态、离子态和分子态3种。气态养分有二氧化碳、氧气、二氧化硫和水汽等。离子态养分可分为阳离子和阴离子两组,阳离子有NH_4^+、K^+、Ca^{2+}、Mg^{2+}、Fe^{2+}、Mn^{2+}、Cu^{2+}、Zn^{2+}等;阴离子有NO_3^-、$H_2PO_4^-$、HPO_4^{2-}、SO_4^{2-}、$H_2BO_3^-$、$B_4O_7^{2-}$、MoO_4^{2-}、Cl^-等。此外,还可以吸收一些小分子有机化合物,如尿素、氨基酸、糖类、磷脂类、植酸、生长素、维生素和抗生素等,一般认为有机分子的脂溶性大小,决定了它们进入植物体内部的难易。大多数有机物须先经微生物分解转变为离子态养分以后,才能较为顺利地被植物吸收利用。

(二)土壤养分向根部迁移

土壤养分必须到达根系表面后才能被吸收。土壤中离子态养分向根部迁移的方式有截获、扩散和质流3种。

1. 截获 截获指植物根系与土壤颗粒紧密接触,土粒表面和根系表面的水膜互相重叠时发生的离子交换,使土粒上吸附的阳离子到达根系表面。研究发现,通过这种方式到达根系表面,然后被吸收的养分主要是难于移动的养分,如Ca^{2+}、Mg^{2+}等。由于与根系接触的土壤很少,通过截获到达根系表面的养分很少。

2. 扩散 扩散是由于根系吸收养分而使根圈附近和离根较远处的离子存在浓度梯度而引起土壤中养分的移动。养分总是由高浓度向低浓度处扩散。养分在土壤中的扩散受土壤含水量、土壤质地、离子浓度、根系活力等多种因素的影响。当土壤含水量从4%提高到30%时,K^+的扩散率从40%提高到95%。质地较轻的沙土中,养分扩散速率比质地黏重的土壤快。土壤溶液中的离子浓度越高,则根细胞内外的离子浓度差就越大,扩散速率就越快。

3. 质流 质流是因植物蒸腾作用使土壤周围的水分含量减少,远根区的土壤水分会向根表移动,土壤中含有的多种水溶性养分也就随着水分的流动带到根的表面。植物的蒸腾作用强、土壤养分多时,通过质流到达根系表面的养分也多。3种迁移途径如图5-1所示。

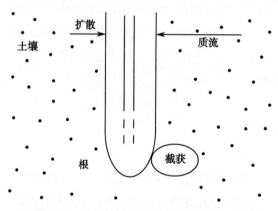

● 图5-1 土壤中矿质元素向根表迁移的示意图

扩散和质流是使土体养分到达根表的主要的迁移方式。一般认为,在长距离时,质流是补充养分的主要形式,在短距离内,扩散作用则更为重要。如果从养分在土壤中的移动性来讲,硝态氮移动性较大,质流可提供大量的氮素,但磷和钾较少。氮素通过扩散作用输送的距离比磷和钾要远得多,磷的扩散远低于钾。例如,在满足玉米对矿质养分的需求量中,质流和扩散两种方式起主要作用（表5-3）。

表5-3　玉米的养分需求量以及截获、质流和扩散供应养分的估算量　　　单位: kg/hm^2

矿质养分	每公顷生产9.5吨籽粒的需求量	供应量		
		截获	扩散	质流
N	190	2	38	150
P	40	1	37	2
K	195	4	156	35
Ca	40	60	0	150
Mg	45	15	0	100
S	22	1	0	65

资料来源: 黄建国，《植物营养学》，2012。

（三）养分在细胞膜外表面的聚集

到达根系表面的养分离子必须穿过由细胞间隙、细胞壁微孔和细胞壁与原生质膜之间的空隙构成的自由空间（相当于质外体），才能到达细胞质膜。根质外体空间中离子存在的方式至少有两种：一种是可以自由扩散出入根质外体空间的离子；另一种则是受细胞壁上多种电荷束缚的离子。前者主要是在根细胞壁的大孔隙中，离子可以自由进出，当外部溶液浓度改变时，离子还可扩散出来。后者则处于细胞壁和质膜中果胶物质的羧基解离而带有非扩散负电荷的空间，进入这一空间中的各种离子以杜南平衡（实为协助扩散）和交换吸附的方式被固定，不能自由扩散。根质外体空间中矿质养分的累积和运移过程直接影响根系对养分的吸收。

（四）养分的跨膜吸收

养分通过自由空间，到达原生质膜后，还需穿过该膜和各种细胞器（线粒体、叶绿体、液泡等）膜才能进入细胞内部，参与各种代谢活动。因此，原生质膜是养分离子进入细胞的主要屏障。由于生物膜是一种半透性膜，对外界离子的吸收具有一定的选择性，这种选择性因植物种类而异。离子的跨膜吸收可分为主动吸收和被动吸收两种。

1. 被动吸收　被动吸收是植物细胞顺电化学势梯度、不需消耗能量的吸收过程，也称为非代谢吸收。被动吸收作用是一种物理或化学的过程，与代谢无关。被动吸收包括两种方式。

（1）简单扩散：溶液中的离子存在浓度差时，将导致离子由浓度高的地方向浓度低的地方扩散，称为简单扩散。当外部溶液浓度大于细胞内部浓度时，离子可以通过扩散作用被吸收。然而随着外部浓度的降低，吸收速率随之减小，直至细胞内外浓度达到平衡为止。

（2）离子通道运输：离子通道是细胞膜上由蛋白质构成的一种特殊通道，可以通过化学或电学等方式激活，从而控制离子顺电化学势梯度通过细胞膜。目前，已经发现了钾、钙、氯、有机小分子的通道蛋白。

2. 主动吸收　主动吸收是植物细胞逆电化学势梯度、消耗能量、有选择性的吸收过程，又称为代谢吸收。主动吸收的特点：逆浓度梯度（离子逆电化学势梯度）积累；吸收作用与代谢密切相关，需要代谢能，影响代谢活动的因素均能影响主动吸收；不同溶质进入细胞或根系存在着竞争现象和选择性。关于主动吸收的机制有多种学说,比较公认的是载体学说和离子泵学说。

（1）载体学说：载体是生物膜上能携带离子穿过膜的蛋白质或其他物质。当无机离子跨膜运输时,离子首先要结合在膜蛋白（即载体）上,这一结合过程与底物和酶的结合原理相似。载体对离子具有一定的专一性,即一种离子具有特定的载体进行运载,或某些离子结合在相同载体的不同位置上进行运载。在逆电化学势梯度时,载体主动吸收养分,需要的能量由 ATP 提供。载体运载离子通过质膜的过程见图 5-2。

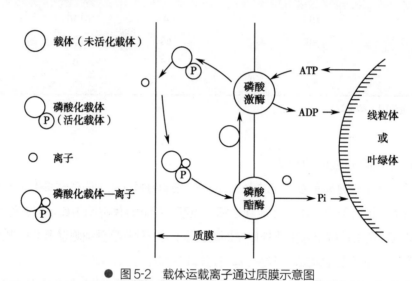

● 图 5-2　载体运载离子通过质膜示意图

（2）离子泵学说：离子泵是由 Hoagland 于 1944 年首先提出,是指存在于细胞膜上的一种蛋白质,在有能量供应时,可使离子在细胞膜上逆电化学势梯度主动地被吸收。在植物细胞内 Na^+ 的浓度比 K^+ 低,因而设想,在细胞膜上可能有不断将 Na^+ 由细胞内输出、同时将 K^+ 输入的装置,该装置能够逆电化学梯度运送离子,起着"泵"的作用,所以叫离子泵。

细胞化学技术和电子显微镜技术证实,在植物原生质膜上存在着 ATP 酶,它不均匀地分布在细胞膜、内质网和线粒体膜系统上。ATP 酶可被 K^+、Rb^+、Na^+、NH_4^+、Cs^+ 等阳离子活化,促进其水解,产生的质子（H^+）被泵出膜外,使膜内外产生 pH 梯度,形成跨质膜的电位差。通常对高等植物细胞膜产生负电位的质子（H^+）泵有时也称为电致泵。由 ATP 酶驱动的 H^+ 泵将水解产生的大量质子泵出细胞质,与此同时,阳离子可以反向进入细胞质,这种运输方式称为逆向运输。在逆向运输过程中,泵出的 H^+ 和阳离子的进入量并非 1:1 的关系,也可能小于 1。

阴离子可以与质子协同运输,从自由空间进入细胞质。在原生质膜上质子 / 阴离子的协同运输现象已得到证实。例如,大麦根中氯化物以及浮萍属中磷酸盐的运输就是如此。对吸收过程中 pH 和电位变化的测定结果表明,在协同运输中可能 1 个或 2 个质子与 1 个 $H_2PO_4^-$ 一起运输,还可能 3 个质子与 1 个 2 价的硫酸根阴离子一起运输。

目前,人们对液泡膜上的运输过程了解较少,但已明确知道,在液泡膜上还存在着另一个 ATP 驱动质子泵（H^+-ATP 酶）。这种质子泵可能与阴离子向液泡的运输相偶联。根据计算,每水解 1 个 ATP 分子可运送 2 个质子,质子 / 阴离子协同运输比为 1:1。阳离子进入液泡可能是靠逆向运输传递,而从液泡膜跨膜进入细胞质的质子电化学梯度则驱动着此逆向运输（图 5-3）。

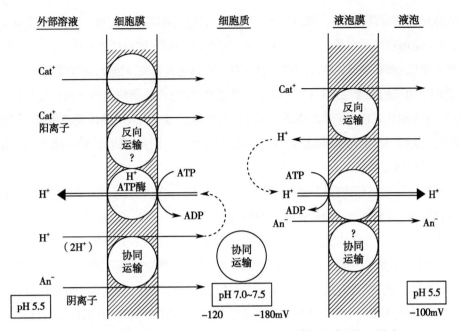

● 图5-3　植物细胞内电致质子泵（H⁺-ATP酶）的位置及作用模式

（五）根部对有机态养分的吸收

采用灭菌培养和同位素示踪技术研究证明，植物根系不但能吸收无机态养分，也能吸收有机态养分。能被吸收的有机态养分主要是那些分子量小、结构比较简单的有机物，同时也与被吸收的有机物性质有关。如大麦能吸收赖氨酸，玉米能吸收甘氨酸，水稻幼苗能直接吸收各种氨基酸、核苷酸以及核酸等。

至于有机养分究竟以什么样的方式进入根细胞，其中有一种解释认为根部细胞和动物细胞一样可以通过"胞饮"作用而吸收（图5-4）。当细胞进行"胞饮"作用时，原生质膜先内陷，把许多大分子物质，如核糖核酸、球蛋白甚至病毒等连同水分和无机盐类一起包围起来，形成水囊泡，逐渐向细胞内移动，最后进入细胞质中。这个过程是需要消耗能量的，在植物细胞内不是经常发生，可能只在特殊情况下才产生。

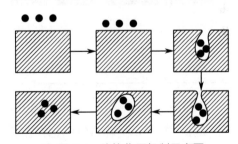

● 图5-4　胞饮作用机制示意图

（六）养分的运输

植物根系从介质中吸收的矿质养分，一部分在根细胞中被同化和利用；另一部分经过长距离运输和短距离运输，以满足其他器官和组织对养分的需要。同时，植物地上部绿色组织合成的光合产物及部分矿质养分则可通过韧皮部运输到根部，构成植物体内的物质循环系统，调节养分在体内的分配和利用。

1. 短距离运输　根外介质中的养分从根表皮细胞进入根内，再经皮层组织到达中柱的迁移过程叫养分的横向运输。由于其迁移距离短，又称为短距离运输。养分在根中的横向运输有两种途径：质外体途径和共质体途径。

质外体是由细胞壁和细胞间隙所组成的连续体。它与外部介质相通,水分和养分可以自由出入,养分迁移速率较快。在质外体途径中,养分从表皮迁移到达内皮层后,由于凯氏带的阻隔,不能直接进入中柱,而必须首先穿过内皮层细胞原生质膜转入共质体途径,才能进入中柱。

共质体是由细胞的原生质(不包括液泡)组成的,穿过细胞壁的胞间连丝把细胞与细胞连成一个整体,这些相互联系起来的原生质整体称为共质体。离子进入共质体需要跨膜。在共质体运输中,胞间连丝起着沟通相邻细胞间养分运输的桥梁作用。因此,细胞内胞间连丝的数量和直径对养分的运输有重要意义。

养分在横向运输过程中是经质外体还是共质体运输,主要取决于养分种类、浓度,根毛密度,胞间连丝的数量,表皮细胞木栓化程度等多种因素。

2. 长距离运输　养分从根经木质部到达地上部的运输以及养分从地上部经韧皮部向根的运输过程,称为养分的纵向运输。由于养分迁移距离较长,又称为长距离运输。

(1)木质部运输:指养分及同化物从根部木质部导管或管胞运输到地上部以供其他器官组织利用的过程。木质部中养分移动的驱动力是根压和蒸腾作用,绝大多数的营养元素是以无机离子的形式运转的。由于根压和蒸腾作用只能使木质部汁液向上运动,因此,木质部中养分的移动是单向的,即自根部向地上部的运输。

(2)韧皮部运输:是指叶片中形成的同化物以及再利用的矿质养分通过韧皮部筛管运移到其他部位的过程。韧皮部运输特点是双向运输。一般来说,韧皮部运输养分以下行为主,受蒸腾作用的影响很小。不同营养元素在韧皮部中的移动性不同(表5-4)。在大量元素中,氮、磷、钾和镁的移动性大,微量元素中铁、锰、铜、锌和钼的移动性较小,而钙和硼是很难在韧皮部中运输的。

表5-4　韧皮部中矿质元素的移动性比较

移动性大	移动性小	难移动
氮	铁	硼
磷	锰	钙
钾	铜	
镁	锌	

(3)木质部和韧皮部之间养分的转移:木质部与韧皮部在养分运输方面不同,但两者相距很近,因此,在两个运输系统间也存在养分的相互交换(图5-5)。在养分的浓度方面,韧皮部高于木质部,因而养分从韧皮部向木质部的转移为顺浓度梯度,可以通过筛管原生质膜的渗漏作用来实现。相反,养分从木质部向韧皮部的转移是逆浓度梯度、需要能量的主动运输过程。这种转移主要由转移细胞完成的。养分通过木质部向上运输,经转移细胞进入韧皮部。养分在韧皮部中既可继续向上运输到需要养分的器官或部位,也可以向下再回到根部。

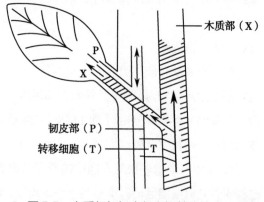

● 图5-5　木质部与韧皮部之间养分转移示意图

（七）植物体内养分的循环与再利用

在韧皮部中移动性较强的矿质养分，从根的木质部中运输到地上部后，又有部分通过韧皮部再运回到根中，然后再转入木质部继续向上运输，从而形成养分自根至地上部之间的循环流动。植物体内养分的循环对根吸收养分的速率具有调控作用。

养分进入植物体后就参与植物的生理生化过程，发挥其生理和营养功能。由于植物在不同的生育时期对养分的数量和比例要求不同，环境中养分供应水平与程度也不一样，因而，植物体内的养分就会随生长中心的转移而使养分再分配与再利用。植物某一器官或部位中的矿质养分可通过韧皮部运往其他器官或部位而被再度利用，这种现象叫作矿质养分的再利用。植物体内不同养分的再利用程度不相同，再利用程度大的元素，缺素症状首先出现在老的部位，不能再利用的养分，缺素症状首先表现在幼嫩器官。不同营养元素缺素症状部位与再利用程度的关系见表5-5。

表5-5 缺素症状表现部位与养分再利用程度之间的特征性差异

矿质养分种类	缺素症出现的主要部位	再利用程度
氮、磷、钾、镁	老叶	高
硫	新叶	较低
铁、锰、锌、铜	新叶	低
硼、钙	新叶顶端分生组织	很低

二、叶部对养分的吸收

植物除了通过根系吸收养分之外，还能利用叶片等地上部分吸收养分，这种营养方式称为根外营养或叶部营养。生产上把肥料配成一定浓度的溶液，喷洒在植物叶、茎等地上器官上，称为根外追肥。

（一）叶片对矿质养分的吸收机制

水生植物与陆生植物叶片对矿质元素的吸收能力大不相同。水生植物的叶片是吸收矿质养分的重要部位，而陆生植物的叶表皮细胞的外壁上覆盖有蜡质层和角质层，角质层上有微细孔道，它是叶片吸收养分的通道。当溶液经过角质层孔道到达表皮细胞的细胞壁后，还要进一步经过细胞壁中的外质连丝到达表皮细胞的质膜，最后通过质膜而进入细胞内。叶片养分跨膜过程与根系类似。

（二）叶部营养特点及应用

与根系营养比较，叶部营养具有以下特点。

1. 直接供给植物养分，防止养分在土壤中转化和固定　与根供应养分相比，通过叶片直接提供营养物质可防止养分在土壤中被固定，特别是锌、铜、铁、锰等微量元素。此外，还有一些生物活性物质，如赤霉素等植物激素，施入土壤容易发生分解而影响效果，进行叶面喷施可以克服这种现象。在干旱与半干旱地区，土壤有效水缺乏，使土壤养分有效性降低，施入土壤的肥料养分难以发挥作用，因此，常因营养缺乏使作物生长发育受到影响。在这种情况下，叶面施肥能满足植物对营养的需求。

2．吸收转化快，能及时满足植物的营养需要　研究表明，将放射性 ^{32}P 标记过的肥料涂于叶片，5 分钟后测定植物各器官中的 P，均发现含有放射性磷。如果通过土壤施用，15 天后植物吸收 ^{32}P 才相当于叶面施肥 5 分钟时的吸收量。尿素施入土壤，4～5 天后能见效；但叶面喷施 2 天后就能观察到明显效果。因此，叶面施肥在生产实践中，常用于营养诊断、微量元素施用、作物生育后期施肥，以及遭受自然灾害的补救措施。

3．影响代谢活动，促进根部营养　研究表明，根外追肥可提高光合作用和呼吸作用强度，显著促进酶的活性，从而影响植物体内的新陈代谢活动。但过多的叶部营养将降低新陈代谢，抑制根部营养，影响产量，降低品质。所以，在生产实践中，叶面施肥必须适量。

植物的叶面营养虽然有上述优点，但也有其局限性。如叶面施肥的效果短暂，施肥量有限，需多次喷施。此外，有些养分元素（如钙）从叶片的吸收部位向植物的其他部位转移相当困难，喷施的效果不一定很好。因此，根外营养不能完全替代根部营养，仅仅是一种辅助的施肥方式，只能用于解决一些特殊的植物营养问题。

（三）影响根外营养的因素

植物叶片吸收养分效果，不仅取决于植物本身的代谢活动、叶片类型等内在的因素，而且还受环境因素的影响，如温度、矿质养分浓度、溶液组成及 pH 等。

1．植物叶片类型　从叶片结构上看，叶子上表皮组织下是栅状组织，比较致密；叶下表皮内侧是海绵组织，比较疏松，细胞间隙较大，孔道细胞也多，故喷施叶背面养分吸收快些。双子叶植物叶面积大，叶片角质层较薄，溶液中的养分易被吸收。单子叶植物叶面积小，角质层较厚，溶液中养分不易被吸收。因此，双子叶植物叶面施肥效果好，浓度宜低；单子叶植物效果差，可适当加大溶液的浓度或增加喷施次数，以提高叶片对养分的吸收效率。

2．溶液组成与 pH　植物叶片对不同矿质养分的吸收速率是不同的，因此，溶液组成取决于叶面施肥的目的，同时也要考虑各种成分的特点。例如，叶片对钾的吸收速率为氯化钾 > 硝酸钾 > 磷酸二氢钾；吸收氮的速率为尿素 > 硝酸盐 > 铵盐。此外，在喷施微量元素养分时，适当地加入少量尿素可促进吸收，而且有防止叶片黄化的作用。

一般而言，酸性溶液有利于阴离子的吸收，碱性溶液有利于阳离子的吸收。因此，溶液的 pH 随供给养分离子形态的不同可有所不同。

3．矿质养分的浓度　和根系一样，在一定的浓度范围内，叶片吸收的矿质养分进入叶片的速率和数量随浓度的提高而增加。但浓度过高，会使叶片组织中养分平衡失调，叶片受到损伤，出现灼烧症状。一般在叶片不受肥害的情况下，适当提高浓度，可提高根外营养的效果。

4．溶液湿润叶片的时间　溶液湿润叶片时间的长短与根外追肥效果密切相关。研究表明，保持叶片湿润的时间在 0.5～1 小时内吸收数量大。因此，一般喷施时间最好在傍晚无风的天气下进行，可防止叶面很快变干。此外，也可以加入具有表面活性的湿润剂，如中性皂或洗涤剂，浓度一般用 0.1%～0.2%，以降低溶液的表面张力，增大叶面对养分的吸收，可提高根外追肥的效果。

5．喷施次数及部位　不同养分在叶细胞内的移动是不同的。一般认为，移动性很强的营养元素为氮、钾，其中氮 > 钾；移动性较强的营养元素为磷、氯、硫，其中磷 > 氯 > 硫；部分移动的营养元素为锌、铜、钼、锰、铁等微量元素，其中锌 > 铜 > 锰 > 铁 > 钼；难以移动的营养元素有硼、钙等。在叶面施用不易移动元素时，必须增加喷施次数。此外，还要注意喷施的部位，如铁肥只有喷施在新生叶上效果较好。

三、影响植物吸收养分的环境因素

植物吸收养分因外界环境条件而不同。外界影响条件主要有光照、温度、水分、通气、pH、养分浓度和离子间的相互作用等。

1. 光照　光照对根系吸收矿质养分一般没有直接的影响，但可通过影响植物叶片的光合强度而对某些酶的活性、气孔的开闭和蒸腾强度等产生间接影响，最终影响根系对矿质养分的吸收。植物吸收养分是一个耗能的过程，当光照充足时，光合作用强度大，吸收的能量多，产生的能量也多，养分吸收就多。若光照不足，影响光合作用，植物体内碳水化合物合成减少，必然影响呼吸作用，从而影响养分的主动吸收。光由于影响到蒸腾作用，在光照条件下，植物的蒸腾强度大，养分随蒸腾流的运动速度快，光照促进了水分和养分的吸收。

2. 温度　由于根系对养分的吸收主要依赖于根系呼吸作用所提供的能量状况，而呼吸作用过程中一系列的酶促反应对温度又非常敏感，所以温度对养分的吸收也有很大的影响。一般在 $6 \sim 38℃$ 的范围内，植物对养分的吸收随温度升高而增加。当温度过高（超过 $40℃$），吸收养分急剧减少，因为温度过高，根系迅速老化，体内酶变性，吸收养分趋于停止，严重时细胞死亡。在低温时，植物的呼吸作用减弱，养分吸收数量减少。只有在适当的温度范围内，植物才能较多地吸收养分。此外，土壤温度还影响土壤养分的有效性。注意不同植物适应生长的温度范围不同。

3. 水分　水分状况对植物的影响是多方面的。水分状况是影响土壤中离子扩散和质流迁移的重要因素，也是化肥溶解和有机肥料矿化的决定条件。水分也可以稀释土壤中养分的浓度。水分对植物生长，特别是根系的生长发育有很大影响，间接影响养分离子的吸收。植物蒸腾作用使根系附近的水分状况变化很大，影响土壤中离子的溶解度、土壤的氧化还原状况、微生物活性、养分形态及有效性，从而间接影响养分离子的吸收。

4. 通气状况　大多数植物吸收养分是一个好氧的过程，良好的土壤通气有利于植物的有氧呼吸，也有利于养分的吸收。土壤的通气状况主要从 3 个方面影响植物对养分的吸收：一是根系的呼吸作用，二是土壤养分存在的形态和有效性，三是有害有毒物质的产生。此外，根系缺氧时，还会影响植物激素的形成，从而影响植物生长发育而影响养分的吸收。

5. 土壤酸碱度　土壤溶液中的酸碱度对植物根系吸收离子的影响很大。pH 改变了 H^+ 和 OH^- 的比例，因而对植物的养分吸收有着显著的影响。在酸性反应中，植物吸收阴离子多于阳离子；在碱性反应中，吸收阳离子多于阴离子。pH 直接影响土壤微生物的活动和土壤中矿物质的溶解或沉淀，因而间接影响了养分存在的形态和有效性，从而影响植物对养分的吸收。酸性土中 Fe、Mn、Zn、Cu 等有效含量多，而在石灰性土壤中有效性则降低。当 pH 超过 6.0 时，土壤中有效钼的含量就可增加。土壤 pH 与土壤养分有效性关系见图 5-6。

6. 养分浓度　植物吸收养分的速率随浓度的改变而变化。在低浓度范围内，离子的吸收速率随介质中养分浓度的提高而增加；在高浓度范围内（如 >1mmol/L），离子吸收的选择性较低，对代谢抑制剂不很敏感，而陪伴离子及蒸腾速率对离子的吸收速率影响较大。各种矿质养分都有其浓度与吸收速率的特定关系。为了保证植物整个生长发育阶段的养分供应，介质中养分浓度必须维持在一个适宜于植物生长的水平。介质中养分浓度过高，土壤水势降低，可能造成植物根系吸收水分困难。

7. 离子间的相互作用　土壤是一个复杂的多相体系，不仅养分浓度影响植物的吸收，而且各种离子之间的相互关系也影响植物的吸收。离子间的相互关系中影响植物吸收养分的主要有离子间的拮抗作用和协同作用。

离子间的拮抗作用是指介质中某一离子存在能抑制另一离子吸收的现象。主要表现在根系对离子的选择性吸收上。培养试验证明，在阳离子中，K^+、Rb^+ 与 Cs^+ 之间，Ca^{2+}、Sr^{2+} 与 Ba^{2+} 之间；在阴离子中，Cl^-、Br^- 与 I^-

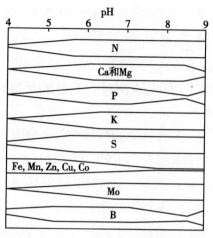

● 图 5-6　土壤 pH 对土壤养分有效性的影响

之间，SO_4^{2-} 与 SeO_4^{2-} 之间，$H_2PO_4^-$ 与 OH^- 之间，$H_2PO_4^-$ 与 Cl^- 之间，NO_3^- 与 Cl^- 之间，都有拮抗作用。上述各组离子具有相同的电荷或者近似的化学性质。一般认为，化学性质近似的离子在质膜上占有同一结合部位（即与载体的结合位点），所以，彼此间互相抑制。如 Rb^+（0.509nm）、Cs^+（0.505nm）、NH_4^+（0.537mm），它们的离子水合半径近似，在载体上占有同一结合位点，被植物吸收时彼此间存在一定的拮抗作用。此外，还有电荷的竞争。任意提高膜外某一阳离子的浓度，必然会影响其他阳离子的吸收，这种情况与竞争结合位点不同。例如，向日葵的培养试验结果表明，向日葵的含镁量随着溶液中 Mg^{2+} 浓度的增加而增加，而 Na^+、Ca^{2+} 的含量减少。但增加 Mg^{2+} 浓度对 K^+ 的吸收基本无影响，阳离子的吸收总量也几乎相等，这一现象称为非竞争性拮抗作用。

在电价数相同的阴离子之间也有拮抗作用。SO_4^{2-} 和 Cl^- 与 Br^- 的拮抗，一般认为是由于它们占有同一个结合位点。NO_3^- 影响 Cl^- 的吸收是由于作物体内一般不累积较多的无机态阴离子，Cl^- 通常以游离态累积，而 NO_3^- 能大量地被用于合成有机化合物，所以作物更易于吸收 NO_3^-。

离子间的协同作用是指介质中某一离子的存在有利于植物对另一种离子的吸收。离子间的协同作用主要表现在阳离子与阴离子之间或阳离子与阳离子之间。阴离子对阳离子的吸收一般都具有协同作用。如 NO_3^-、SO_4^{2-} 和 $H_2PO_4^-$ 在植物体内易通过代谢变为有机物而消失，产生大量的糖醛酸、草酸和不挥发有机酸等有机阴离子来补偿负电荷，这就促进了植物对阳离子的吸收。Ca^{2+} 的存在能促进许多离子的吸收，如 Br^-、K^+ 和 Rb^+ 等的吸收。Ca^{2+} 也能促进阴离子的吸收。Ca^{2+} 的这种作用能提高 K^+/Na^+ 的吸收比值，从而明显改善盐渍土上植物的生长状况。

第三节　植物营养对药用植物产量和品质的影响

一、植物营养对药用植物产量的影响

（一）药用植物产量及其形成

1. 药用植物产量　药用植物栽培的目的是获得质优高产的中药材。栽培药用植物的产量包括生物产量和经济产量。生物产量是指药用植物积累的全部干物质的总量。经济产量是指栽培对象所获得的有经济价值的产品总量。由于可供直接药用或供制药工业提取原料的药用部位不同,药用植物提供产品的器官也不相同。如人参、西洋参、丹参、地黄、牛膝等提供的器官是根;宁夏枸杞、山茱萸、五味子、薏米、罗汉果等收获的是果实和种子;红花、番红花、菊花、忍冬和辛夷等花类药用植物的产品是花、花序或花的一部分;杜仲、肉桂、厚朴、黄皮树、牡丹等收获的是树皮或根皮;细辛、薄荷、荆芥、蕺菜、绞股蓝等提供的是全株。同一药用植物,栽培方式不同,经济产量也不同。如植物忍冬的花蕾作为收获对象时,可得到中药材金银花;若以其藤为收获对象则得到中药材忍冬藤。

生物产量是经济产量的基础,经济产量与生物产量的比例叫作经济系数。一般来说,生物产量高,经济产量也高,即经济产量与生物产量呈正相关关系。因此,要提高药用植物的经济产量只有在提高生物产量的基础上,提高经济系数,才能达到提高经济产量的目的。

2. 药用植物产量的形成　药用植物产量形成过程是整个植物群体在生长发育期间通过光合作用将太阳能转化为化学能,将无机物转化为有机物,最后转化形成有经济价值的药用部位的过程。涉及光合、吸收、储藏三大器官的建成和干物质的积累与分配。

植物产量的形成可通过"源 - 库关系"理论来分析。根据植物同化物输出或输入的特点,将植物的组织和器官分为两类,即"源"与"库"。通常,将植物体内进行光合作用或能合成有机物质,为其他器官提供营养的部位称之为源,如成熟的绿色叶片、吸收水分和养分的根。把消耗或储存部位称为库,如根、茎、种子、果实等。同一株药用植物,源和库是相对的,随着生育进程的推进,源库的地位有时会发生变化,有时也可以互相替代。如每一叶片在其一生中,要经历从源到库的转变过程。正在伸展过程中的幼叶,其光合作用所产生的同化物尚不能满足其生长需求而单纯接收光合产物,因此是代谢的库;当叶片伸展到其最终大小的一半之后,其输入的同化物逐渐减少,直至最后成为完全伸展的成熟叶,其同化产物的输入完全停止,此时便成为同化物的源。

根据"源 - 库关系"理论,"流"是指源 - 库两者之间的有机同化物的运输通道或能力。要获得高的经济产量,必须有较多的光合产物(源)、较强的贮存(库)能力,源库之间有机物的运转(流)要畅通,即扩库、增源、促流是提高药用植物产量的途径。

(二)矿质营养对药用植物产量的影响

药用植物产量的形成取决于药用植物光合作用及其同化物的积累与分配,不仅受遗传基因所限制,也受外界环境条件的影响。下面仅介绍矿质营养对源 - 库及其相互关系的影响。

1. 矿质营养对源的影响　光合产物的形成是通过绿色器官(主要是叶)的光合作用进行的。因此,"源"的大小决定于光合面积的大小、光合作用的能力、光合作用的时间。具体评价指标有叶片数、叶面积大小、叶片功能期长短、光合效率高低等。

植物必需营养元素都有各自的营养功能,对药用植物"源"的影响作用各不相同。矿质营养不仅影响"源"器官的建成,还能以各种方式直接或间接影响光合作用过程、光合效率等。如 N、P、S、Mg 是叶绿体中构成叶绿素、蛋白质、核酸以及片层膜不可缺少的成分;磷酸基团构成 ATP 和 NADPH 以及光合碳还原循环中所有的中间产物,是合成淀粉的前体腺苷二磷酸葡糖(ADPG)以及合成蔗糖的尿苷前体二磷酸葡糖(UDPG)的重要成分;Cu 和 Fe 是电子传递体的重要成分。

K 和 Ca 可以调节气孔开闭和同化物运输；Mn 和 Cl 是光合放氧的必需因子；Mg^{2+} 可以活化核酮糖 -1, 5- 双磷酸羧化酶 / 加氧酶（Rubisco）、果糖 -1, 6- 二磷酸酶（FBPase）等酶；K 和 P 具有促进光合产物的转化与运输作用。因此，缺乏矿质养分会直接影响蛋白质或叶绿素的合成，导致叶绿体的功能减弱，光合效率降低。几乎任何一种矿质养分的缺乏都会导致光合能力下降。但是，营养元素过量也不利于光合作用，有可能使植物产生毒害作用，甚至死亡。

2. 矿质营养对库的影响　植物容器（库）的大小、多少是植物储积能力的基础。药用植物收获对象不同，库不同，其储积能力不同。如以收获种子为对象的库的储积能力取决于单位面积上的穗数、每穗粒数、籽粒大小。生产上必须满足植物各个生育期（分化期、生长期、膨大期、灌浆期）的水分、养分、光照等条件，才能正常生长发育形成理想的库。如矿质养分供应不足或过量对植株开花、受精或块茎（库）的形成会产生较大的影响，会造成库的限制。但是库容的大小必须与源的大小相适应。

（1）花的形成：花器官的形成（又称花芽分化）包括花原基的形成、花芽各部分的分化与形成。营养物质是花芽分化以及花器官的形成与生长的物质基础，花器官形成需要大量的蛋白质，氮素营养不足，花芽分化缓慢而且花少；但是氮素过多，植株体内 C/N 失调，造成植株贪青徒长，花芽分化受阻。含磷的化合物和核酸也参与花芽分化。因此，适宜氮肥条件下，配合施用磷肥、钾肥，保证 Mn、Mo 等微量元素的供应，则有利于花芽分化。研究表明，在相同供氮条件下提高供钾量可促进福田白菊植株分枝和花的形成。

（2）受精：以收获种子或果实为目标的药用植物栽培中，种子或果实是植物在受精后完成生殖生长的产物。受精与否，直接影响其经济产量，而花粉和柱头的生活力强弱是影响受精的直接因素之一。B 是花粉萌发和花粉管伸长所必需的，Mo 影响花粉的形成和活性，缺铜导致花药形成受阻。

（3）果实、种子的发育：从种子成熟和产量来看，矿质元素缺乏会影响药用植物生长发育及体内一系列生理代谢活动，如促进植株衰老，种子和果实过早成熟，籽粒和果实变小，最终导致产量减少。氮素供应不足，收获器官变小；缺磷减小储藏器官。Cu、B、Mo 的供应直接影响种子或果实的数量。

（4）根及根茎的形成及其生长：根及根茎的储藏能力取决于单位面积上的根（茎）数和根（茎）的大小。养分供应状况对药用植物的根及根茎类器官的形成及其膨大都有很大的影响，如西洋参缺氮时，根生长发育较差，根细、增重少。黄连缺钾则根系发育不良，须根长度及稠密情况都较全面供给营养的植株差。人参花蕾期间叶展开至开花前喷施磷肥，可以促进人参主根增大。当营养元素过多时，也会导致根及根茎的异常生长，如磷素供应过多，会引起块根类药材裂口或畸形。

在储藏器官开始生长后的一段时间，营养茎与储藏器官均是同化物的库，两者之间存在着明显的竞争。例如，较多氮素营养能延缓储藏器官形成和膨大，有利于营养茎的生长。根及根茎类药用植物幼苗期需要较多的 N（丹参苗期应少施氮）、适量的 P、少量的 K；到了根茎器官形成期需要较多的 K、适量的 P、少量的 N。这表明营养茎与储藏器官（块茎）之间的竞争可通过供氮来调节。

3. 矿质营养对源 - 库关系的影响　源足库大，还要流畅，否则难以高产。如果流畅通就能保证光合产物运输分配到相应的库。不同植物同化物的运输分配能力不同，如 C_4 植物比 C_3 植物的运输速度高。同化物的分配还取决于各种库的吸引力大小，一般来说，新生的代谢旺盛的幼嫩器官的竞争能力较强，能分配到较多的同化物。植物体中同化物的运输具有就近供应、同侧优先的特点，因此，库与源位置较近就能分配到更多的同化物。此外，植物激素在源 - 库关系中起着重要调控作用,而矿质养分的供给状况可以直接影响着植物激素的合成及其作用,所以通过施肥等措施可以改变植物体内激素的平衡,从而间接调控植物的源库关系。例如,氮素对根中细胞分裂素(CYT)的合成及运输,对茎中的赤霉素(GA)、脱落酸(ABA)影响极大。

二、植物营养对药用植物品质的影响

中药大多数来源于药用植物。药用植物的特定器官经采收和产地加工形成中药材,中药材再经特殊工艺的炮制形成中药饮片,可直接调剂供临床使用;药材或饮片经规范的制药工艺生产出具有质量标准的产品即中成药。因此,药用植物的质量与中药品质息息相关。中药的品质,通俗讲即其质量,常采用理化分析的手段和生物评价方法进行评价。随着中药品质理论的创新和评价方法的深入,中药品质的概念逐渐完善。有学者认为中药品质是一组(如种质、立地条件、栽培、采收、产地加工、储存、炮制、用法等)中药固有特性达成中药临床要求的整体的特征或特性,涉及种质、土壤、栽培、采收、产地加工、储存、炮制、用法等一系列的环节。

目前,《中华人民共和国药典》主要以传统的"辨状论质"结合现代的以含量检测为主的综合评价方法评价中药品质。前者以药材性状(如形状、大小、颜色、断面、质地、气味等)为依据,以药物的真、伪、优、劣判别为目标;后者借助现代分析手段,以物质基础(化学成分)为主。植物类中药的性、效、用的特异性是药用植物在生长、发育、繁殖、衰老、死亡等过程中形成的"形态特质"与"代谢特质",由"代谢产物"决定中药的疗效。中药品质差异的化学实质是药用植物代谢产物的差异,药用植物自身的遗传因素对中药品质起主导作用。

药用植物的光合初生代谢产物,如糖类、氨基酸、脂肪酸等,作为最基本的结构单位,通过体内一系列酶的作用下,完成其新陈代谢活动,从而使光合产物转化形成一系列结构复杂的次生代谢产物。药用植物各器官有效成分种类、含量及其代谢和积累途径,因植物种质、生长环境和栽培条件不同而异。目前已知大约有10 000种次生代谢产物,如黄酮类、酚类、萜类、生物碱、皂苷、香豆素、糖苷、有机酸等。

下面仅介绍矿质元素及相应施肥措施对药用植物生长的影响。

(一)大量元素营养与中药品质

氮素是植物体内许多重要有机化合物的组成,如蛋白质、核酸、叶绿素、维生素、生物碱等,对植物体内糖类、氨基酸、脂类等物质代谢起着基础性的作用,有"生命元素"之称;磷既是植物体内许多重要化合物的组成成分,如磷酯、核酸、核蛋白、植素等,又以多种方式参与植物体内的新陈代谢活动;钾可以活化植物体内一系列酶系统,是细胞中许多生理功能的调节者,被公认为"品质元素",并能提高植物的抗逆能力。因此,氮、磷、钾素作为植物营养的三要素、肥料三要素,对于药用植物生长发育、有效成分形成累积有重要的影响。适宜的氮、磷、钾素供应可以提高中药品质。

适宜的氮素供应有利于促进药用植物体内与品质有关的含氮化合物,如蛋白质、必需氨基酸、酰胺等的合成与转化。增加氮素供应能提高生物碱类药材的成分含量,而缺乏氮素则严重抑制生物碱的合成。研究表明,适当施用氮肥能提高银杏叶中黄酮含量。在一定范围内,提高施氮水平对甘草酸的积累有不同程度的促进作用。不同氮肥水平下枸杞子主要次生代谢产物,如甜菜碱、类胡萝卜素、黄酮的含量存在差异，施氮量在 600～900kg/hm² 时，对枸杞子中类胡萝卜素的形成和积累有利。也有研究表明，氮营养对款冬花总黄酮含量成负效应，随着氮肥施用量增加，款冬花中总黄酮含量显著降低；氮肥施用量与金银花中绿原酸含量呈显著负相关。

此外，氮素形态对药用植物次生代谢产物的合成影响不同。较高硝态氮比例有利于半夏总生物碱的积累，较高铵态氮比例有利于半夏总有机酸的累积。提高铵态氮比例，有利于菘蓝叶片靛玉红和根中多糖的积累，全硝营养（ NH_4^+-N/NO_3^--N 为 0∶100 ）时靛蓝含量最高（ 11.40mg/g ），为最低的 3 倍。黄檗幼苗小檗碱的含量与氮素形态有明显关系，在根和茎中都表现为高比例硝态氮更有利于小壁碱的积累，单纯的硝态氮供给有利于其幼苗根中药根碱的积累。

一般认为，磷营养可促进药用植物中黄酮类成分的合成，施用磷肥能显著提高银杏叶中黄酮的含量。适量施磷可提高款冬花中总黄酮的含量，当用量超过 0.12kg/m² 后，继续施磷会导致款冬花中总黄酮含量大幅降低。磷肥对迷迭香酸的合成有明显促进作用，可以提高忍冬叶和花中绿原酸含量。人参花蕾期间叶展开至开花前喷施磷酸肥，对于提高参根质量均有显著作用。

在一定范围内，随着施钾量提高，菊花中总黄酮、绿原酸和总酚含量与累积量大幅提高，款冬花中总黄酮含量呈显著增加。大量施用氯化钾，菊花中总黄酮、绿原酸和总酚含量与累积量反而下降。

（二）中、微量元素与中药品质

微量元素对中药品质的影响已经被大量的研究所证明，但它与其他环境因子并不是孤立的，而是多种因子的综合生态作用。研究发现，药用植物通过对部分微量元素的富集作用和元素间的协同或拮抗吸收影响中药品质。目前研究较为深入的是土壤无机元素对黄酮类成分合成代谢的调控，研究较多的元素是 Fe、Mn、Zn。研究发现，Fe、Mn、B、Ba、Zn 等对麦冬中多糖、总黄酮、总皂苷等成分影响较大；Zn、B 可显著提高菊花中总黄酮的含量；赤芍中 Cd、Pb、Ni 3 种元素均与芍药苷含量呈显著负相关；化橘红中的黄酮含量与土壤中 Cu、Mn 的含量呈显著正相关。

此外，微量元素对于药用植物的活性成分还具有调控作用。锰肥、铁肥、硼和锌肥施用可以增加丹参素含量；铁、锰、锌和铜等微肥有利于丹参酮ⅡA 的累积。锌、锰混合施用可使阳春砂挥发油含量提高 5.56%。施用钼、锰可以提高当归挥发油、多糖、阿魏酸含量。施用微量元素肥料可提高人参总皂苷、淀粉含量。

值得注意的是微量元素影响植物体内许多重要代谢过程，同时又易于对植物产生毒害，因此，在药用植物栽培中，微量元素的供应必须适度，即依据药用植物营养特性，采用适宜的方式，适量施用微量元素肥料才能达到提高中药材品质的目的。

第四节　植物的营养特性和合理施肥的原理

一、植物营养的共性及个性

所有高等植物生长发育必需的 17 种营养元素，即 C、H、O、N、P、K、Ca、Mg、S、Fe、Mn、Zn、B、Cu、Mo、Cl、Ni。这些营养元素是所有高等植物生活所必需的，即为植物营养的共性。

虽然各种植物都需要以上17种必需营养元素,但不同植物,同种植物在不同的生育期,或者同种植物不同品种,所需要的养分也是有差别的。甚至个别植物还需要特殊的养分,如水稻需要硅,豆科植物固氮时需要微量的钴,这些特性都属于植物营养的个性,即营养的特殊性。

不同植物需要养分的种类、数量及养分比例不同。一般情况下,根及根茎类药用植物需钾多些,果实、种子类药用植物需磷多些,叶或全草类药用植物需氮多些。如薄荷、紫苏、地黄、薏米等喜氮,补骨脂、望江南、荞麦等喜磷,人参、麦冬、山药、芝麻等喜钾。药用植物地黄、薏米、大黄、玄参和枸杞等吸肥量大,当归、贝母和补骨脂等吸肥量中等,柴胡、麦蓝菜和茴香等吸肥量小,石斛、夏枯草、马齿苋和高山红景天等吸肥量很小。

从各元素之间的相互配比来看,人参所需氮、磷、钾的最适比例为2:0.5:3;白首乌全生育期内对氮、磷、钾的吸收比例为1:0.8:1.5;单纯施用氮肥会造成丹参素和丹参酮的降低,氮、磷肥合理配合施用,可使丹参高产,同时提高丹参品质,氮磷钾比例为1:2.5:2时,丹参素和总丹参酮的含量分别比对照提高25.9%和18%;柴胡各生育期氮、磷、钾比例差异较大。

植物不同生长发育阶段对养分需求也有差异。一般以花果入药的药用植物,幼苗期需N较多,P、K可少些;进入生殖生长期后,吸收P的量剧增,吸收N的量减少,否则后期供给大量的N,则营养生长期延长,生殖生长期延迟,从而影响开花结果。

不同肥料形态,其肥效因植物种类不同而有差异。提高 NH_4^+-N 的比例,有利于菘蓝叶片靛玉红和根中多糖的积累,全硝营养(NH_4^+-N/NO_3^--N 为 0:100)时靛蓝含量最高。五味子苗木在不同生长时期对不同氮素形态的吸收和利用存在明显差异,在生长前期,五味子主要以吸收和同化 NH_4^+-N 为主,并以铵态氮和硝态氮比例为 75:25 时地上部生物量积累较多;而在生长的中后期,五味子主要以 NO_3^--N 吸收和同化为主,并以铵态氮和硝态氮比例为 25:75 时地上部生物量积累较多。

因此,在中药栽培生产过程中,需要根据不同药用植物的营养特点来补充相应种类与数量的肥料。

二、植物营养的连续性及阶段性

植物从种子萌发再到种子形成的整个生育过程中,要经过许多不同的生育阶段。在整个生育过程中,除了萌发期靠种子营养和生育末期根部停止吸收养分外,其他时期植物都要通过根系从介质中吸收养分。植物根系从介质中吸收养分的整个时期,就叫植物营养期。

在植物营养期内,植物要连续不断地从外界吸收养分,以满足生命活动的需要,这是植物营养的连续性。植物在不同生育阶段中对营养元素的种类、数量和比例等都有不同要求,这种特性就叫植物营养的阶段性。在植物营养期中,有两个时期通常是营养的关键期,即植物营养临界期和最大效率期。

(一)植物营养临界期

植物营养临界期是指营养元素过少或过多或营养元素间不平衡,对植物生长发育起着明显不良影响的那段时间。一般来说,各种植物生长初期对外界环境条件比较敏感,这段时期若因某种养分缺乏、过多或比例不当会严重影响植物的生长发育,即使在以后该养分供应正常也很难弥补由此造成的损失。这个时期是施肥的关键时期之一。不同植物的营养临界期不完全相同,但多出现在生育前期,或者营养生长转入生殖生长的过渡期等。如薏米磷素的营养临界期在三叶期,而氮的临界期往往在由营养生长转向生殖生长的时期。

（二）植物营养最大效率期

植物营养最大效率期是指营养物质能产生最大效率的那段时间。这一时期，植物生长迅速，吸收养分能力特别强，如能及时满足作物对养分的需要，增产效果将非常显著。一般而言，植物营养最大效率期在植物生长最旺盛和产量形成的时期。不同营养元素的最大效率期不同。如在地黄的生长中期施用氮肥效果较好，而在块根膨大时施用磷肥和钾肥的效果较好，尤其是钾肥。一年生防风在出苗后100～145天其根系对氮、磷、钾的需求高，总体上防风对氮需求最高，钾次之，磷最低。菊花在花芽分化期是植株干物质积累量最大的时期，也是氮、磷、钾营养的最大效率期。

在养分科学管理中，植物营养的临界期和最大效率期是整个营养期中的两个关键施肥时期。但是，在生产实践中也不可忽视植物吸收养分的连续性。因此，重视不同植物施肥的各个环节，才能为植物生长创造良好的营养条件。

三、合理施肥的原理

土壤是药用植物养分的基本来源，肥料是提高药用植物产量、改善药用植物品质的物质基础。随着植物营养和施肥科学的发展，科学家们先后提出了养分归还学说、最小养分律、报酬递减律、因子综合作用律等学说。这些学说是指导合理施肥实践的重要原理。

（一）养分归还学说

养分归还学说是德国化学家李比希（J.V. Liebig）于19世纪提出的。其观点为：植物从土壤中摄取其生活所必需的矿物质养分，随着植物的收获必然要从土壤中带走某些养分，使得土壤中这些养分的含量越来越少，如果不把植物带走的这些养分归还给土壤，那么土壤最后变得十分瘠薄。要想完全避免土壤养分损耗是不可能的，但是通过施用矿质肥料可以恢复土壤中损耗的物质，使土壤的损耗与营养物质的归还之间保持着一定的平衡。

施肥的目的就是要归还作物收获从土壤中带走的养分。这一学说对恢复和维持土壤肥力具有积极意义。但是，养分归还学说也有不足之处，只强调了归还矿质养分而忽略了有机肥料的重要作用。由于有机肥料所含养分全面兼有培肥改土的独特功效，有机肥料与化肥相互配合才是农业可持续发展的正确之路。因此，养分归还应该有两种方式：一种是通过有机肥料归还养分；另一种是通过化学肥料归还养分。

（二）最小养分律

最小养分律是李比希于1843年提出的。其观点为：植物生长发育需要吸收各种养分，但是决定植物产量的却是土壤中相对含量最小的那种养分，产量在一定范围内随着这种养分的增减而相应地变化。无视这种最小养分，继续增加其他任何养分也难以提高产量。简言之就是，植物产量受土壤中最小养分制约。

在应用最小养分律时应注意以下几方面。

1. 最小养分是指土壤中有效性养分含量相对最少的养分　最小养分是相对植物需要来说土壤供应能力最差的某种养分,而不是绝对含量最低的养分。例如,氮是植物必需的大量元素之一,因此,土壤中氮被植物消耗最多,成了最缺的元素,氮就成为最小养分,施用氮肥增产效应非常显著(图5-7)。

2. 最小养分是可变的　土壤养分受施肥影响而处于动态变化之中,最小养分同样会因此而发生改变(图5-8)。当土壤中原有的最小养分因施肥而得到补充,它就不再是最小养分,而其他养分,因作物需求的增加,而变成了最小养分。如植物对 N、P、K 有一定的需求比例,随着氮肥用量的增加和栽培技术的提高,植物产量增加,因此土壤中的磷、钾消耗也在增加,那么磷或钾就会成为限制植物产量提高的新的最小养分。

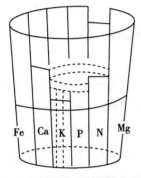

● 图5-7　最小养分律木桶图解

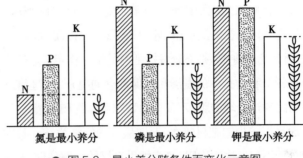

氮是最小养分　　磷是最小养分　　钾是最小养分

● 图5-8　最小养分随条件而变化示意图

3. 只有补充最小养分,才能提高产量　最小养分是限制植物产量提高的关键因素,要想提高产量,必须补充最小养分。如果忽视最小养分而盲目增加其他养分,不但不能增加产量,反而造成肥料利用率下降,降低施肥的经济效益,甚至会造成减产和导致环境污染。

(三)报酬递减律

18 世纪末,法国古典经济学家杜尔哥(A. R. J. Turgot)深入研究了投入与产出的关系,提出了报酬递减律。其观点为:从一定土地上所获得的报酬随着向该土地投入的劳动和资本数量的增加而有所增加,但达到一个"拐点"时,随着投入的单位劳动和资本量的增加,报酬的增加量却逐渐递减。

报酬递减律是一个经济法则,被广泛应用于农业、工业等各个领域。1909 年德国化学家米采利希(E. A. Mitscherlich)把这一定律应用到农业上来描述作物产量与施肥量的关系(表5-6)。

表5-6　燕麦磷肥试验(砂培)

施磷量(P₂O₅)/g	干物质 /g		每0.05g P₂O₅增产量 /g
	实测值	计算值	
0	9.8±0.50	9.80	—
0.05	19.3±0.52	18.91	9.11
0.10	27.2±2.00	26.64	7.73
0.20	41.0±0.85	38.63	5.99
0.30	43.9±1.12	47.12	4.25
0.50	54.9±3.66	57.39	2.57
2.00	61.0±2.24	67.64	0.34

资料来源:谭金芳,《作物施肥原理与技术》(第2版),2016。

米采利希通过燕麦施用磷肥的试验发现：在其他技术相对稳定的前提下，随着施磷量的逐渐增加，燕麦的干物质量也随之增加，但干物质的增产量却随施磷量的增加而呈递减趋势，这与报酬递减律相一致。

关于报酬递减律和米采利希学说都是有前提的，它们只反映在其他技术条件相对稳定情况下，某一限制因子（或最小养分）投入（施肥）和产出（产量）的关系。在一定条件下，任何单一因素都有一最高产量。当条件改变时，该因素可能达到的最高产量也随之改变。

（四）因子综合作用律

因子综合作用律的基本内容是：作物高产是影响作物生长发育的各种因子，如温度、光照、水分、养分、作物种类等综合作用的结果。因此，在生产实践中，要依据作物种类、土壤肥力、气候条件，配合栽培措施制订施肥方案。要合理运用施肥这一手段，协调植物 - 土壤 - 气候之间的关系，只有各因子在最适状态，才能获得高产、优质、高效。

所谓合理施肥，指充分发挥肥料的增产作用，又不对环境造成危害的施肥措施。随着科学研究的深入、科学技术的发展和环保观念的提升，合理施肥包含了更深刻的涵义。首先，从经济意义上讲，通过合理施肥，不仅要协调药用作物和土壤对养分的供需矛盾，从而达到高产、优质的目的，而且以较少的肥料成本，获取最大的经济效益。其次，合理施肥要坚持用地与养地相结合的原则，即不仅为作物优质、高产提供良好的土壤条件，还要达到培肥改土的效果，实现农业可持续发展。此外，合理施肥还应保持生态平衡，保护大气、土壤、水源和生物免受污染，达到环境友好的目的。

四、施肥技术

合理的施肥技术包括施用肥料的种类、施肥量、施肥时期、施肥方式和肥料养分配比等内容。

（一）施肥量的估算

作物施肥量受植物产量水平、土壤供肥量、肥料利用率、当地气候、土壤条件及栽培技术等综合因素的影响。目前，确定施肥量的方法有养分平衡法、定性丰缺指标法、肥料效应函数法等。在实际应用中，主要考虑作物的产量、土壤供肥量和肥料利用率。具体内容详细见第十章。

（二）施肥时期

施肥时期应以提高肥料增产效益、提升作物品质为原则，依据作物不同生长发育时期对养分的需求、土壤供肥特性以及肥料的性质而定。对于大多数一年生或多年生植物来说，施肥包括基肥、种肥、追肥 3 个时期。

1. 基肥　是在播种（或移栽）前结合土壤耕作施入的肥料。其作用一方面是满足植物整个生长发育时期所需的养分，另一方面是培肥和改良土壤。所以，通常施用有机肥料较多。

2. 种肥　是播种（或定植）时施在种子附近或与种子混播的肥料。其作用是给种子萌发和幼苗生长创造良好的营养条件和环境条件。用作种肥的肥料应以腐熟的有机肥料或速效化肥为宜，酸碱度要适宜,应对种子发芽无毒害作用。

3. 追肥 是在植物生长发育期间施用的肥料。其作用是及时补充植物在生长发育过程所需的养分,以提高产量和改善品质。一般使用速效性化学肥料,也可以用腐熟的有机肥料。追肥的施用原则是肥效要迅速,水肥要结合,根部施肥与叶面施肥相结合,在需肥的关键时期施用。如浙贝母的追肥有苗肥和花肥等。

(三)施肥方式

施肥方式就是将肥料施于土壤和植株的途径与方法。前者称为土壤施肥,后者称为植株施肥。

1. 土壤施肥

(1)撒施:将肥料均匀撒于地表,然后再翻入土中。是施用基肥和追肥的一种普遍方法。作为基肥撒施施用时,注意耕翻要有一定深度,否则肥料不能充分接触根系,不利于肥效的发挥。作为追肥施用时常采用随撒施随灌水的方法,这样肥料可以溶解渗入土层中,但应注意灌溉水量不宜过多,防止养分渗漏损失。

(2)穴施:在播种前把肥料施在播种穴中,或在植物生长期内按株或在两株间开穴(打孔)施肥的方式。穴施可以作为基肥施用,施肥后要覆土;也可以作为种肥,将肥料和种子一起施入播种穴,还可以作为追肥,在生育期打孔施肥。其特点是施肥集中,用量少。适宜于木本植物或稀有植物施肥。

(3)条施:是开沟将肥料成条施入土壤后覆土的方式。是基肥和追肥常用的一种方式,也可以作为种肥的施用方式。条施肥料比较集中,因此,一般在肥料用量少的情况下施用。

(4)随水浇施:在灌溉时,将肥料溶于灌溉水而施入土壤的方式。多在追肥时采用。

(5)环状和放射状施肥:在树冠外围垂直的地面上挖一环状沟,深、宽各30~60cm,施肥后覆土踏实。来年再施肥时可在第一年施肥沟的外侧再挖沟施肥,以逐年扩大施肥范围。放射状施肥是在距树木一定距离处,以树干为中心,向树冠外围挖4~8条放射状直沟,沟深、宽各50cm,沟长与树冠相齐,肥料施在沟内,来年再交错位置挖沟施肥。一般用于多年生木本植物。

2. 植株施肥 植株施肥包括叶面施肥、注射施肥、打洞填埋、涂抹施肥、种子施肥等方式。

(1)叶面施肥:又称为根外追肥,是把肥料配成一定浓度的溶液喷洒在植物叶面,以供植物吸收。这种方式节省肥料、见效快,是一种辅助性追肥措施。

(2)种子施肥:是肥料与种子混合的一种施肥方式,包括拌种、浸种、盖种法。①拌种法,将肥料与种子均匀拌和或把肥料配成一定浓度溶液喷洒在种子上,然后一起播入土壤。微生物肥料、根瘤菌剂、微量元素肥料常采用这种方式,但应注意适宜的浓度。②浸种法,用一定浓度的肥料溶液浸泡种子,待一定时间后,取出稍晾干后播种。但要注意浸种时间和浓度。③盖种肥,开沟播种后,用充分腐熟的有机肥料或草木灰盖在种子上面,称盖种肥,有供给幼苗养分、保墒和保温作用。

(3)注射施肥:是在树体、根、茎部打孔,在一定的压力下,把营养液通过木质部导管,输送到植株的各个部位,使树体在短时间内积聚和储藏足量的养分,从而改善提高植株的营养结构水平和生理调节功能,同时也会使根系活性增强,扩大吸收面,有利土壤中矿质营养的吸收利用。

常用的注射施肥是滴注法，即将装有营养液的滴注袋垂直悬挂于距地 1.5m 左右高的枝丫上，排出管道中气体，将滴注针头插入预先打好的钻孔中（钻孔深度一般为主干直径的 2/3），利用虹吸原理将溶液注入树体中。

（4）打洞填埋：是在树主干上打洞，将固体肥料填埋于洞中，然后封口。适合于木本植物施用微量元素肥料。

（四）药用植物合理施肥原则

与传统农作物不同，药用植物的栽培首先注重品质与安全性，其次才是产量。因此，施肥要综合考虑药用植物的特性、生长发育阶段、气候条件、土壤条件，以及肥料特点等，把握规律施肥才能使药用植物的栽培达到优质高产的目的。施肥原则有以下几方面。

1. 根据药用植物特点施肥　药用植物因物种不同或同一植物生长发育的阶段不同，所需养分的数量也不同。因此，施肥应考虑药用植物的营养特性。对于多年生药用植物，特别是根及根茎类药用植物，应施用肥效长、有利于地下器官生长的肥料，宜施用大量有机肥料为主，配施少量化肥，达到满足药用植物整个生育周期对养分的需求的目标。对于生育期较短的一、二年生药用植物，或以地上器官及花、果实、种子入药的药用植物，则应少施有机肥料，多施含磷、钾多的化肥。以全草或叶类药用植物，要在营养生长期多施用氮肥，使叶片肥大。

2. 根据土壤特性施肥　不同药用植物对土壤质地的适应性不同，例如，珊瑚菜、甘草、麻黄等适于沙土种植，泽泻等少数药用植物适宜在黏土种植，大多数药用植物适宜在壤土种植。不同土壤质地保水保肥能力不同，对于保肥力强、供肥性迟的土壤，应该多施用有机肥料，且注意种施或追施速效性肥料。对于保水保肥力差的土壤，应多施有机肥料，追施化肥时，要少量多次。

不同药用植物对土壤酸碱度都有一定的要求。土壤 pH 影响养分存在状态从而影响植物对养分的吸收。如肉桂、黄连、白木香等药用植物比较耐酸，枸杞、土荆芥、甘草等比较耐盐碱，多数药用植物适于在微酸性或中性土壤中生长。因此，结合药用植物特性，酸性土壤最好施用碱性肥料，如草木灰、钙镁磷肥等。在碱性土壤中，要施用硫酸铵等生理酸性肥料，以中和土壤的碱性。

土壤中的养分是不断变化的，制订施肥方案时要了解土壤质地、理化性质及供肥特性，才能根据土壤条件确定肥料类型、施肥量、施肥方法等，达到合理施肥的目的。

3. 根据肥料性质施肥　肥料包含有机肥料、化肥、生物肥料。不同肥料养分含量、形态、性质不同，因此，对不同药用植物效果不同，具体施肥方式也有差异。有机肥料肥效迟缓，一般作基肥施用，速效性化肥可以做种肥、追肥施用。微生物肥料可以做基肥、种肥、追肥施用，但是最后一次追肥必须在收获前 3 天进行。铵态氮、硝态氮配合施用有利于半夏的生长，较高硝态氮比例有利于总生物碱的积累，较高铵态氮比例有利于总有机酸的累积。所以，施肥时，应依据药用植物营养特性选择肥料，结合肥料性质采用适宜的施肥方法。

4. 根据气候特点施肥　在低温、干燥的地区和季节，早施、深施腐熟的农家肥，有利于提高土壤温度和保墒能力，充分发挥肥效。在高温、多雨的地区和季节，肥料分解快，要多施迟效性肥料，追肥要量少勤施，减少养分流失。

5. 重视有机肥料，配施化肥　有机肥料含有多种养分，且含有有机质，但肥效迟缓，具有培肥改土作用。药用植物多为多年生草本或木本药用植物，生长时间长，因此，需要肥效持久、营养全面、对土壤有较好改良作用的肥料,而有机肥料恰恰具备这些长处。此外,不同药用植物、不同生长发育阶段对某种营养元素的吸收量也有较大差异。所以,就需以肥效快、有效养分含量高的化学肥料来补充有机肥料的不足。

6. 以提高药材质量为关键　对于中药材而言,施肥措施应以能大幅度提高药材质量为主要目标,其次才考虑产量。

7. 氮、磷、钾肥配合施用　药用植物在生育期间对各种营养元素的吸收,是有规律、按比例进行的。N、P、K 是植物营养三要素,需求量大,但是三要素经常处于缺乏状态,因此,在对药用植物施肥时需要氮、磷、钾肥配合施用,效果优于单一肥料。此外,还要兼顾微量元素肥料,只有及时满足药用植物对各种营养元素的需求,才能达到优质、高产的目的。

本章小结

本章主要讲述植物必需营养元素的概念、确定标准、种类、功能及其分类、有益元素与有害元素;植物根系和叶片吸收养分的过程及其影响因素;植物营养特性;植物营养对药用植物产量和品质的影响;合理施肥应遵循的基本原理、原则以及具体施肥技术。

思考题

1. 植物必需营养元素的种类及其判定标准有哪些?

2. 什么是植物营养三要素和有益元素?

3. 什么是营养元素的同等重要律和不可代替律? 它们在合理施肥中有何指导意义?

4. 影响根系和叶片吸收养分的因素有哪些?

5. 什么是植物营养期、养分临界期和最大效率期? 它们在施肥中有何指导意义?

6. 叶面营养有何特点? 生产上如何应用?

7. 合理施肥的原理有哪些?

8. 施肥时期、施肥方法有哪些?

9. 简述合理施肥的内涵及合理施肥应该从哪些方面考虑?

10. 试述矿质营养与产量和品质的关系。

第五章同步练习

第六章　大量元素肥料

掌握：氮、磷、钾元素在土壤中的存在形态和转化方式；常见氮、磷、钾肥的性质及施用方法。

熟悉：氮、磷、钾元素的营养功能。

了解：药用植物生长发育、产量、品质与土壤养分的关系。

第一节　氮肥

氮肥是指含有作物所需营养元素氮的化肥。氮是植物生活中具有重要意义的一种营养元素。氮在植物体内的平均含量约占干重的1.5%，含量范围为0.3%～5.0%。氮对作物生长起着非常重要的作用，它是植物体内氨基酸的组成成分，是构成蛋白质的要件，也是植物光合作用过程中起决定作用的叶绿素的组成部分。施用氮肥不仅能提高农产品的产量，还能提高其质量。

一、植物的氮素营养

1. 植物体内氮素的来源与含量　自然界植物种类繁多，植物吸收的氮素营养主要来源于土壤，靠根系吸收。土壤中的氮素主要来源于施入土壤的有机肥料和化学氮肥、动植物残体的归还、生物固氮以及雷电降雨带来的氮等。

植物体内含氮量为干物质重的0.3%～5%，含量高低因植物种类、器官类型、生育时期不同而异。豆科作物含氮量往往远高于禾本科作物，作物幼嫩器官和种子中含氮量较高，茎秆尤其是衰老的茎秆含氮量较低。在一定的施氮水平下，稻谷中的全氮含量、可溶性氮的含量，均随氮肥用量的增加而提高。在作物生育期中，约有70%的氮素可以从老的叶片转移到正在生长的幼嫩器官中被利用；到成熟期，叶片和其他营养器官中的蛋白质等含氮有机物可水解为氨基酸并转移到贮藏器官中，如种子、果实、块根、块茎等，重新形成蛋白质。

2. 植物对氮素的吸收　植物吸收土壤中的氮素多以离子的形式，硝态氮、铵态氮都可以吸收。作物种类不同，吸收铵态氮和硝态氮的比例不同。水稻以吸收铵态氮为主，在温暖、湿润、通气良好的土壤上也以该形式的氮素为主。旱地作物主要吸收硝态氮，旱地作物幼苗期大多吸收铵态氮,而主要生育期以吸收硝态氮为主。但在温度过高过低、土壤湿度过大过小、通气不良、使用硝化抑制剂阻断铵态氮转化为硝态氮的情况下,旱地作物被迫吸收利用铵态氮。

3. 氮素的主要功能　氮素是植物蛋白质、遗传物质以及叶绿素和其他关键有机分子的基本组成元素,所有生物体都需要氮来维持生命活动。作为构成活体生物组织最基本的化学元素,氮在氧、碳、氢之后位列第四。蛋白质中有 16%～18% 的氮。蛋白质是构成细胞原生质的基本物质,而原生质是植物体内新陈代谢的中心。

氮是核酸和蛋白质的成分。核酸存在于植物体内的活细胞中。核酸与蛋白质结合而成核蛋白,核酸与蛋白质的合成以及植物的生长发育和遗传变异有着密切的关系。

氮是叶绿素的组成成分。高等植物叶片中含有 20%～30% 的叶绿体,叶绿体是植物进行光合作用的场所,而叶绿体中含有 40%～60% 的蛋白质。环境中氮素供应水平的高低与叶片中叶绿素的含量呈正相关,叶绿素含量的多少直接影响光合作用产物的形成。

氮是植物体内许多酶的成分。在细胞的可溶性蛋白质中,酶蛋白占相当大的比例,氮与酶蛋白的形成与其酶促反应紧密联系在一起,从而深刻影响着植物体内的多种新陈代谢过程,影响着植物体内一系列生物化学反应的进行,从而控制植物体内许多重要物质的转化过程。

氮是一些植物激素的成分。植物生长素和细胞分裂素都含有氮。激素对植物生长发育和体内多种新陈代谢过程起着调节作用,在相当大的程度上控制着种子的萌动和休眠、植物的营养生长和生殖生长、物质转移及成熟的生理与生化过程。

氮也是多种维生素、磷脂和各种生物碱等重要化合物的组成成分。总之,氮对植物的生命活动以及产量高低、品质的优劣均有着极为重要的作用。

4. 氮素失调症状　氮在植物生长发育中是一个最活跃的元素,在体内的移动性大且再利用率高,并在体内伴随植物的生长中心的更替而转移。因此,植物对氮素营养的丰缺极为敏感,氮素营养失调对植物的生长发育、产量和品质都有着深刻的影响。主要包括两方面的影响,植物缺氮和氮素供应过多。

(1)植物缺氮:蛋白质、叶绿素的形成受阻,细胞分裂减少。植物在不同的生长发育时期表现出不同的缺氮症状,在营养生长时期,以根、茎、叶生长为中心,在苗期缺氮时,出叶速度慢,叶片小而少,呈浅绿或淡黄色,分枝少,根系少而长。当植物进入生殖生长期,以开花结实为中心(花类药材),此时缺氮,下部老叶提早枯萎脱落,上部叶片生长缓慢,植株矮小,茎秆纤细,维生素增多,组织老化。缺氮易导致结实率(种子药材)籽实少、产量低、品质差。

(2)氮素供应过多:当氮素供应过多时,往往导致植物氮素的奢侈吸收。体内过量的氮素用于叶绿素、氨基酸及蛋白质的形成,过多地消耗体内的光合产物,减少构成细胞壁所需的原料,如纤维素、果胶等物质形成受阻,细胞壁变薄,机械支持力减弱。体内过多的氮素主要以非蛋白质态氮的增加为主,植物组织柔软多汁,使得植物容易发生病虫害;对于花类药材,花期氮营养过剩,植株徒长,营养枝增加,易造成花蕾的脱落。

二、土壤氮素形态及其转化

自然界中的氮素有两种形态:有机氮和无机氮,其含量如下。

$$有机氮(>98\%)\begin{cases}水溶性速效氮,占<全氮的5\% \\ 水解性缓效氮,占50\%\sim70\% \\ 非水解性氮,占30\%\sim50\%\end{cases}$$

$$无机氮(1\%\sim2\%)\begin{cases}离子态,土壤溶液中 \\ 吸附态,土壤胶体吸附(负电荷吸附) \\ 固定态\end{cases}$$

有机氮通过矿化作用转化成无机氮,而无机氮通过固定作用转化为有机氮。在有氧条件下,土壤中的氨或铵盐在硝化细菌的作用下最终氧化成硝酸盐,这一过程叫作硝化作用。氨化作用和硝化作用产生的无机氮,都能被植物吸收利用。在氧气不足的条件下,土壤中的硝酸盐被反硝化细菌等多种微生物还原成亚硝酸盐,并且进一步还原成分子态氮,分子态氮则返回到大气中,这一过程被称作反硝化作用。由此可见,由于微生物的作用,土壤已成为氮循环中最活跃的区域。

1. 土壤对铵的吸附与固定　阳离子吸附交换、黏土矿物固定、有机成分吸附是土壤对铵离子常见的吸附与固定。土壤对铵的吸附固定在一定程度上降低了氮的损失。其中的交换态铵较易释放,可以在作物生长季节中不断提供氮素营养。

2. 铵的硝化作用——铵态氮的氧化作用

$$NH_4^+ + 3/2\,O_2 \xrightarrow{\text{亚硝化细菌}} NO_2^- + H_2O + 2H^+$$

$$NO_2^- + 1/2\,O_2 \xrightarrow{\text{硝化细菌}} NO_3^-$$

影响铵的硝化作用因素:①通气性好;②适宜的水分;③pH 5.6~10.0,8.5左右最佳,在酸性土壤上受到抑制;④温度,30~35℃时硝化作用最快。

3. 有机氮的矿化作用　在微生物作用下,土壤中的含氮有机质分解形成铵态氮的过程为矿化过程。

$$有机氮 \longrightarrow 氨基酸 \longrightarrow NH_4^+\text{-}N + 有机酸$$

4. 反硝化作用——硝态氮的还原作用　在缺氧条件下,经反硝化细菌从 NO_3^- 或 NO_2^- 中取得氧气,并使之还原成气态氮(N_2O 和 N_2)的过程。

$$2NO_3^- \longrightarrow 2NO_2^- \longrightarrow N_2O\uparrow \longrightarrow N_2\uparrow$$
$$\quad\quad O_2 \quad\quad 2H^+ \quad\quad H_2O+O_2 \quad\quad 1/2\,O_2$$

影响反硝化作用的因素:

(1)通气性:当土壤含水量高时,氧气不足,增加反硝化作用。

(2)pH:以7.5~8.2(偏碱性土壤)最快。酸性土壤上受抑制。

(3)温度:在2~60℃范围内,随温度升高,反硝化作用增加。

(4)有机质含量:有机质(碳源)含高,反硝化作用强。

5. 氨的挥发　在中性或碱性条件下,土壤中的 NH_4^+ 转化为 NH_3 而挥发,随着土壤pH、碳酸钙含量、温度、铵态氮肥用量的增加,氨挥发损失增大。植物可以吸收土壤中的氨,但同时,植物体内的氮素也可能通过氨挥发的形式释放到大气,尤其是成熟期和衰老期。

6. 无机氮的生物固定　土壤中的铵态氮和硝态氮被植物体或微生物同化为其躯体的组成成

分而被暂时固定的现象。无机氮通过生物固定,可以减缓氮素供应,减少氮素的损失。

7. 硝酸盐的淋洗损失　NO_3^- 不能直接被土壤胶体吸附,过多的硝态氮容易随降水或灌溉水流失。这样会造成氮素的损失和水体污染。

总之,土壤有效氮增加的途径有:①施肥(有机肥料、化肥);②氨化作用;③硝化作用(喜硝作物);④生物固氮;⑤雷电降雨。

减少的途径有:①植物吸收带走;②氨的挥发损失;③硝化作用(喜铵作物);④反硝化作用;⑤硝酸盐淋失;⑥生物和吸附固定(暂时)。

三、氮肥的种类、性质及施用方法

氮肥的种类很多,根据氮肥中氮素的形态,常用的氮肥按含氮基团分为 3 类,分别为铵(氨)态氮肥、硝态氮肥、酰胺态氮肥。

1. 铵(氨)态氮肥　铵态氮肥包括碳酸氢铵(NH_4HCO_3)、硫酸铵($(NH_4)_2SO_4$)、氯化铵(NH_4Cl)、氨水($NH_3 \cdot H_2O$)、液氨(NH_3)等。

铵态氮肥的共同特性(表 6-1 和表 6-2):

(1)铵态氮肥易被土壤胶体吸附,部分进入黏土矿物晶层。

(2)铵态氮易氧化变成硝酸盐。

(3)在碱性环境中氨易挥发损失。

(4)高浓度铵态氮对作物容易产生毒害。

(5)作物吸收过量铵态氮对钙、镁、钾的吸收有一定的抑制作用。

表 6-1　铵态氮肥的基本性质

品种	分子式	含氮量 /%	稳定性	理化性质
液氨	NH_3	82	差	液体,碱性,易挥发
氨水	$NH_3 \cdot nH_2O$	15~18	差	液体,碱性,易挥发
碳酸氢铵	NH_4HCO_3	16.5~17.5	较差	结晶,碱性,易吸湿和分解
氯化铵	NH_4Cl	24~25	较好	结晶,酸性,有吸湿性
硫酸铵	$(NH_4)_2SO_4$	20~21	好	结晶,酸性,吸湿性弱

表 6-2　铵态氮肥在土壤中的转化和施用

品种	转化及结果	施用
液氨	$NH_3 + H_2O \rightarrow NH_4^+ + OH^-$	基肥,深施
氨水	对土壤和植物影响不大	基肥,追肥,深施
碳酸氢铵	$NH_4^+ + HCO_3^-$ 对土壤没有副作用	基肥,追肥,深施适用于大多数作物
硫酸铵	$NH_4^+ + SO_4^{2-}$ 使土壤酸化、板结	基肥,追肥,种肥适用于多种作物,不宜稻田
氯化铵	$NH_4^+ + Cl^-$ 使土壤酸化、脱钙、板结	基肥,追肥,适用于稻田和一般作物,不宜氯作物

2. 硝态氮肥　硝态氮肥包括硝酸钠($NaNO_3$)、硝酸钙[$Ca(NO_3)_2$]、硝酸铵(NH_4NO_3)等。

硝态氮肥的共同特性(表 6-3 和表 6-4):

(1)易溶于水,在土壤中移动较快。

（2）NO_3^- 吸收为主吸收，作物容易吸收硝酸盐。

（3）硝酸盐肥料对作物吸收钙、镁、钾等养分无抑制作用。

（4）硝酸盐是带负电荷的阴离子，不能被土壤胶体所吸附。

（5）硝酸盐容易通过反硝化作用还原成气体状态（NO、N_2O、N_2），从土壤中逸失。

表6-3　硝态氮肥的基本性质和施用

品种	分子式	含氮量/%	性质	施用
硝酸铵	NH_4NO_3	34～35	生理酸性盐	旱地追肥
硝酸钠	$NaNO_3$	15～16	生理碱性盐	少量多次
硝酸钙	$Ca(NO_3)_2$	12.6～15	吸湿性	水培营养液氮源
钾	KNO_3	14	助燃性	

表6-4　两种形态氮素的性质和某些特征的比较

铵态氮（NH_4^+-N）	硝态氮（NO_3^--N）
带正电荷，是阳离子	带负电荷，是阴离子
能与土壤胶粒上的阳离子进行交换而被吸附	不能进行交换吸收而存在于土壤溶液中
被土壤胶粒吸附后移动性减少，不随水流失	在土壤溶液中随土壤水分运动而移动，流动性大，易流失
进行硝化作用后，转化为硝态氮，但不降低肥效	进行反硝化作用后，形成氮气或一氧化二氮而丧失肥效

3. 酰胺态氮肥　养分标明量为酰胺形态的氮肥称为酰胺态氮肥，如尿素[$CO(NH_2)_2$]，含 N 45%～46%，是固体氮中含氮最高的肥料。普通尿素为白色结晶，吸湿性强，易溶于水，20℃可在 100ml 水中溶解 105g，水溶液呈中性反应。尿素产品有两种。结晶尿素呈白色针状或棱柱状晶形，吸湿性强。粒状尿素为粒径 1～2mm 的半透明颗粒，外观光洁，吸湿性有明显改善。20℃时临界吸湿点为相对湿度 80%，但 30℃时，临界吸湿点降至 72.5%，因此，尿素要避免在盛夏潮湿气候下敞开存放。目前在尿素生产中加入石蜡等疏水物质，其吸湿性大大下降。

尿素是一种高浓度氮肥，属中性速效肥料，也可用于生产多种复合肥料。在土壤中不残留任何有害物质，长期施用无不良影响。在畜牧业可用作反刍动物的饲料。但在造粒中温度过高会产生少量缩二脲，又称双缩脲，对作物有抑制作用。我国规定肥料用尿素缩二脲含量应小于 0.5%。缩二脲含量超过 1% 时，不能作种肥、苗肥和叶面肥，在其他时期尿素的施用也不宜过多或过于集中。

尿素是有机态氮肥，经过土壤中的脲酶作用，水解成碳酸铵或碳酸氢铵后，才能被作物吸收利用。因此，尿素要在作物需肥期前 4～8 天施用。尿素适用于作基肥和追肥。尿素在转化前是分子态的，不能被土壤吸附，应防止随水流失；转化后形成的氨也易挥发，所以尿素也要深施覆土。尿素适用于一切作物和所有土壤，可用作基肥和追肥，旱地、水田均能施用。由于尿素在土壤中转化可积累大量的铵离子，会导致 pH 升高 2～3，再加上尿素本身含有一定数量的缩二脲，其浓度在 500ppm 时，便会对作物幼根和幼芽起抑制作用，因此尿素不宜用作种肥。

四、氮肥的合理施用

在作物生产过程中氮肥施用量最大，使用次数最频繁。氮肥施入土壤的转化比较复杂，涉及化学、生物化学许多过程。不同形态氮素的相互转化造成了氮素在土壤中较易挥发、逸散、流失，不仅会造成经济上的损失，而且还可能污染大气和水体。因此，氮肥的合理施用显得十分重要。

要做到合理施用，必须根据下列因素来考虑氮肥的分配和施用。

1. 土壤条件　一般石灰性土或碱性土，可以施酸性或生理酸性的氮肥，如硫铵、氯化铵，这些肥料除了它们能中和土壤碱性外，在碱性条件下铵态氮比较容易被作物吸收；而在酸性土，可选施碱性或生理碱性氮肥，如硝酸钠、硝酸钙等，它们一方面可降低土壤酸性，另一方面在酸性条件下作物容易吸收硝态氮。在盐碱土中不宜施用含氯的氯化铵，以免增加盐分，影响作物生长。肥沃的土壤，施氮量减少，保肥能力强的土壤施肥次数可少些；相反地，施氮量适当增加，可分次施用。

2. 作物营养特性　各种作物对氮的需求不同，豆科作物有根瘤菌可以固定空气中的氮素，因而对氮肥需要较少，如蒙古黄芪 Astragalus membranaceus (Fisch.) Bge. var. mongholicus (Bge.) Hsiao、甘草 Glycyrrhiza uralensis Fisch.。不同作物对氮肥品种的反应也不同，不同种类药用植物的需肥规律不同。中药材种植过程中的施肥环节应根据植物的需肥时期及需肥量进行，要有效提高药材产量与品质。氮肥有利于生物碱类成分合成和积累，在益母草 Leonurus japonicus Houtt.、半夏 Pinellia ternata (Thunb.) Breit.、川芎 Ligusticum chuanxiong Hort. 等富含生物碱类成分的中药材种植中适当提高氮肥的施用量可保证药材质量。因此，可研究不同种类药用植物的需肥规律，研发相应的中药材专用肥，提高中药材的产量和质量，提高肥料的利用率，减少肥料过度使用造成浪费与环境污染。

3. 氮肥种类和性质　凡是铵态肥特别是碳铵、氨水都要深施盖土，防止挥发，故可作基肥和追肥，适宜水田、旱地施用；硝态氮肥在土中移动性大，肥效快，适宜作旱地追肥，避免在雨季大量使用；硫铵和硝铵肥料可用作种肥，在施用过程中应注意用量，避免肥料与种子直接接触。总之，要根据氮肥的特性来考虑它的施用方法。

4. 氮肥与大量元素、中量元素、微量元素、有机肥料的配合　在缺乏有效磷和有效钾的土壤，单施氮肥效果较差，增施氮肥还有可能导致减产。因为在缺磷、钾的情况下，蛋白质和许多重要含氮化合物很难形成，严重地影响了作物的生长。研究表明在氮和磷配合施用（N 为 $150kg/hm^2$，P_2O_5 为 $75kg/hm^2$）时，宽叶羌活 Notopterygium franchetii H. de Boiss. 的产量、浸出物的含量和挥发油的含量分别增加 43.33%、17.95%、43.48%；不同氮磷钾配施处理能使广藿香 Pogostemon cablin (Blanco) Benth. 的茎粗增加 1 倍，叶面积增加 38.42%。

中量元素之一的硫能促进豆科植物形成根瘤，增强固氮活力，可提高氨基酸、蛋白质含量，并对油料作物产品的油分含量有影响，因此硫与氮肥混合使用，有固氮作用，减少氮的损失，还能促进植物发芽、长根、分枝、结实及成熟。

合理将微量元素与氮肥配合施肥，不仅能更好地满足作物对养分的需要，还能培肥地力，对提高药用植物产量、增强作物抗性、提升中药材品质、降低生产成本具有重要作用。兰州百合为多年生植物，生长 3～4 年时，生理性病害严重，施用微量元素硒、锰、锌肥后，病害显著减轻。

氮肥与有机肥料配合施用，可取长补短，缓急相济，互相促进，同时有机肥料还具有改土培肥的作用，做到用地养地相结合。高量施用氮肥降低黄瓜维生素 C 和还原糖含量，氮肥与有机肥料配合施用后能够降低黄瓜硝态氮含量，促进黄瓜维生素 C 和还原糖的合成。

第二节　磷肥

磷是植物生长发育不可或缺的大量营养元素之一，既是植物体的组成元素，又参与植物的生理代谢过程。磷在地壳中的含量丰富，位列前十，但全世界的耕地中约有43%缺磷，我国有三分之二的土壤缺磷。因此，调节土壤中的磷素状况，合理施用磷肥是提高土壤肥力，达到作物高产优质的重要举措之一。为了合理利用磷肥资源，有必要了解磷素的营养作用、磷素在土壤中的转换及磷肥的合理施用等。

一、植物的磷素营养

1. 磷的含量、分布与形态　磷素不仅是植物细胞中磷脂、核酸和一些酶的重要组成元素，而且还参与植物的各种代谢过程，在人类赖以生存的土壤 - 植物 - 动物生态系统中起着不可替代的作用。

植物体内磷的含量一般为植物干重的 0.1%～0.5%，其中有机态磷约占全磷的85%，无机态磷仅占 15% 左右。有机态磷以核酸、植素和磷脂等形态为主，在植物磷营养中起着重要作用；无机态磷主要以钙、镁、钾的正磷酸盐形态存在，其消长过程与植物生长介质中磷素供应情况密切相关。缺磷时，植物组织中无机态磷含量先明显降低，而作为结构物质组成的磷脂及核酸态磷的相对含量变化不显著。因为植物在缺磷环境胁迫下，首先利用体内贮藏态磷形成结构物质以继续生长发育，直至结构物质无法再形成时生长发育停滞。植物体内磷的含量因其种类、品种、生育阶段及器官等不同有较大差异。

2. 磷的营养功能

（1）参与植物体内重要化合物的合成：磷是植物体内许多重要化合物的结构成分。首先，磷是核酸、核蛋白、磷脂和植素等多种重要化合物的组成成分，与蛋白质的合成，细胞的分裂生长，植物与外界介质进行物质、能量和信息交换密不可分。核酸和核蛋白是保持细胞结构稳定、进行正常分裂、能量代谢和遗传所必需的物质。核酸包括 DNA 和 RNA，是植物生长发育、繁殖和遗传变异中极为重要的物质，同时也是形成核蛋白的主要成分，细胞核、原生质和染色体都是由核蛋白组成。这类化合物集中在植物最富有生命力的幼叶、新芽、根尖等部位，担负着细胞增殖和遗传变异的功能。核蛋白的形成只有在磷素不断进入植物体内的情况下才能完成，特别是在植物生长初期，即便短暂地停止磷的供应也会导致体内核蛋白的合成受阻。例如，人参在开花前喷施磷肥，可以促进参根的形成和长大，抑制人参生殖器官的生长发育和营养物质的损耗，对提高参根品质和产量均有显著作用。

磷也是生物膜——磷脂类化合物合成的必需元素。生物膜是保证和调节细胞与外界进行物质、能量、信息交流的具有高度选择性的通道，几乎所有生命现象都与生物膜密切相关。植物体内磷脂、酶类和植素中均含有磷，磷参与构成生物膜及碳水化合物、含氮物质和脂肪的合成、分解和运转等代谢过程，是植物生长发育必不可少的养分。

磷还是植物体内许多高能化合物的组成成分,如 ATP、GTP、UTP、CTP 等。ATP 是植物代谢过程中能量转移的贮存库和中转站,与植物的生命活动密切相关。

（2）参与植物多重生理代谢过程:磷几乎参与光合作用各个阶段的物质转化、产物运转和能量传递。光合作用受核酮糖 -1, 5- 双磷酸（RuBP）羧化酶再生能力和活力的影响,而 RuBP 的再生受磷酸盐的限制,因此合适的磷酸盐浓度对于光合作用是极其重要的,过多或过少均不利于光合作用的正常进行。缺磷使间质 pH 下降,降低类囊体膜上 ATP 合成酶活性,影响同化力的形成;影响了 TP（磷酸丙糖）含量及由 TP 到 RuBP 过程中 Ru5P（核酮糖 -5- 磷酸）激酶的活性,从而阻碍 RuBP 的再生,使其含量及活力都低于施磷的情况;同时缺磷使同化物的运输能力降低,因此磷胁迫降低叶子的净光合速率。磷从光合作用一开始就参与 CO_2 的固定和光能转变为化学能的作用。叶绿体在光照下把无机磷与 ADP 合成 ATP,即光合磷酸化作用。在光合磷酸化过程中,使光能转化为化学能,合成光合作用的最初产物（糖）。这些糖在体内运输和进一步合成蔗糖、淀粉、纤维素等,这些过程都需要磷的参与。

磷也参与呼吸过程物质的转化和能量的传递,进而影响呼吸作用产生的有机酸和能量,而部分有机酸与能量供应是植物合成氨基酸、蛋白质所必需的。磷对植物氮代谢也有十分重要的作用,这是由于磷是氮素代谢过程中一些酶的组分,如氨基转移酶的辅酶磷酸吡哆醛就含有磷。磷也会影响植物的脂肪代谢过程,因为脂肪是由糖转化而来,而糖的合成并转化为甘油及脂肪酸都需要有磷的参与,所以脂肪的合成也受磷供应水平的影响。

（3）增强植物抗逆性:植物对各种胁迫（或称逆境）因子的抗御能力,称为抗逆性（stress resistance）。为应对干旱胁迫,植物的原生质、渗透调节、形态结构会发生系列变化。在此过程中,磷能提高原生质胶体保持水分的能力,减少细胞水分的损失。磷还能促进根系发育,使根伸入较深土层吸收水分,增强植物抗旱能力。磷能促进体内碳水化合物代谢,使细胞中可溶性糖和磷脂的含量有所增加,因而能在较低的温度下保持原生质处于正常状态,增强其抗寒能力。如越冬时候给药用植物增施磷肥,可减轻冻害,有利于植物安全过冬。施用磷肥后,植物体内无机磷酸盐的含量明显提高,$H_2PO_4^-$ 和 HPO_4^{2-} 可以在 pH 6~8 形成良好的缓冲系统,使细胞内原生质具有一定的缓冲性能,有利于植物在一定程度上免受外界环境 pH 的改变可能导致的伤害。

总之在众多矿质营养元素中,磷以多种形式广泛参与了植物的生物合成、能量代谢、信号转导等生命过程,对促进植物生长发育和新陈代谢起着至关重要的作用。

二、土壤中的磷素及其转化

自然土壤中全磷含量主要取决于成土母质类型、风化程度和土壤中磷的淋出情况;在耕地土壤中,全磷含量还受耕作、施肥等人为因素的影响。土壤全磷含量只反映土壤磷的贮备情况,它和土壤有效磷供应之间并无直接的相关性。土壤溶液中的磷是植物最直接的磷源,其他形态的磷须先经过转化,进入土壤溶液,才能被植物吸收。因此,土壤溶液中磷的浓度常用来表征土壤供磷能力。土壤溶液中的磷主要是以 HPO_4^{2-} 和 $H_2PO_4^-$ 形态存在,其相对数量取决于溶液的 pH。我国南方土壤 pH 多呈酸性,故溶液中多以 $H_2PO_4^-$ 形态存在;而北方土壤多为碱性、石灰性,溶液中磷多以 HPO_4^{2-} 存在。土壤溶液中除了磷酸根离子外,还有或多或少的有机磷化合物,尤其是有机质含量较高的土壤中更是如此。这些可溶性有机磷化合物在一定程度上也可以被植物根系吸收利用。

1. 磷在土壤中的吸附固定　磷肥施入土壤后，其转化过程的总趋势是向固定方向转化。土壤对磷的吸附可分为离子交换吸附和配位吸附两类。离子交换吸附是磷酸根在土壤矿物或黏粒表面通过取代其他吸附态阴离子而被吸附，与配位吸附相比，其吸附性较弱，被吸附的磷酸根较容易被其他阴离子解吸附。配位吸附是指磷酸根与土壤胶体表面的—OH发生交换形成离子键或共价键。在配位吸附初始阶段，磷($H_2PO_4^-$)与土壤胶体表面上的—OH进行配位交换，释放出OH^-，形成单键吸附，随着时间的推移，被吸附的磷酸根会与相邻的—OH发生第二次配位交换，进一步释放OH^-，形成双键吸附。当由单键吸附逐渐过渡到双键吸附生成稳定的环状化合物时，土壤中磷的有效性会大幅降低。土壤中吸附磷的物质主要有铁铝氧化物、黏土矿物、有机质-Al-Fe复合体和碳酸钙等。在酸性土壤中，以铁铝氧化物为主；石灰性土壤中，则以碳酸钙为主。

2. 磷在土壤中的化学反应固定　通过形成沉淀使磷发生固定作用的过程称为化学固定，这是磷肥施入土壤后最常发生的固定作用。磷与土壤中碳酸钙发生的化学反应固定过程为：①磷被碳酸钙吸附；②被吸附的磷与碳酸钙反应生成磷酸氢钙($CaHPO_4 \cdot 2H_2O$)；③磷酸二钙缓慢地向溶解度更小的磷酸八钙[$Ca_8H_2(PO_4)_6 \cdot 5H_2O$]转变，并缓慢转化为稳定的磷酸十钙即羟基磷灰石[$Ca_{10}(PO_4)_6(OH)_2$]。这个转化过程在初期进行得很快，磷酸二钙转变为磷酸八钙的过程较为缓慢，磷酸八钙转变为羟基磷灰石，则需要很长时间。随着这一转化过程的进行，生成物的溶解度变小，在土壤中趋于稳定，磷的有效性降低。

磷也会被土壤中的铁铝矿物化学固定。酸性磷酸根溶解土壤中的铁铝矿物，并与铁离子和铝离子反应生成无定形的磷酸铁($FePO_4 \cdot nH_2O$)和磷酸铝($AlPO_4 \cdot nH_2O$)，后两者进一步水解，生成结晶性好的盐基性磷酸铁[$Fe(OH)_2H_2PO_4$]和磷酸铝[$Al(OH)_2H_2PO_4$]，其中最为稳定的是粉红磷铁矿($FePO_4 \cdot 2H_2O$)和磷铝石($AlPO_4 \cdot 2H_2O$)，其有效性显著降低。与此同时，由于土壤中的磷酸铁盐的水解作用，无定形磷酸铁、磷酸铝表面会形成Fe_2O_3膜包裹，形成闭蓄态磷(O-P)，很难被植物吸收。在中性和石灰性土壤中，由于土壤中含有大量的碳酸钙，所以当磷肥施入土壤后，以碳酸钙对磷的固定为主。在酸性土壤中，磷主要被土壤中所含有的大量无定形氧化铁和氧化铝所固定。

3. 磷在土壤中的生物固定　生物固定指土壤微生物吸收水溶性磷酸盐形成其生物体，使水溶性磷暂时被固定起来的过程。微生物死亡分解后，磷又被重新释放，因而这种固定不仅对磷的有效性无影响，还可以在一定程度上避免磷的化学固定，保持了磷肥在更长时间内的植物有效性。

三、磷肥的种类和性质

我国磷矿资源大部分集中在云南、贵州、四川、湖北和湖南等地，约占我国磷矿总储量的五分之四。我国磷矿资源中80%以上为中低品位磷矿。近20年来，我国磷肥工业取得了巨大的成就和进步，磷肥产量快速增长，产业布局趋于合理，在保证国内供应的前提下，积极参与国际市场的竞争。大型磷复肥技术装备已达到国际先进水平。

1. 常见化学磷肥的种类　按磷酸盐的溶解性质，一般将磷肥分为水溶性、弱酸溶性和难溶性磷肥。

（1）水溶性磷肥：包括普通过磷酸钙、重过磷酸钙、磷酸二氢钾、磷酸铵、硝酸磷肥等。水溶性磷肥能溶于水，易被植物吸收利用，肥效发挥快，但易受各种因素的影响而退化为弱酸溶性或难溶性状态。过磷酸钙、磷酸铵等，无论是在北方石灰性土壤还是在南方酸性土壤，因土壤强烈的固磷作用，当季利用率不足20%，造成资源的巨大浪费。

（2）弱酸溶性磷肥：或称枸溶性磷肥，包括钙镁磷肥、脱氟磷肥、钢渣磷肥、沉淀磷肥等。这类磷肥不溶于水，但能被弱酸溶解。植物根系分泌的多种有机酸能较好地溶解这类磷肥，进而被植物吸收利用。弱酸溶性磷肥的主要化学成分是磷酸氢根，以及钙镁磷肥中所含的 $\alpha\text{-}Ca_3(PO_4)_2$ 中的磷酸根。弱酸溶性磷肥在土壤中移动性很小，不会造成流失。多数弱酸溶性磷肥具有良好的物理性状，不吸湿、不结块。

（3）难溶性磷肥：主要指磷矿粉和骨粉。它们既不溶于水，也不溶于弱酸，对于大多数植物来说并不能被直接利用。这类肥料中的磷酸盐成分复杂，其中只有少数可被磷吸收能力强的植物吸收利用。

2．磷肥的性质

（1）过磷酸钙：简称普钙，是我国使用量最大的一种水溶性磷肥；为深灰色、灰白色粉状物，呈酸性，具有腐蚀性；吸湿易结块。成品中有效磷（P_2O_5）的质量分数为12%～20%，主要成分是水溶性的磷酸一钙和难溶性的硫酸钙，前者可被植物直接吸收利用，但在土壤中移动性很差，且不稳定，容易被土壤中二价阳离子固定，逐渐转化成难溶性的磷酸铁、磷酸铝，当季磷利用率仅在10%～25%。

过磷酸钙适宜各类土壤及作物，可作基肥、种肥和追肥。无论在何种土壤施用，均易发生磷的固定作用。因此合理施用过磷酸钙，尽可能减少其与土壤的接触面积，防止土壤对磷的吸附固定，增加过磷酸钙与作物根系的接触机会，才能提高其利用率。生产中大多采用分层施用、与有机肥料混合施用、根外追肥以及制成粒装磷肥的方式施用。

（2）重过磷酸钙：重过磷酸钙是由硫酸处理磷矿粉制得磷酸，再以磷酸和磷矿粉作用后制成。重过磷酸钙是一种高浓度磷肥，有效磷（P_2O_5）质量分数为40%～50%，因其含磷量高，故又称双料或三料过磷酸钙。主要成分是磷酸一钙（不含硫酸钙）以及部分游离的磷酸，因此具有较强的腐蚀性和吸湿性。由于不含硫酸铁、铝盐，吸湿后不会发生磷酸的退化作用。施用方法和过磷酸钙相似，由于其有效磷质量分数高，肥料用量应酌情减少。

（3）钙镁磷肥：钙镁磷肥是以磷矿和含镁硅矿物如蛇纹石、橄榄石、白云石等在高温（1 400℃左右）熔融，后经水淬冷却而制成的玻璃状碎粒，再磨成细粉状而成。除含磷（P_2O_5）12%～20%外，还含 MgO 8%～15%、CaO 25%～32%、SiO_2 20%～30%、FeO 0.5%～3.5%、MnO 0.1%～0.3%，以及少量的 B、Zn、Mo、Ni 等微量元素，是名副其实的多元素复合肥料。不溶于水，能溶于 2% 柠檬酸溶液。多呈黑色或灰棕色，呈碱性，无腐蚀性，不易吸湿结块，性质稳定，肥效长，具有土壤改良剂的综合性能。

钙镁磷肥是枸溶性磷肥，可作基肥、种肥和追肥，以基肥深施效果最佳。适于酸性土壤，是补充土壤镁养分的重要载体。相对于硫酸镁等镁肥品种，钙镁磷肥在施入土壤后能够中和土壤酸性，改良土壤。与有机肥料配合施用，可减少土壤对磷的固定。

（4）磷矿粉：由天然磷灰石直接磨碎而成，属难溶性磷肥。磷矿粉的肥效决定于磷粉的活性、土壤性质和植物特点,一般只在酸性土壤上施用。磷矿粉中的有效磷量和枸溶率可以衡量磷酸盐的可给性和直接施用的效果,枸溶率达到15%以上的磷矿粉才可以直接作肥料施用。在施用时,须注意其颗粒细度、不同作物的利用能力、根系的酸化环境以及土壤pH等。

四、磷肥的合理施用

肥料的合理施用至少应包括两层含义:一是充分发挥肥料的增产增收作用,二是尽可能不对环境产生污染。在使用中应注意如下事宜。

1. 土壤的磷素状况 大量磷肥实验表明,土壤全磷量(P_2O_5)在0.8~1.0g/kg,施用磷肥增产效果明显;而高于此界限,磷肥的增产效果易受土壤磷的有效性、作物种类、气候条件的影响。与圈磷相比,土壤有效磷的质量分数更能反映土壤的供磷水平。土壤有效磷指短期可被作物利用的磷。有效磷质量分数越高,磷肥的肥效低,反之,肥效则高。在低磷水平的土壤施用磷肥,可能增产;但在高磷水平时,施磷一般不能增产。此外,土壤有效氮与有效磷的比值、土壤的酸碱度、土壤有机质含量均影响磷肥的肥效。

2. 作物需磷特征 不同作物的根际环境不同,对磷的敏感程度及吸收利用能力也有差异。磷肥在施用时要先满足需磷较多的作物,对磷肥反应不敏感的作物,在特定条件下,可以不施或少施。此外,同种作物的不同品种,对磷的利用能力也不同。目前,人们利用作物的这种特性,选育耐低磷的作物新品种。药用植物栽培中磷的相关基础研究较薄弱,今后应当加强这方面的研究。

3. 磷肥的理化特征 一般来说,水溶性磷肥不宜提早施用,以缩短磷肥与土壤的接触时间,减少磷肥被固定的数量,而弱酸溶性和难溶性磷肥应适当提前施用。磷肥以在播种或移栽时一次性基肥施入较好,多数情况下,磷肥不作追肥撒施,因为磷在土壤中移动性很小,不易到达根系密集层。另外,配合有机肥料、氮肥、钾肥施用,能显著地提高磷肥的肥效。

4. 施用方式 磷肥的施用,以全层撒施和集中施用为主要方式,集中施用又可分为条施和穴施等方式。全层撒施即是将肥料均匀撒在土表,然后耕翻入土,会增强磷肥与土壤的接触反应,尤其是酸性土壤上可使水溶性磷肥有效性降低,但这种施用方式有利于提高弱酸溶性和难溶性磷肥的肥效。集中施用是将肥料施入到土壤的特殊层次或部位,以尽可能减少与土壤接触的施肥方式,尤其适合于在固磷能力强的土壤施用水溶性或水溶率高的磷肥。

第三节 钾肥

钾是植物必需的营养元素,也是作物的品质元素之一,对作物产量和品质影响较大。我国大部分土壤含钾量较高,生产水平一般的条件下,钾素矛盾并不突出。随着生产力提高,高产优质品种的出现,氮肥、磷肥用量的增加,复种指数提高等,不少地区的土壤出现了缺钾现象。如何有效使用钾肥在农业生产中越来越重要。

一、植物的钾素营养

1. 钾的含量、分布与形态　钾在植物体内的含量（K_2O）仅次于氮，占植物干重的 2%～10%。钾离子广泛分布于植物各组织器官，是植物体内含量最丰富的一价阳离子。液泡中钾离子的浓度可从 10mmol/L 变化到 500mmol/L，而细胞质中则基本稳定在 100～150mmol/L。钾在植物体内无固定的有机化合物形态，主要以离子态为主。

植物体内钾的含量因植物种类和同一植物不同器官而异。钾和氮、磷一样，在植物体内有较强的移动性。随着植物的生长，它不断地由老组织向新生幼嫩部位转移，再利用程度高。所以，钾比较集中地分布在代谢活跃的器官和组织中，如生长点、芽、幼叶等部位。土壤钾离子主要通过扩散途径迁移到达植物根表，然后通过主动吸收进入根内。植物吸收钾后，能通过木质部向上运输，满足地上部物质代谢的需要。也可由韧皮部运输至根尖，供根尖的细胞活动和物质代谢的需要。钾离子在韧皮部汁液中浓度高，它在长距离运输过程中起重要作用。

2. 钾的营养功能　钾元素参与植物许多重要的生理生化过程，如调节细胞渗透压，改善气孔运动，维持细胞电荷平衡，优化光合性能等，在促进同化产物运输、各种酶的活化、蛋白质合成以及提高植物抗性等方面具有重要意义。植物在生长发育过程中钾营养供给不足时，就会出现明显的缺钾症状，表现为植株瘦小，叶面积下降、下部叶片失绿、叶缘黄化凋萎，茎秆柔弱，易倒伏等。

（1）酶的活化作用：植物体内约有 60 多种酶需要钾离子作活化剂，这些酶包括合成酶、氧化还原酶和转移酶 3 类。它们参与糖代谢、蛋白质代谢与核酸代谢等生物化学过程。与氮和磷相比，钾对酶的活化，在植物生长发育中起着独特作用。

（2）促进光合作用：钾对光合作用的影响主要表现在促进叶绿素的合成，稳定叶绿素的结构，促进叶绿体中 ATP 的形成三方面。钾还能提高光合作用中许多酶的活性，使植物能更有效地进行碳素同化作用。施用钾肥能明显提高作物产量，改善产品品质。

（3）促进糖代谢：钾离子可以活化植物体内淀粉合成酶的活性，促进单糖合成蔗糖和淀粉。钾供应不足时，植株内淀粉水解成单糖，从而影响作物产量。所以在生产实践中，凡收获是以碳水化合物为主的作物，施用钾肥后，不但产量增加，而且品质也明显提高。

（4）促进蛋白质合成：蛋白质的合成包括氨基酸的活化、转移和多肽在核糖体上的合成等步骤。研究证明，活化氨基酸的转移和多肽在核糖体上的合成均需钾离子作活化剂。钾还能提高植物对氮的吸收利用，促进蛋白质的转化。所以，当钾供应充足时，进入植株内的氮比较多，合成的蛋白质也比较多。如果植物缺钾，植株内不仅蛋白质合成受到影响，而且原有的蛋白质水解，使非蛋白质态氮含量相对增多，造成氨的积累，易引起植物氨中毒。

（5）增强植物抗逆性：充足的钾元素供应可使植物应对不同的胁迫环境，增强植物抗寒、抗旱、抗盐碱、抗病害、抗倒伏等能力，提高植物抵御外界恶劣环境的能力，对作物稳产、高产有重要意义。增加细胞中钾离子浓度，可提高细胞渗透压，防止细胞或组织脱水，提高植物的抗旱能力。增施钾肥能提高作物的含糖量，提高细胞渗透压，降低冰点，减少霜冻危害。钾还能提高细胞壁木质化程度，增厚的细胞壁能阻止或减少病原菌的危害；促进低分子化合物向高分子转化，降低可溶性养分含量，从而抑制病菌滋生。此外，钾还能促进植物茎秆维管束的发育，使茎壁增厚,髓部减少,机械组织内部排列整齐,增强植物抗倒伏的能力。

二、土壤中的钾素及其转化

土壤中的钾,主要来自含钾矿物,如钾长石类、云母和次生黏土矿物。施有机肥料和化学钾肥是土壤中钾的补充来源。土壤中的钾主要以 4 种形态存在:水溶性钾、交换性钾、固定态钾和矿物态钾。前两者统称速效钾,是植物可以直接吸收利用的钾素形态,能直接反映土壤供钾能力和钾素水平,通常作为当季土壤供钾能力的重要指标。固定态钾是非交换性钾,即缓效钾,在强酸条件下能分解释放,在一定条件下转化为速效钾,能帮助维持土壤速效钾库。土壤中速效钾含量过低会促进非交换性钾缓慢释放补充速效钾的消耗,而非交换性钾降低到一定程度时,又会引起矿物钾的释放以补充非交换性钾的消耗。矿物态钾是键合于矿物晶体中或深受晶格束缚的钾,只有通过风化作用才能将钾释放,并被植物利用。

三、钾肥的种类、性质及施用

钾肥品种比较简单,常见的有草木灰、硫酸钾、氯化钾、磷酸钾、钾镁肥等,这些肥料大都溶于水,肥效快。

1.氯化钾(KCl) 氯化钾是最常用的钾肥。一般为白色结晶,易溶于水,含 K_2O 50%～60%,属化学中性、生理酸性肥料。

氯化钾施入土壤后,在土壤溶液中,钾呈离子态存在,既能被作物根系吸收,也能被土壤胶体上的阳离子交换。在中性土壤中使用氯化钾,对土壤影响较小,长期使用能使缓冲性能低的土壤酸化,土壤钙减少,易使土壤板结,须配施石灰质肥料,防止土壤酸化。石灰质土壤中施氯化钾,由于碳酸钙的存在不致引起土壤酸化。在酸性土壤中,土壤中的 Al^{3+} 和 H^+ 可与氯化钾中的 K^+ 进行离子交换,土壤中 H^+ 浓度会升高,使土壤 pH 降低,作物可能受到活性铝、铁的毒害。因此,同样须配施石灰质肥料。

氯化钾可作基肥、追肥。因氯离子抑制种子发芽及幼苗生长,不宜作种肥。对忌氯作物如柑橘、烟草、茶树等的产量和品质有不良影响。

2.硫酸钾(K_2SO_4) 硫酸钾为白色或淡黄色结晶,含 K_2O 50%～52%,易溶于水,吸湿性小,贮存时不易结块,属于化学中性、生理酸性肥料。

硫酸钾施入土壤后,转化与氯化钾相似。在中性及石灰性土壤中,生成的硫酸钙溶解度小,易存留在土壤中,如果大量施用硫酸钾,要注意防止土壤板结,应增施有机肥料,改善土壤结构。酸性土壤上施用硫酸钾则需要增施石灰,以中和酸性。

硫酸钾可作基肥、追肥。由于钾在土壤中移动性差,故宜用作基肥,并应注意施肥深度。如用作追肥,则应注意早施及集中条施或穴施到植物根系密集层,既减少钾的固定,也有利于根系吸收。

3.草木灰 植物残体燃烧后,所剩余的灰烬称为草木灰。长期以来,我国广大农村大多数以稻草、麦秸、玉米秆、棉花秆及树枝落叶作为燃料,所以草木灰在农业生产中是一项重要肥源。

草木灰的成分极为复杂,含有植物体内各种灰分元素,如钾、钙、镁、硫、铁、硅以及各种元素,其中以钾、钙的数量最多,其次是磷,所以常被称为农家钾肥。草木灰中的钾主要是碳酸钾,其次是硫酸钾和少量氯化钾。它们都是水溶性钾,有效性很高,但是随水易淋失。高温完全燃烧时(700℃),钾与硅形成溶解度很低的硅酸钾,同时草木灰中含碳量减少,故颜色呈白色,因此,灰白色的草木灰中水溶性钾的含量比灰黑色的草木灰要少,肥效也差些。草木灰中的磷属弱酸性磷,对植物有效。碳酸钾是弱酸强碱盐,溶于水后呈碱性反应,因此草木灰是一种碱性肥料,不能与铵态氮肥混合施用,也不宜与人粪肥、厩肥等有机肥料混合施用,避免氮素挥发损失。

草木灰在各种土壤上对多种植物均有良好作用。草木灰可以同时供给钾、磷、钙等多种营养元素,又能中和土壤酸性,在酸性土壤上增产效果尤其明显。草木灰可作基肥、追肥,特别适宜于盖种肥。

四、钾肥的合理施用

钾肥的施用效果与土壤性质、植物种类、肥料配合、施用技术等密切相关,要充分发挥钾肥的增产效果,必须了解影响钾肥肥效的有关因素。

1. 土壤供钾水平与钾肥肥效 土壤的供钾水平是指土壤中速效钾的含量和缓效钾的贮存量及其释放速度。只有土壤钾的供应水平低于某一界限时,钾肥才能发挥其肥效。土壤速效钾水平是决定钾肥肥效的基础条件。土壤速效钾仅反映当季植物钾素的供应情况,易受施肥、季节等因素影响,难以反映土壤的供钾特点。因此,采用速效钾与缓效钾相结合的办法来确定施肥指标更符合生产实际。

2. 作物种类与钾肥肥效 不同作物的需钾量和吸钾能力不同,对钾肥的反应也各异。油料作物、薯类及糖用作物,以及烟草、茶、桑等叶用作物需钾量多,而禾谷类作物或禾本科牧草一般需钾量较少。同种作物的不同品种,对钾的需求也有所不同,如粳稻比籼稻、杂交稻比常规稻对钾反应敏感。

3. 肥料配合措施与钾肥肥效 氮、磷、钾三要素在植物体内对物质代谢的影响是相互促进、相互制约的,因此植物对氮、磷、钾的需要有一定的比例,即钾肥肥效与氮、磷肥供应水平有关。当土壤中氮、磷含量比较低时,单施钾肥的效果往往不明显,随着氮、磷肥用量的增加,施用钾肥才能获得增产;反之,当单施氮肥或仅施氮、磷肥,不配合施用钾肥时,氮、磷肥的增产效益也不能得到充分发挥,有时甚至会由于偏施氮肥而导致减产。因此,必须注意氮、磷、钾的合理施用。

另外,研究发现长期配施有机肥料可显著提高土壤微生物碳氮量,改善作物根际土壤生物学特性,提高土壤中脲酶、蛋白酶、纤维素酶活性,提高根系活力、光合速率,促进叶片氮代谢和植物对营养物质的吸收,达到提高产量的目的。

4. 钾肥肥效与土壤水分含量的关系 土壤水分含量与作物钾肥肥效存在明显的水肥交互作用,由于土壤中钾素的迁移主要靠扩散途径,而土壤水分强烈影响钾素在土壤中的扩散状况,因此,干旱年份,土壤缺乏灌溉条件的地方更应注意钾肥的施用,而多雨季节或灌溉条件较好的地方可适当减少钾肥用量。

5. 钾肥的施用技术 为了提高肥效,在生产中采用根外施肥、深层施肥等技术。根外施肥避免了肥料在土壤中的吸附、分解、淋湿等损失和由于顶端优势造成的肥料分配不均匀,吸收快、效果明显。

钾在植物体内移动性大，缺钾症状出现晚，钾肥应早施。若出现缺钾症状，再补施钾肥，为时已晚。另外，植物在生长前期强烈吸收钾，生长后期对钾的吸收显著减少，甚至成熟期部分钾从根系外溢，因此后期追施钾肥已无大的意义。所以应当掌握"重施基肥、轻施追肥、分层施用、看苗追肥"。对保水保肥差的土壤，钾肥应分次施用。基肥追肥兼施，比集中一次为好，但原则上仍然要强调早施。

钾肥要强调深施、集中施，钾离子在土壤中的扩散相当慢，因此根系吸收钾的多少，首先取决于根量及其与土壤的接触面积。所以，钾肥应当集中施用在植物根系多、吸收能力最强的土层中。

在药用植物的种植中，应根据药用植物的营养特点及土壤的供肥能力，确定施肥种类、时间和数量。施用肥料的种类应以有机肥料为主，根据不同药用植物生长发育的需要有限度地使用化学肥料。

本章小结

本章主要讲述大量元素氮、磷、钾，在土壤中的含量、存在形态及转化，在植物中的含量、分布特点、吸收利用、营养功能，以及失调症状与危害；氮、磷、钾肥种类、性质及施用技术；在理解大量元素在土壤中的存在形态与转化、植物中的营养功能的前提下，结合肥料性质掌握做到合理施用相应肥料的技术。

思考题

1. 简述土壤中氮素存在形态及转化方式。
2. 简述铵态氮肥的特性及其合理施用方法。
3. 简述硝态氮肥的特性及其合理施用方法。
4. 尿素为什么适合于根外追肥？
5. 为了减少氮素损失，怎样合理施用氮肥？
6. 简述土壤中磷素存在的形态及其相互转化。
7. 磷素对植物有哪些生理功能？
8. 简述常见的磷肥种类、性质及施用方法。
9. 简述作物体内钾的形态和分布特点。
10. 钾素对作物有何营养作用？
11. 简述氯化钾和硫酸钾肥料在施用中应注意的问题。

第六章同步练习

第七章　中、微量元素肥料

掌握：中、微量元素肥料的种类、性质和施用技术。

熟悉：中、微量元素的营养功能及危害。

了解：中、微量元素肥料与中药栽培生产的关系。

第一节　中量元素营养与中量元素肥料

中量元素，是指作物生长过程中需要量次于氮、磷、钾而高于微量元素的营养元素，一般占作物体干物重的 0.1%～1%，通常指 Ca、Mg、S 3 种元素。含有这些元素的肥料称为中量元素肥料，包括钙肥（如石灰、氯化钙）、镁肥（如硫酸镁、无水钾镁矾）和硫肥（如硫黄、石膏）。

一、植物的硫、钙、镁元素营养

（一）植物的硫素营养

1. 植物体中硫的含量、形态及分布　植物含硫量为 1～5g/kg（干重），平均在 2.5g/kg 左右。萝卜、菘蓝等十字花科药用植物，百合、麦冬、天冬等百合科药用植物，以及甘草、黄芪、山豆根等豆科药用植物需硫量均较多，而淡竹叶、燕麦等禾本科植物需硫较少。

植物体内的硫有两种形态，一种为无机 SO_4^{2-}，贮藏在液泡中；另一种为含硫有机化合物，主要是含硫氨基酸，如胱氨酸、半胱氨酸、甲硫氨酸和谷胱甘肽等，它们是蛋白质不可缺少的组分。

植株中的硫主要分布在茎、叶中，籽粒及根中含量较低。

2. 硫的生理作用

（1）蛋白质和酶的组分：蛋白质中一般含硫 3～22g/kg。蛋白质中有胱氨酸、半胱氨酸和甲硫氨酸 3 种含硫氨基酸，缺硫时，因缺少甲硫氨酸，会限制蛋白质的营养价值。硫还是许多酶的成分，如丙酮酸脱氢酶、磷酸甘油醛脱氢酶、氨基转移酶、脲酶、磷酸化酶等。这些酶不仅参与植物的呼吸作用，而且与碳水化合物、脂肪及氮代谢均有密切关系。

（2）参与氧化还原反应：植物体内的半胱氨酸、谷胱甘肽、硫辛酸和铁氧还蛋白等化合物的分子结构中都含有—SH，能调节体内氧化还原过程。在叶绿体中，硫氧还蛋白作为光合作用中酶的活化因子，能在 Fd-Td（铁氧还蛋白 - 硫氧还蛋白）还原酶催化下，被还原型的 Fd 所还原，使核酮糖 -1，5- 双磷酸羧化酶、磷酸核酮糖激酶、苹果酸脱氢酶、磷酸甘油醛脱氢酶、ATP 酶等活化。铁氧还蛋白也是种重要的含巯基化合物，在亚硝酸还原、硫酸盐还原、生物固氮、氨的同化和光合作用中作为电子载体，不断以还原型 - 氧化型的转化促进植物代谢作用。

（3）植物体内某些挥发性物质的组分：百合科的葱、蒜中含有蒜油，其主要成分是硫化丙烯（C_3H_6S），还含有催泪性的亚砜（R-SO-R）等硫化物。它们具有特殊的辛香气味，能消食健胃，增进食欲，同时又是抗菌物质，可以预防和治疗某些疾病。硫还是十字花科作物，如油菜、萝卜、甘蓝等种子中芥子油的成分，所以增施硫肥，能提高种子中芥子油的含量。

（4）减轻重金属离子对植物的毒害：半胱氨酸中的巯基（—SH），能够调节体内氧化还原反应，可使 Fe^{2+}、Mn^{2+} 等重金属离子氧化，避免蛋白质变性。

3. 植物硫素营养失调症状　植物硫素营养失调症状以硫营养缺乏症为主，但空气中二氧化硫（SO_2）浓度过高也会对地上部分产生毒害症状。

（1）缺硫症状：植物体内的硫较难从老组织向幼嫩组织转运，所以缺硫时，一般表现为幼芽生长受抑、黄化，新叶失绿呈亮黄色，一般不坏死；茎细，分蘖、分枝少。

（2）二氧化硫中毒症状：当空气中二氧化硫浓度高于 0.2μl/L 时，很多作物就会在叶片脉间出现"烟斑"，逐渐枯萎，并早期脱落。

（二）植物的钙素营养

1. 植物体中钙的含量、形态及分布　植物含钙量为 0.1%～5%，比镁多而比钾少。通常，大豆、绿豆、豌豆等豆科植物，甘蓝、番茄和棉花等其他双子叶植物需钙较多，而单子叶植物水稻、小麦、玉米等禾本科植物需钙较少。

依据钙在植物体内是否与配体结合，将植物体内钙的存在形态分为自由离子态和结合态两种。自由离子态钙即 Ca^{2+}。根据生物配体的大小，植物体内结合态钙又可分两种，一种是与蛋白质、酶、多糖、脂质等生物大分子或大分子复合物结合；另一种则是与草酸、磷酸等小分子有机酸及简单分子配体结合。

植株中的钙主要分布在茎、叶中，老叶中含量比嫩叶多，地上部高于根部，但种子和果实含钙量较少。

2. 钙的生理功能　钙是细胞某些结构的重要组分，可以增强细胞之间的黏结作用，使植物的器官和个体具有一定的机械强度。同时，钙作为磷脂中磷酸与蛋白质羧基联结的桥梁，可以提高膜结构的稳定性。

钙又是细胞分裂所必需的成分，在细胞分裂后，分隔两个子细胞的细胞核就是由果胶酸钙组成的。缺钙时，子细胞无法分隔成两个，于是就会出现双核细胞。

钙与钙调蛋白（CaM）结合形成 Ca^{2+}-CaM 系统，行使第二信使功能，当 Ca^{2+} 和 CaM 结合后，构型发生变化而成为一些酶类必不可少的激活剂，如 NAD 激酶、磷酸二酯酶、磷酸激酶、蛋白质激酶以及起钙泵作用的 Ca^{2+}-ATP 酶。

调节介质的生理平衡，Ca^{2+} 能降低原生质胶体的分散度，促使原生质浓缩，增加原生质的黏滞性,减少原生质的透性。Ca^{2+} 还与 NH_4^+、Na^+、Al^{3+} 等有拮抗作用,避免这些离子过多的危害。Ca^{2+} 在液泡中能与草酸形成草酸钙结晶,避免草酸危害。

3. 植物钙素营养失调症状　植物钙素营养过剩症尚未见报道,这可能是土壤钙过多时,会引起土壤中磷、铁、锌、铜等元素的降低或吸收被抑制,造成上述元素的缺乏,因而掩盖了钙过量症状而不易被人们察觉。在生产上,植物缺钙的情况时有发生,不仅影响产量,而且果实品质变差且不耐贮藏。

作物缺钙时,新叶叶尖、叶缘黄化,窄小畸形成粘连状,展开受阻,叶脉皱褶,叶肉组织残缺不全并伴有焦边;顶芽黄化甚至枯死;根尖坏死,根系细,根毛发育停滞,伸展不良;果实顶端易出现凹陷状黑褐色坏死。

(三)植物的镁素营养

1. 植物体中镁的含量、形态及分布　一般的作物镁含量为 $1\sim6g/kg$(干重)。豆科作物,叶用作物如烟草、茶树、桑树需镁较多,而禾本科作物如水稻、小麦等需镁较少。在植物体中,镁以两种形态存在:70% 以上的镁与无机阴离子如 NO_3^-、Cl^-、SO_4^{2-} 等和有机阴离子如苹果酸、柠檬酸等结合,呈易扩散态存在;另一部分则与非扩散的阴离子如草酸、果胶酸等结合,形成难扩散物质存在。植物体内的镁,一般以种子中含量最高,茎、叶次之,根最少。据研究报道,水稻穗部为 $1.3g/kg$,茎、叶中为 $1.2g/kg$,根部仅为 $0.7g/kg$;小麦籽粒中为 $1.5g/kg$,茎秆中只有 $0.8g/kg$。

2. 镁的生理功能

(1)叶绿素的组成:镁是叶绿素分子中重要的金属元素。叶绿素中氮、镁的比例为 4:1。此外,在叶绿体内,叶绿素是与蛋白质相结合的,叶绿体蛋白的合成也需要镁。

(2)酶的活化剂:由镁所活化的酶已知有 30 余种。几乎所有的磷酸化酶、激酶和某些脱氢酶、烯醇酶都需要 Mg^{2+} 来活化。

Mg^{2+} 参于碳水化合物的合成,通过不断地活化核酮糖 -1, 5- 双磷酸羧化酶,促进 CO_2 同化,从而有利于糖与淀粉的合成。

$$二磷酸核酮糖 +CO_2 \xrightarrow[Mg^{2+}]{核酮糖 -1,5- 双磷酸羧化酶} 磷酸丙糖$$

在脂肪代谢中,Mg^{2+} 可活化乙酸硫激酶,使乙酸、ATP 和辅酶 A 形成乙酰辅酶 A,从而形成脂肪酸、脂肪和类脂等。

镁还参与蛋白质和核酸合成。镁通过活化谷氨酰胺合成酶参与谷氨酸、谷氨酰胺的合成,以及氨基酸活化、转移及多肽的合成。在 DNA 和 RNA 的合成中也需 Mg^{2+} 的参与。

(3)有利于能量释放:由于 Mg^{2+} 能在 ATP 或 ADP 的焦磷酸酶蛋白之间形成镁桥(图 7-1),有利于键的断裂,使 ATP 或 ADP 水解,释放出磷酸,促进磷酸化作用。

3. 植物镁素营养失调症状　在田间条件下,尚未见到植物镁营养过剩的症状,原因同钙。在生产上,植物缺镁

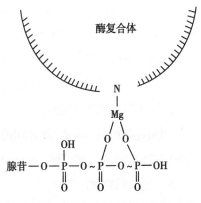

● 图 7-1　酶蛋白和 ATP 之间的镁桥

的情况较为普遍。通常是中、下位叶肉退绿黄化，大多发生在生育中后期，尤以果实形成后多见。双子叶植物退绿表现为叶片全面退绿，主、侧脉及细脉均为绿色，形成清晰网状花叶或沿主脉两侧呈斑块退绿，叶缘不褪，叶片形成近似"肋骨"状黄斑，或黄化从叶缘向中肋渐近，叶肉及细脉同时失绿，而主侧脉退绿较慢；单子叶植物多表现为黄绿相间的条纹花叶，失绿部分还可能出现淡红色、紫红色或褐色的斑点。

二、土壤中的硫、钙、镁及其转化

（一）土壤中的硫

土壤全硫含量因土壤形成条件、黏土矿物和有机质含量的不同而有很大变化。世界耕地全硫含量在 $0\sim600mg/kg$。富含有机质的土壤中可超过 $500mg/kg$，中国土壤的硫含量在 $100\sim500mg/kg$。在南部和东部湿润地区，有机硫占全硫的比例可达到 $85\%\sim94\%$。在干旱的石灰性土壤上，则以无机硫占优势，一般占全硫的 $39\%\sim62\%$，并以易溶性硫酸盐和与碳酸盐共沉淀的硫酸盐为主。中国南方地区，因高温多雨，土壤硫易分解淋失，是缺硫土壤的主要分布区。北方土壤也有相当大比例的土壤存在缺硫或潜在缺硫现象。

土壤中含硫化合物可分为无机态和有机态两种。无机硫是指未与碳结合的含硫物质，主要来自岩石的风化过程，占土壤全硫的 $5\%\sim15\%$。根据其物理和化学性质可将其划分为 4 种形态：①水溶性硫，即溶解于土壤溶液中的硫酸盐；②吸附态硫，即吸附于土壤胶体上的硫酸根；③与碳酸钙共沉淀的硫酸盐，是指在碳酸钙结晶时混入其中的硫酸盐与之共沉淀而形成的，是石灰性土壤中硫的主要存在形式；④硫化物，在淹水情况下，由硫酸根还原而来。

有机硫是指土壤中与碳结合的含硫物质，它可占土壤全硫的 $85\%\sim95\%$，其主要来源是：①新鲜的动植物残体；②微生物细胞及微生物合成过程中的副产品；③土壤腐殖质。

土壤中的含硫物质在生物和化学作用下发生一系列转化作用，包括无机硫和有机硫的氧化与还原作用。硫酸盐的还原作用主要通过两种途径进行：一种是生物将 SO_4^{2-} 吸收到体内，再将之还原并合成细胞物质，如含硫氨基酸；另一种则是硫酸根在硫还原细菌作用下被还原为还原态硫，如硫化物、硫代硫酸盐和元素硫等。无机硫的氧化作用，即还原态硫在硫氧化细菌参与下氧化为硫酸盐的过程。

有机硫的转化也是在微生物作用下进行的生物化学过程，在好气条件下，其最终产物是硫酸盐；在嫌气条件下，则生成硫化物，如 H_2S。

有机态硫在土壤中可以分解，例如，胱氨酸可以分解成多种含硫物质，转化成无机硫。

$$胱氨酸 \rightarrow 二亚砜胱氨酸 \rightarrow 亚磺酸半胱氨酸 \rightarrow 磺基丙氨酸 \rightarrow SO_4^{2-}$$

植物可以利用的有效硫，主要是指可溶性的 SO_4^{2-}、交换态的 SO_4^{2-} 和少量有机硫。通常用磷酸盐 - 醋酸提取，其诊断指标因作物而异。当土壤有效 $S<10mg/kg$ 时，油菜严重缺硫；$S<12mg/kg$ 时，玉米缺硫；全 $S<0.1g/kg$，有效 $S<15mg/kg$ 时，棉花出现缺硫症；当全 $S<0.25g/kg$，有效 $S<16mg/kg$ 时，水稻施硫肥有效。

土壤中有机态硫和无机态硫的循环和转化如图 7-2 所示。

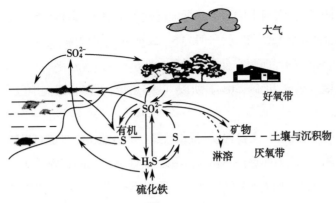

● 图 7-2　土壤中的硫的循环与转化

（二）土壤中钙素营养

地壳中平均含钙为 36.4g/kg。土壤全钙含量受成土母质、风化条件、淋溶强度和耕作利用方式的影响。石灰性土壤全钙含量很高，可超过地壳的平均含量，而红壤因风化和淋溶作用强烈，全钙含量明显低于成土母质，有的全钙只有 4g/kg，甚至仅为痕量。施用石灰、过磷酸钙、钙镁磷肥、硅钙肥等肥料均能提高红壤全钙量。

土壤全钙由土壤有机物中的钙、矿物态钙、交换性钙和溶液态钙组成。一般认为，能反映土壤供钙能力的是有效钙，有效钙由水溶性钙和交换态钙组成。矿物态钙存在于土壤矿物晶格中，不溶于水，也不易为溶液中其他阳离子所代换。矿物态钙在全钙中的比例为 40%～90%。土壤中的含钙矿物主要是斜长石和方解石等几种，含钙矿物较易风化。交换态钙为吸附于土壤胶体表面的钙离子，是土壤中主要的代换性盐基离子之一，是作物可利用的钙。

土壤中含钙硅酸盐矿物较易风化，风化后以钙离子形式进入溶液。其中一部分为胶体所吸附成为交换态钙。含钙碳酸盐矿物如方解石、白云石、石膏等溶解性很大。含钙矿物风化以后，进入溶液中的钙离子可能随排水而损失，或为生物所吸收，或吸附在土壤固相周围，或再沉淀为次生钙化合物。华北及西北地区土壤中含钙的碳酸盐和硫酸盐向土壤溶液提供的钙离子浓度已足够植物生长的需要。而华南的酸性土壤则既不含碳酸钙，也不含硫酸钙，含钙硅酸盐矿物通过风化溶解出来的少量钙离子又被强烈淋溶，造成土壤缺钙。交换态钙与溶液钙处于平衡之中。土壤中交换态钙的绝对数量并不十分重要，而交换态钙对土壤阳离子交换量的比例却很重要，因为该比例对溶液中钙浓度有直接的控制及缓冲作用。溶液钙还与土壤固相钙（尤其是碳酸钙和硫酸钙）形成平衡。

由于水溶性钙只占交换性钙的 2% 以下，因此交换性钙是有效钙的主要形式。故常把 1mol/L 中性 NH_4OAc 提取测定的土壤交换性钙作为衡量土壤有效钙的指标。据研究，对大多数作物与土壤而言，交换性钙低于 400mg/kg 时，使用钙肥可产生明显效果。交换性钙饱和度也是决定钙有效性的重要因素。一般认为，钙饱和度在 20% 以上时，钙的有效性高，钙营养供应较充足。对钙肥有反应的土壤，其饱和度多在 15%～20% 及以下。

（三）土壤中镁素营养

地壳平均含镁量为 19.3g/kg，而土壤中含镁量只有 6g/kg 左右。土壤镁含量高低主要受成土母质及风化条件等的影响,我国土壤全镁含量地区性差别很大,有自北而南、自西向东逐渐降低的趋势。北方土壤含镁量(MgO,下同)一般为 5～20g/kg,平均 10g/kg 左右,西北地区的栗钙土、棕钙土含镁高达 50g/kg 以上,而南方土壤含镁量为 0.6～19.5g/kg,平均在 5g/kg 左右。水稻土含镁量较前身旱作土壤可减少 30%～50%。所以,我国热带、亚热带湿润地区土壤含镁低,易发生植物镁素营养不足。

土壤全镁是由矿物态镁、非交换性镁、交换性镁、水溶性镁和少量有机物质中镁所组成。一般认为,能反映土壤供镁能力的是由水溶性镁和交换性镁组成的有效镁决定。由于水溶性镁占有效镁的比重很少,而且它们处于动态平衡中,所以常把土壤交换性镁作为衡量土壤有效镁的指标,用 1mol/L NH_4OAc 浸提、测定。据研究,对大多数作物和土壤而言,交换性镁的临界值为 60mg/kg。

三、硫、钙、镁肥种类、性质及施用

(一)硫肥

1. 硫肥的种类及性质

(1)石膏:石膏除可作碱土的化学改良剂外,还是一种最重要的硫肥。农用石膏有生石膏、熟石膏和含磷石膏 3 种。生石膏即普通石膏($CaSO_4·2H_2O$),微溶于水,使用时应先磨细,通过 60 目筛孔,以提高其溶解度。熟石膏($2CaSO_4·H_2O$)是由普通石膏加热脱水而成;熟石膏易磨细,但吸湿性强,需放干燥处;含磷石膏是硫酸法制磷酸的残渣,约含 $CaSO_4·2H_2O$ 64%,含 P_2O_5 2% 左右。

(2)其他含硫肥料:硫黄、硫酸铵、过磷酸钙、硫酸钾中均含有硫。其中硫黄为无机硫,难溶于水,需在微生物作用下,逐步氧化为硫酸盐后,才能被作物吸收,现将部分硫肥信息列于表 7-1 中。

表 7-1 常用部分硫肥的主要性质

肥料名称	分子式	S/%	性质
硫黄	S	95～99	难溶于水,迟效
石膏	$CaSO_4·2H_2O$	18.6	微溶于水,缓效
硫酸铵	$(NH_4)_2SO_4$	24.2	溶于水,速效
硫酸钾	K_2SO_4	17.6	溶于水,速效
硫酸镁	$MgSO_4·7H_2O$	13	溶于水,速效
硫硝酸铵	$(NH_4)_2SO_4·NH_4NO_3$	5～11	溶于水,速效
过磷酸钙	$Ca(H_2PO_4)_2·H_2O+CaSO_4$	12	部分溶于水,溶液呈酸性

2. 施用技术

(1)施肥时间:在温带地区,可溶性硫酸盐类硫肥在春季使用比秋季好;在热带、亚热带地区则宜夏季施用。在高温下,作物生长旺盛,需硫量大,适时施硫既能及时供应作物硫素营养,又可减少雨季硫的淋溶损失。

(2)施用方法:硫肥主要作基肥,常在播种前耕耙时施加,通过耕耙使之与土壤充分混合并达到一定深度,以促进其转化。用石膏、硫黄蘸根是经济施硫的有效方法,对缺硫水稻每公顷用石膏 30～45kg 蘸根,其肥效可胜过 150～300kg 撒施的效果。硫酸铵、硫酸钾等硫酸盐中的硫酸根,作物易于吸收,常作追肥使用。

为了提高硫肥的效果,施用时应注意以下两点:①硫肥应重点用在质地较轻的土壤,该类土壤全硫和有效硫含量均较低。丘陵地区的冷浸田,虽然全硫含量并不低,但因低温和长期淹水,会影响作物对硫的吸收而导致作物缺硫,施用硫肥常有较好的效果。②施用硫肥时,要注意硫肥的施用量及土壤通气性。在土壤还原性强的条件下,容易形成硫化氢(H_2S),对作物根系产生毒害,应加强水分管理,改善通气性。

(二)钙肥

1. 钙肥种类及性质　施用钙肥除补充钙养分外,还可借助含钙物质调节土壤酸度和改善土壤物理性状。常用含钙的肥料较多,如含钙氮肥、磷肥、石膏或石灰等,在提高土壤肥力、调理土壤化学性质、改善土壤物理性状的同时,兼作钙肥。

(1)石灰:主要成分是氧化钙。生石灰吸湿或与水反应形成熟石灰,其变化过程如下:

$$CaCO_3 \longrightarrow CaO+CO_2 \qquad CaO+H_2O \longrightarrow Ca(OH)_2$$

石灰岩　　　　　生石灰　　　　生石灰　　　　　　　熟石灰

(2)石膏:是含水硫酸钙的俗称,它的分子式为 $CaSO_4 \cdot 2H_2O$。农业上直接施用的为熟石膏,它是普通石膏经107℃脱水而成。变性后的熟石膏易于粉碎,溶解度也有提高。

2. 施用技术

(1)石灰:酸性土壤施用石灰是改土培肥的重要措施之一。一是中和土壤酸度,消除 Al、Fe、Mn 的毒害;二是提高土壤的 pH 后,土壤微生物的活动得以加强,有利于增加土壤的有效养分;三是增加土壤溶液钙浓度,提高土壤胶体交换性钙饱和度,从而改善土壤物理性状。

酸性土壤石灰的需要量是根据土壤总酸度来确定的。由于潜在酸测定需要一定的测试条件,中国科学院南京土壤研究所(1958年)根据我国土壤酸碱度划分等级,对不同质地的酸性土壤提出了一个经验标准(表7-2),可供各地参考。

表7-2　不同质地的酸性土壤第一年石灰使用量

土壤酸度(pH)	黏土 / kg/hm²	壤土 / kg/hm²	砂土 / kg/hm²
4~5	2 250	1 500	750~1 125
5~6	1 125~1 875	750~1 125	375~750
6	750	375~750	375

注:CaO(%)=Ca(%)×1.4。

(2)石膏:石膏在改善土壤钙营养状况上可称得上是石灰的姊妹肥。尤其在碱化土壤,施用石膏可调节土壤胶体的钙钠比,改善土壤物理性能。据报道,当土壤交换性钠占阳离子总量10%~20% 时,就需施石膏来调节作物的钙、硫营养;当土壤交换性钠大于 20% 时,一般每公顷需用 375~450kg 石膏。此外,在我国南方的翻浆田、发僵稻田,每公顷施用 30~75kg 石膏,能起到促进水稻返青和提早分蘖的作用。

(三)镁肥

1. 镁肥的种类及性质　通常用作镁肥的是一些镁盐粗制品、含镁矿物、工业副产品或由肥料带入的副成分。常用的镁肥有硫酸镁、氯化镁、菱镁矿、钾镁肥、白云石、钙镁磷肥等。此外,有机肥料中也含有少量的镁。现将常用镁肥的主要性质列于表7-3。

表7-3 常用镁肥的主要性质

肥料	分子式	MgO/%	性质
硫酸镁	$MgSO_4 \cdot 7H_2O$	约16	酸性,易溶于水
氯化镁	$MgCl_2 \cdot 6H_2O$	约20	酸性,易溶于水
菱镁矿	$MgCO_3$	45	中性,易溶于水
氧化镁	MgO	约55	碱性
钾镁肥	$MgCl_2 \cdot K_2SO_4$	27	碱性,易溶于水
钙镁磷肥	$MgSiO_3$	10~15	微碱性,难溶于水
白云石粉	CaO, MgO	14	碱性,难溶于水
石灰石粉	$CaCO_3$	7~8	碱性,难溶于水
有机肥料		0.15~1	

注:MgO(%)=Mg(%)×1.66。

2. 施用技术　镁肥的肥效与土壤含镁量的关系十分密切,一般来说,在降雨多、风化淋溶较重的土壤,如我国南方由花岗岩或片麻岩发育的土壤、红色黏土以及交换最低的砂土,因含镁量低,容易发生植物缺镁。当土壤交换性镁(Mg)低于6cmol/kg时,需镁多的作物如大豆、花生、糖用甜菜、马铃薯、烟草、果树等,往往会出现缺镁症状,必须施用镁肥,镁肥的施用可分为基肥和追肥。

(1)基肥:每公顷用氯化镁或硫酸镁200~300kg,肥料要适当浅施,以利于作物吸收。如在酸性土上施用,宜用白云石粉,既可供给镁、钙,又能降低土壤酸度。

(2)追肥:通常用1%~2%硫酸镁溶液(或1 000倍EDTA-Mg溶液)喷施,每隔7天喷1次,连续2~3次。

为了提高镁肥的施用效果,应注意以下两点:①严格控制用量,镁肥施用过多会引起镁与其他营养元素的比例失调。如橡胶,虽然是需镁较多的作物,但超量施镁会造成胶树排胶困难和减产。②因土选用镁肥品种,不同镁肥品种对土壤酸碱性影响不同,接近中性或微碱性的土壤宜选用硫酸镁和氯化镁,而酸性土壤宜选用菱镁矿、白云石粉、石灰石粉、钾镁肥、钙镁磷肥等。

第二节　微量元素营养与微量元素肥料

微量元素(microelement)是针对大量元素和中量元素而言的一个相对概念。微量元素在生物体中含量通常低于0.01%,在土壤中的含量及其可给性较低,植物对其需求量也较少。常见的有硼(B)、锌(Zn)、锰(Mn)、铜(Cu)、钼(Mo)、铁(Fe)、氯(Cl)、镍(Ni)等。作物对微量元素的需求量虽然很少,但是它们同大量元素一样,也直接参与植物体内的代谢过程。

以微量元素为主要成分的肥料称为微量元素肥料,简称微肥。如锌肥、铁肥、硼肥等。微量元素以肥料进入农业生产系统,始于20世纪20—30年代,20世纪60—70年代大面积应用于生产。我国自20世纪60年代开始研究微量元素肥料。土壤缺硼,油菜"花而不实",棉花"蕾而不花";土壤缺锌,水稻僵苗坐蔸,玉米白苗,均是微量元素营养功能的生动反映。

一、植物的微量元素营养

（一）植物的硼素营养

1. 植物的硼含量及分布　植物体内的含硼量差别较大，一般在2～100mg/kg（干重）。通常双子叶植物含硼量比单子叶植物高，含乳汁的双子叶植物如蒲公英、大戟、罂粟、延胡索等含硼量更高。因此，双子叶植物要比单子叶植物（禾本科植物等）需硼量较高，易出现缺硼现象。

植物体内的硼在不同器官中分布各异。通常，繁殖器官高于营养器官，叶片高于枝条，枝条高于根。

2. 硼的生理功能　硼与糖或糖醇络合形成硼酯，这是硼的一切生理功能的基础。硼酯复合体的形成需要具有相邻的顺式二元醇构型的多羟基化合物。植物体内许多糖及其衍生物如糖醇和糖醛酸，甘露醇、甘露聚糖和多聚甘露糖醛酸均具有这种构型，这些硼化合物可能参与一系列代谢过程。

（1）促进分生组织生长和核酸代谢：植物分生组织中细胞的分化和伸长，最重要的过程是核糖核酸、核糖体及蛋白质的合成，因此，植物缺硼最明显的症状是分生组织的生长受阻，根尖和茎尖首先受害。

（2）硼参与碳水化合物的运输和代谢：有研究认为，硼能促进糖的吸收和运输，或由于缺硼植株的筛板中形成的愈伤组织（胼胝质）阻碍了糖的运输，或由于严重缺硼植株的根尖和茎尖的活性减弱所致。因此，缺硼植株造成叶片中同化产物明显累积。

缺硼不利于棉花纤维素细胞的合成，硼不仅与细胞壁的组分牢固地络合，而且是细胞壁结构完整性所必需。它与钙共同起着"细胞间胶结物"的作用。

（3）硼影响酚类物代谢和木质素的形成：硼与顺式二元醇形成稳定的硼酸复合体（单酯或双酯），从而能改变许多代谢过程。缺硼常引起植物体内苯丙素类化合物（绿原酸、咖啡酸）的积累，使组织死亡，从而导致植株死亡。

硼还参与木质素的形成，因为木质素是由p-香豆醇、松柏醇和芥子醇聚合而成。而在产生过程中的中间产物能和硼反应形成络合物，从而促进木质素的形成。双子叶植物的木质素形成过程中需要有较多的硼参与；而单子叶植物木质素组分以香豆醇为主，故需硼较少。

（4）硼促进生殖器官的形成和发育：在植物器官中，以花的含硼量最高，花中又以柱头和子房组织最高。硼能促进植物生殖器官的正常发育，有硼存在时，花粉萌发快，可使花粉管迅速地进入子房，有利于受精和种子的形成。硼对植物的传粉也具有重要影响，硼能增加花蜜的含量和改变花蜜中糖的组分，使虫媒花更易吸引昆虫。硼还影响花粉粒的数量和生活力。

3. 植物硼素营养失调症状

（1）植物缺硼症状：植物缺硼时会出现如下症状。

1）茎尖生长点受抑，甚至枯萎、死亡。

2）老叶增厚变脆，色深无光泽。新叶皱缩、卷曲失绿，叶柄短而粗。

3）根尖伸长停止，呈褐色，侧根加密，根茎以下膨大，似萝卜根。

4）蕾花脱落，花少而小，花粉粒畸形，生活力弱，结实率低。甜菜的"褐心症"、油菜的"花而不实"、芹菜的"茎裂病"、柑橘的"石头果"病症或现象,都是典型的缺硼症状。

(2)植物硼中毒症状:受害植株一般在中下部叶尖或叶缘退绿。而后出现黄褐色斑块,甚至焦枯。双子叶植物叶片边缘焦枯如镶"金边";单子叶植物叶片枯萎早脱。一般桃树、葡萄、无花果、豆菜和黄瓜等对硼中毒较敏感,所以施用硼肥不能过量,以防受害。

(3)植物硼素营养的诊断指标:为了维持植物的正常代谢活动,体内需要有一定的含硼量。一般植物适宜的硼水平在 $20\sim100mg/kg$(干重),当硼含量低于 $15mg/kg$ 时,可能出现缺硼症状,当硼含量大于 $200mg/kg$ 时,可能会产生硼中毒。

(二)植物的锌素营养

1. 植物体中锌的含量及分布　植物正常含锌量一般在 $25\sim100mg/kg$(干重)。锌主要集中分布在根和顶端生长点及幼嫩叶片中,下部叶片含量较少。当植物开花时,锌主要积累在花粉中,可见,锌对繁殖器官形成具有重要作用。

2. 锌的生理功能　锌是许多酶的组分,如碳酸酐酶、乙醇脱氢酶、谷氨酸脱氢酶、羧肽酶、苹果酸脱氢酶、醛缩酶、乳酸脱氢酶、RNA 聚合酶等,这些酶参与了体内一系列代谢过程。含锌的 SOD 酶在清除超氧自由基的毒害、保护膜脂和蛋白质不被氧化方面起着重要作用。

(1)参与光合作用:缺锌菜豆上部叶片基粒构造破坏,叶绿体液泡化,因而影响叶绿体形成。叶绿体中含锌的碳酸酐酶,可催化 CO_2 的水合作用,形成 H^+ 和 HCO_3^-。锌还是醛缩酶的组分。在叶绿体中使 1,6-二磷酸果糖进入淀粉合成途径;在细胞质中,使之向糖酵解支路——蔗糖合成途径转移。

(2)锌与蛋白质代谢:缺锌时蛋白质合成速率和蛋白质含量下降。原因是:①锌是 RNA 聚合酶的组分,如果缺锌,该酶失去活性;②锌是核糖体结构完整所必需,缺锌时,核糖体解体;③缺锌时核糖核酸酶活性增加,使 RNA 降解加快,导致蛋白质含量降低。

锌还是谷氨酸脱氢酶的组分,能促进含氮物质代谢的最初产物谷氨酸的形成,并成为合成维生素、生物碱、多肽及蛋白质等含氮化合物的基本原料。

(3)锌参与生长素的合成:参与生长素吲哚乙酸的合成。锌能促进丝氨酸和吲哚合成色氨酸,最后形成吲哚乙酸。缺锌时,植物体内的色氨酸和生长素含量均降低,尤其是芽和茎中的含量减少明显,导致植物生长发育出现停滞状态,叶小呈簇生状。

(4)促进生殖器官的发育:锌大部分集中在种子胚中。澳大利亚相关试验发现,三叶草增施锌肥,其营养体产量可增加 1 倍,而种子和花的产量可增加近 100 倍。

3. 植物锌的营养失调症状

(1)植物缺锌症状:植物缺锌的共同特点是,植株矮小,叶小而畸形,叶片脉间失绿或白化,并常有不规则斑点。水稻缺锌,新叶基部失绿白化,叶细小,分蘖少,抽穗延迟,甚至不抽穗;玉米缺锌,新芽发白,称为"白芽病",节间缩短,果穗脱顶;果树缺锌,顶枝或侧枝呈莲座状,并丛生,节间缩短。

(2)植物锌中毒症状:植物锌中毒主要表现在根的伸长受阻,叶片黄化,进而出现褐色斑点。大豆锌过量时,叶片黄化,中脉基部变赤褐色,叶片上卷,严重时枯死;小麦锌过量时,叶尖出现褐色的斑条,生长延迟,产量与质量降低。

（3）植物锌素营养的诊断指标：一般植物的正常含锌量在25～100mg/kg；如低于20mg/kg，就可能缺锌，而大于400mg/kg，可能产生锌中毒。

（三）植物的钼素营养

1．植物体中钼的含量及分布　植物含钼为0.1～300mg/kg（干重），但多数植物含量不到1mg/kg。豆科作物含钼量明显高于禾本科作物，生长在中性或碱性土壤中的植物，平均含钼量为11mg/kg，而相同的物种生长在酸性土壤或低钼土壤中，分别只有0.9mg/kg和0.2mg/kg，因此，植物缺钼常发生在酸性土壤。

钼在植物体内的各器官中的分布与含量因作物而异。菜豆是根＞茎＞叶，番茄则是根＞叶＞茎。此外，繁殖器官中积累的钼通常较多，这对授精及胚的发育有重要作用。

2．钼的生理功能

（1）参与氮代谢：钼是硝酸还原酶和固氮酶的重要成分，参与氮的代谢过程。植物缺钼时，硝酸还原酶活性降低，造成叶片中硝酸盐积累，从而影响叶类药用植物品质。

钼也是植物体中固氮酶的组分。氮的固定过程需要有含钼的固氮酶催化，还参与氨基酸代谢。当植物缺钼时，不仅硝酸还原酶活性降低，而且谷氨酸脱氢酶活性也有所下降。

（2）其他作用：钼与维生素C合成有密切联系。缺钼时，植株体内维生素C含量明显减少，这可能是由于缺钼导致体内氧化还原反应不能正常进行所致。钼与磷代谢也有密切关系。缺钼时，体内磷酸酶活性明显提高，不利于无机磷向有机态磷的转化。此外，施钼还能增加烟草对花叶病的免疫性，并使患有萎缩病（病毒感染）的桑树恢复健康。

3．植物钼的营养失调症状

（1）植物缺钼症状：共同特征是叶片出现黄色或橙黄色大小不一的斑点，叶缘向上卷曲呈杯状，叶片发育不全。不同植物缺钼症状各异：①十字花科作物，花椰菜缺钼的特异症状是"鞭尾叶"，萝卜缺钼时，叶肉退化，叶裂变小，叶缘上翘，呈类似蝎尾状；②豆科作物，叶缘退绿，出现许多灰褐色小斑并散布全叶，叶片变厚、发皱，有的叶片向上卷曲呈杯状；③茄科作物，在一二片真叶时，叶片发黄、卷曲，继而新叶出现花斑，缺绿部分向上拱，小叶上卷，最后小叶叶尖及叶缘均皱缩死亡。

（2）植株钼中毒症状：植物能忍受相当高的钼，只有钼含量超过200mg/kg时，才出现毒害症状。茄科表现为叶片失绿，番茄和马铃薯小枝上产生红黄色或金黄色；花椰菜植株呈深紫色。

（3）植物钼素营养的诊断指标：为了维持植物正常代谢活动，体内需要有一定的含钼量。植物正常含钼量一般在0.1～0.5mg/kg。大多数植物含钼量低于0.1mg/kg时，就可能出现缺钼症状。当体内钼高于200mg/kg时，才会抑制植物生长。

（四）植物的锰素营养

1．植物体内锰的含量及分布　植物正常含锰量多在20～500mg/kg（干重）。植物种类与生长条件不同，含锰相差很大。植物体内的锰有两种存在形式：一种是无机离子状态，主要是Mn^{2+}；另一种则是Mn^{2+}与蛋白质（包括酶蛋白）牢固地结合在一起。锰主要积累于茎叶中，籽粒中锰元素的含量较低。

2．锰的生理功能

（1）参与光合作用：在光合作用中，水的裂解和氧的释放系统都需要锰。因此，测定新叶的光合放氧量是表征植物锰营养状况的一个适合又灵敏的方法。此外，缺锰不仅叶片光合速率降低，而且叶绿体的片层结构也受损。

（2）酶的组分及对酶活性的调节：锰作为羟胺还原酶的组分，参于硝态氮的还原，催化羟胺还原成氨。缺锰时，作物体内硝态氮的还原作用受阻，硝酸盐不能正常转变为铵态氮，造成体内硝酸盐积累，使氮代谢受到阻碍。锰还是许多非专性金属复合体的活化剂，被锰活化的各种酶可促进氧化还原过程及脱羧、水解或转位等反应。锰能活化吲哚乙酸（IAA）氧化酶，促进 IAA 氧化，因而有利于体内过多的生长素降解。

（3）调节植物体内的氧化还原过程：Mn^{3+} 能使植物体内 Fe^{2+} 氧化成 Fe^{3+}，或抑制 Fe^{3+} 还原为 Fe^{2+}，减少有效铁的含量。植物吸收过多锰，容易引起缺铁失绿症。

此外，锰还能促进种子萌发和幼苗早期生长，加速花粉萌发和花粉管伸长，提高结实率；活化莽草酸途径的合成酶，促进酚类化合物、类黄酮、木质素、香豆素的形成，从而增强抗病虫能力。

3．植物锰的营养失调症状

（1）植物锰缺乏症：一般表现为叶片失绿并产生黄褐色或赤褐色斑点，但叶脉仍为绿色，有时叶片发皱、卷曲甚至凋零。燕麦的"灰斑病""褐线萎黄病"，甜菜叶片的"黄斑病"等，均是缺锰的影响。

（2）植物锰中毒症状：典型症状是在较老叶片上有失绿区包围的棕色斑点（即 MnO_2 沉淀），但更明显症状往往是由于高锰诱发其他元素如钙、铁、镁的缺乏症。如棉花、菜豆皱叶病，就是锰中毒诱发的缺钙症。

（3）植物锰素营养的诊断指标：一般植物正常含锰量为 $20\sim500mg/kg$；当含锰量低于 $20mg/kg$ 时，为缺乏；大于 $500mg/kg$ 为过剩。

（五）植物的铜素营养

1．植物体中铜的含量及分布　植物对铜的需要量很少，大多数植物含铜量为 $5\sim25mg/kg$（干重）。一般豆科植物含量高于禾本科作物；在同种作物的不同器官中，铜主要积累在根部，特别是根尖和根中部，其次是叶片，茎秆中最低。

2．铜的生理功能

（1）酶的组分：铜是许多氧化酶的组分，如细胞色素氧化酶、多酚氧化酶、抗坏血酸氧化酶等。近年发现的铜与锌共存的超氧化物歧化酶（CuZn-SOD）具有催化超氧自由基歧化的作用（$2O_2^{2-}+2H^+ \xrightarrow{\text{SOD}} O_2+H_2O_2$）可保护叶绿体免遭超氧自由基的伤害。

（2）参与光合作用：铜对光合电子传递有重要作用。现已知道，铜是叶绿体蛋白——质体蓝素的组分。质体蓝素是构成联结光合作用电子传递链的一部分。因此铜对叶绿素和其他色素的合成及稳定性具有重要作用。

（3）参与氮代谢：铜对氨基酸活化及蛋白质合成有促进作用。缺铜时，蛋白质合成受阻，从而导致可溶性含氮化合物增加，游离氨基酸和硝酸盐积累。缺铜还会影响 RNA 和 DNA 的合成。铜能促进豆科植物根瘤形成，参与豆血红蛋白的合成和氧的传递。

（4）影响花的发育：缺铜使禾本科植株花药形成受阻，花粉发育不良，生活力差，因而造成结实率低下或不结实。小麦缺铜敏感期是在花粉开始形成的孕穗期，这是造成在生殖生长时期对铜较为敏感的重要原因。

3. 植物铜的营养失调症状

（1）植物缺铜症状：一般表现为顶端枯萎，节间缩短，叶尖发白，叶片变窄变薄、扭曲，繁殖器官发育受阻，结实率低等症状。禾本科植物缺铜表现为植株丛生，顶端逐渐发白，从叶尖开始，严重时不抽穗或穗萎缩变形，结实率降低，籽粒不饱满，甚至不结实；豆科植物缺铜时，新生叶失绿、卷曲，老叶枯萎；木本药用植物缺铜时发生枯梢，树皮开裂，有胶状物流出，呈水泡状皮疹，称"郁汁病"或"枝枯病"，果实小而僵硬等。

（2）植物铜中毒症状：表现为根系伸长严重受阻，褐变畸形，出现"鸡爪根"；叶片黄化并有褐斑；麦类叶片前端扭曲，下位叶枯死。

（3）植物铜素营养的诊断指标：一般植物含铜量在 5～25mg/kg；当叶片含铜量低于 4mg/kg 时，出现缺铜；当含铜量高于 25mg/kg 时，则出现毒害。

（六）植物的铁素营养

1. 植物体内铁的含量及分布　植物含铁在 20～500mg/kg（干重），并随植物种类、器官及发育阶段而异。通常豆科作物含铁量比禾本科作物高。同为禾本科作物，水稻含铁量高于玉米。由于铁主要存在于叶绿体中，所以植株不同部位的含铁量也不相同，叶中含铁量较高，而籽粒、块根、块茎中含量较低。

2. 铁的生理功能

（1）叶绿素合成所必需：叶绿素结构中并不含铁，但是活性铁含量与叶绿素含量之间常有良好的相关性。缺铁时，叶绿体片层重叠结构消失，叶绿体基粒减少，间质部分增大。严重时基粒会消失，叶绿体崩解或液泡化，导致叶绿素含量及酶活性降低。

（2）参与体内氧化还原反应和电子传递：在植物体内，铁通过自身的氧化还原来完成电子的传递（$Fe^{3+} + e^- \rightleftharpoons Fe^{2+}$），构成一个可逆的氧化还原体系。铁与卟啉结合为血红素，其氧化还原能力可提高 1 000 倍；再与蛋白质结合为血红蛋白，其氧化还原能力可提高 10 亿倍。

（3）参与核酸和蛋白质代谢：缺铁会降低叶绿体中的核酸含量，特别是核糖核酸的含量；铁还参与蛋白质合成。缺铁时体内硝酸盐、氨基酸和酰胺积累，蛋白质含量减少，并导致叶绿体的解体。

此外，缺铁还会降低还原糖、有机酸（如苹果酸和柠檬酸）以及维生素 B_2 等，这说明铁与碳水化合物、有机酸和维生素的合成有关。

3. 植物铁素营养失调症状

（1）植物缺铁症状：植物缺铁的典型症状是顶端和幼叶缺绿黄白化，甚至白化，叶脉颜色深于叶肉，色界清晰。双子叶植物形成网纹花叶，单子叶植物形成黄绿相间的条纹花叶。不同植物症状各异。

（2）植物铁中毒症状：植物铁中毒往往发生在通气不良的土壤上。铁中毒实际上是亚铁（Fe^{2+}）中毒，中毒症状因植物种类而异。亚麻表现为叶片变为暗绿色，地上部及根系生长受阻，根变粗；烟叶叶片脆弱，呈暗褐色至紫色，品质差；水稻下部老叶叶尖、叶缘脉间出现褐斑，叶色深暗,称之"青铜病"。

（3）植物铁素营养的诊断指标：一般植物含铁量在 20～500mg/kg,当含铁量低于 20mg/kg 时属于缺乏,大于 500mg/kg 为过量。

（七）植物的氯素营养

1. 植物体内氯的含量和分布　氯是一种特殊的矿质元素,植物需要的氯浓度仅为 340～1 200mg/ kg（干重）,属微量元素水平。然而,由于氯在土壤、雨水、肥料和空气中广泛存在,植物体内含氯量远高于这一水平,正常高达 0.2%～2%,相当于植物体内大量元素的含量。在植物体中,氯以离子（Cl^-）态存在,移动性很强。大多数植物吸收 Cl^- 的速度很快,数量不少。植物吸收 Cl^- 的速度主要取决于介质中氯的浓度。植物茎叶中含氯量较高,籽粒中较少。

2. 氯的生理功能

（1）参与光合作用：在水的光解放氧反应中,氯的作用位点在光系统Ⅱ,是光合放氧必需的辅助因子。介质中增加 Cl^- 量,可使植物类囊体释放 O_2 活性增加。过量氯离子会造成光合产物降低,向块茎运输数量减少,导致块茎小而少,产量明显降低。

（2）酶的活化剂：植物体内的某些酶,如 α- 淀粉酶、β- 淀粉酶,只有在 Cl^- 的存在下才具有活性。在原生质小泡及液泡的膜上存在的一种质子泵 ATP 酶（H^+-ATP 酶）,同样需要 Cl^- 来激活。

（3）某些激素的组分：豌豆中的生长素含有氯,证明它是 4- 氯吲哚 -3- 乙酸。乙烯含量也受 Cl^- 的影响,1984 年据马列克报道,甜瓜果实用 $CaCl_2$ 处理与其他钙盐处理相比,能使果实产生更多的乙烯（C_2H_4）,从而使果实呼吸高峰提早出现,加速果实成熟,提前上市供应。

（4）调节细胞渗透压和气孔运动：氯能与阳离子保持电荷平衡,维持细胞渗透压和膨压,有利于从环境中吸收更多水分,提高植株抗旱能力,延长叶片功能期。氯对植物气孔的开闭有调节作用,间接影响光合作用和植物生长。缺氯时,由于气孔不能自如开关,而导致水分过多的损失,对于保卫细胞中叶绿体发育不良的植物,Cl^- 作为 K^+ 输入的平衡离子,可能有特别重要意义。

（5）提高豆科植物根系结瘤固氮：适量供氯对根瘤数、根瘤干重和根瘤固氮酶活性均有良好的影响。当土壤中 Cl^- 在 100～400mg/kg 时有利于花生根瘤生长和固氮,Cl^- 为 600mg/kg 时,对生长及根瘤固氮酶活性有明显不良影响。

（6）施氯能减轻多种真菌性病害：现已查明,至少 10 种不同作物的叶、根病害因施氯而减轻。其机制在于：①氯能抑制铵态氮向硝态氮转化,使大多数铵态氮肥以 NH_4^+ 形式保存在土壤中,植物吸收 NH_4^+ 的同时释放出 H^+,使根际酸度增加,从而抑制病菌的滋生;②Cl^- 能抑制植物对 NO_3^- 的吸收,而 NO_3^- 含量低的作物较少发生腐病;③植物组织中 Cl^- 积累,会引起植物水势降低,低水势可削弱病原体在寄主植物上的浸染和扩展能力。

3. 植物氯素营养失调症状　植物除了从土壤吸收 Cl^- 外,也可通过雨水、灌溉及空气中吸收氯。因此,在田间很难见到缺氯症状。在生产中,常因施用含氯化肥过量而引起的氯害常有发生。其毒害症状表现为叶尖、叶缘呈灼烧状,向上卷曲,老叶死亡,并提早脱落。

（八）植物的镍素营养

1. 植物体内镍的含量和分布　植物主要吸收离子态镍（Ni^{2+}）,其次吸收络合态镍（如 Ni-

EDTA 和 Ni-DTPA）。多数营养器官中镍的含量一般在 0.05～10mg/kg，平均 1.10mg/kg，不同植物的含量差别很大。根据植物对镍的累积程度不同，可分为两类：第一类为镍超累积型，主要是野生植物，镍含量超过 1 000mg/kg；第二类为镍积累型，其中包括野生的和栽培的植物，如紫草科、十字花科、豆科和石竹科等植物。

植物体内镍的运输较为迅速。木质部中的镍可与有机酸或多种肽形成螯合物。镍累积型植物根系吸收的的镍主要积累在地上部，而非累积型植物根系中含镍量高于地上部。

2．镍的生理功能

（1）促进种子发芽和植株生长：一些植物，如小麦、水稻种子经低浓度镍浸种后，发芽率明显提高。大麦籽粒中的镍含量与其萌发密切相关，缺镍或低镍籽粒生活力低。因此，镍在种子活力及种子萌发中可能起重要作用。

（2）在脲酶中的作用：脲酶是一种普遍存在于植物中的镍金属酶，镍对于氨基酸水解形成的尿素和核酸代谢都是必要的，缺乏镍酶都将导致叶片坏死损伤。研究表明，镍是脲酶结构和动力所必需，在脲酶里它与 N-O- 配合基纵向结合。植物的氮代谢过程，脲酶起到非常重要的作用。

（3）延缓植株衰老：镍通过控制植物体内源乙烯的生成实现延缓植物衰老。镍能有效地延缓水稻叶片衰老，使叶片保持较高水平的叶绿素、蛋白质、磷脂含量和较高的膜脂不饱和指数。

（4）防治某些病害：低浓度的镍可促进紫花苜蓿叶片中过氧化物酶和抗坏血酸氧化酶的活性，达到促进有害微生物分泌的毒素的降解，从而增强作物的抗病能力。

3．植物镍营养失调症状

（1）植物缺镍的症状：叶片脲酶活性下降，根瘤氢化酶活性下降，可见叶片出现坏死斑、茎坏死、种子活力下降等。其次，可见叶小、色淡、直立性差，最初脉间失绿，继续向下发展，叶尖和叶缘发白等症状。

（2）植物镍过多的症状：对镍比较敏感的植物，当营养液中镍浓度超过 1mg/kg 时，植物就会出现中毒症状；对镍中等敏感植物的临界浓度 >50μg/g。植物镍中毒生长迟缓，叶片失绿和变形，有斑点、条纹，脉间出现褐色坏死；果实变小，着色早等。

二、土壤中的微量元素

土壤是作物微量元素营养的主要供给源，其微量元素含量、形态和分布状况是施用微量元素肥料的重要依据。土壤中微量元素丰缺状况，既与成土母质与土壤类型有关，又与土壤条件如水分、通气性等因素有关。

1．硼　我国土壤全硼含量从痕量至 500mg/kg，平均 64mg/kg。土壤含硼量的高低与母质和气候等成土因素有关。通常，干旱地区比湿润地区高，沿海比内陆高，盐土比非盐土高。就成土母质而言，则以沉积岩（尤其是海相沉积物）发育的土壤含硼量较高，而玄武岩、花岗岩及其他火成岩发育的土壤则较低。

对一般植物而言，土壤有效硼含量高于 0.5mg/kg 时，硼的供给充足，但甜菜等喜硼作物仍感不足；有效硼含量低于 0.25mg/kg 时，对硼敏感的植物可能出现缺硼症状。有效硼含量过高，植物的生长亦会受到抑制。

土壤有效硼与有机质的含量呈正相关,表土的有效硼通常高于心土和底土。土壤 pH 在 6.7～7.4 时,硼有效性最高;pH 在 7.1～8.1 时,硼有效性降低。湿度、温度和光照均影响硼的有效性。干旱时微生物的活动受到抑制,有机物分解释放出有效硼减少;同时硼在土壤中的扩散速度减慢,影响了根对硼的吸收;而强烈的淋溶作用,也会导致有效硼含量降低。

2．锌 我国土壤含锌量为 3～790mg/kg,平均含量为 100mg/kg,总的趋势是从南向北逐渐降低。土壤含锌量与成土母质有很大关系。如我国华南地区发育在玄武岩上的砖红壤,其含锌量均在 100～150mg/kg;发育在花岗岩、砂岩上的土壤含锌量为 100mg/kg;华中地区红砂岩发育的土壤含锌量仅为 31mg/kg。

土壤的水溶性锌、交换态锌以及酸溶态锌和螯合态锌对植物有效,称为有效锌。目前石灰性及中性土壤用 pH 7.3 的 DTPA 溶液提取,缺锌临界值为 0.5mg/kg,酸性土壤以 0.1mol/L 盐酸提取,缺锌临界值为 1.5mg/kg。

土壤锌的有效性随 pH 升高而降低,缺锌多发生在 pH 大于 6.5 的土壤上。在酸性土壤上施用过量石灰也会诱发缺锌。土壤可溶性锌约 60% 存在于可溶性的有机结合物(主要是与氨基酸、有机酸和富里酸相结合)中,不溶性锌的有机结合物则与胡敏酸相结合,较难被植物吸收利用。在土壤有效磷含量高或施用大量磷肥时,常能观察到作物缺锌,是由于磷干扰了锌的吸收、运转或利用。

3．钼 我国土壤含钼量为 0.1～6mg/kg,平均为 1.7mg/kg。土壤钼含量与土壤类型和成土母质有关。在生物积累较强的草甸土、黑钙土中含钼量较高,而在生物活性低的土壤中钼含量较低。在红壤的成土过程中钼有富化现象。由沉积岩中的页岩、酸性火成岩发育的土壤含钼量较多;黄土母质和黄河冲积物发育的土壤如黄绵土、黄潮土含钼量偏低。

土壤钼的有效性随土壤 pH 上升而增加,反之则降低。所以,缺钼多发生在酸性土壤上,施用石灰有助于提高钼的有效性。在湿润条件下,土壤钼的有效性提高,是因在渍水条件下土壤 pH 上升,以及铁、锰被还原而释放出钼所致。钼的有效性随土壤有机质含量的增多而升高,但在有机质过高的沼泽土和泥炭土中,由于腐殖质对钼的还原作用以及与之形成难溶的化合物而使钼的有效性降低。

4．锰 土壤中锰含量很高,我国土壤的全锰含量为 42～5 000mg/kg,平均含量为 710mg/kg。我国土壤全锰含量的总趋势是自南向北逐渐降低,缺锰土壤主要分布在北方质地较轻的石灰性土壤。在酸性土壤上施用过量石灰,也会诱发缺锰,土壤全锰含量代表锰的贮量,通常以活性锰(包括水溶态锰、交换态锰及易还原态锰)来表示土壤中锰的生物有效性,其临界指标为 100mg/kg。

土壤中锰的有效性随 pH 升高而降低,因而缺锰大多发生在碱性土壤,而酸性土壤锰的供给充足。土壤水分增多以至饱和时,加速锰的还原,有效锰增加,所以,水稻土供给充足,甚至会发生中毒。施用有机肥料可使土壤有效锰增加,是因除有机质含有一定的锰外,还会影响锰的还原,促使高价锰还原为低价锰,从而增加锰的有效性。然而,在有机质含量过高(>15%)的土壤中,由于有机质对锰的强烈吸附,使有效锰反而下降。此外,土壤质地对土壤中锰的有效性也有一定影响。

5．铜 我国土壤含铜量较为丰富,为 3～300mg/kg,平均为 22mg/kg,大多数土壤含铜量为 20～40mg/kg。在石灰性土壤中,尤其是在黏粒和有机质含量较高的黑钙土中,表层常有铜的富集。在酸性土壤中,特别是砂质土壤因受淋洗和沉积作用的影响,铜有向剖面深层移动的趋势。

一般认为,能反映土壤供铜能力的是有效铜,以土壤有效铜作为评价指标时不同测定方法有不同的含量水平。目前酸性土壤用 0.1mol/L 盐酸提取,缺铜临界值为 2.0mg/kg,石灰性土壤和有机质含量高的土壤用 pH 7.3 的 DTPA 提取,缺铜临界值为 0.2mg/kg。

土壤铜的有效性受有机质的影响最为突出,有机质对铜的强烈吸附会降低铜的有效性。所以,有机质高的土壤,如泥炭土、沼泽土、腐殖土的有效铜含量低;有利于有机质矿化的条件可提高有效铜。当土壤 pH 增加时,由于铜的吸附增强,土壤溶液中铜的含量降低。在石灰性土壤中,有效铜可转化为 $CuCO_3$、$Cu(OH)_2$ 沉淀,使铜的有效性降低。

6. 铁　土壤含铁量常高达 50g/kg 或更多,平均为 38g/kg。其含量受到母质的影响。在岩浆岩中,酸性岩浆岩含铁量较低,基性岩浆岩含铁量较高;在沉积岩中,黏质页岩含铁量较高,砂岩次之,石灰岩含量最少。土壤中全铁含量虽然很高,但可被植物吸收利用的有效态铁却很少。

土壤铁的有效性随 pH 升高而下降,植物缺铁多出现在碱性土壤中。土壤湿度过高或通气不良使还原性增大,氧化还原电位(Eh)值下降,当达到一定水平后,Fe^{3+} 还原为 Fe^{2+},使有效态铁增多。但在石灰性土壤上,湿度过高或通气不良,反而会诱导作物缺铁失绿症,这是因为在石灰性土壤上存在如下反应:

$$CaCO_3 + CO_2 + H_2O \rightleftharpoons Ca^{2+} + 2HCO_3^-$$

土壤有机质与土壤有效铁的关系十分微妙。酸性土壤上有机质缺乏是引起缺铁的重要原因。在湿度高的石灰性土壤上,有机质分解时产生大量 CO_2,造成土壤中重碳酸盐积累,会加重植物的缺铁失绿症。

7. 氯　土壤中的氯大部分来自海洋。含氯量一般在 10～1 000mg/kg,多数在 50mg/kg 左右。据研究,我国主要农区耕层土壤平均含氯量从高到低的顺序为:盐碱洼地(366mg/kg)> 西北地区土壤(126mg/kg)> 华北地区土壤(69.5mg/kg)> 长江以南土壤(34.2mg/kg)> 东北地区土壤(31.8mg/kg)> 云、贵地区的黄土壤(6.6mg/kg)。

8. 镍　在自然界,约 80% 的镍资源属于红土型和硫化物型。在红土型和硫化物型镍资源中,镍硫化矿由于熔炼耗能低,开采价值较高。我国土壤含镍量较为丰富,金昌市为我国的"镍都",其镍的超标率高达 70%。镍在饮用水中的容许浓度为≤0.02mg/L,在空气中最大容许浓度为0.1mg/m³,超过这个范围,便会威胁人类的健康。

三、微量元素肥料的种类、性质及施用

(一)微量元素肥料的种类、性质

微量元素肥料的种类很多,一般按肥料中所含元素的种类或所含化合物类型划分。按化合物类型,可分为易溶的无机盐(主要是铁、锌、锰、铜等金属元素的硫酸盐、硝酸盐、氯化物以及硼酸盐和钼酸盐)、溶解度较小的无机盐(含微量元素的磷酸盐、碳酸盐及氧化物等)、螯合态肥料、复混肥料、含微量元素的工业废弃物等。按元素的种类划分,微量元素肥料主要是含硼、锌、锰、铜、铁、氯、镍等营养元素的无机盐或氧化物,目前我国常用微量元素肥料有 20 余种,其种类与性质详见表 7-4。

表 7-4　常用微量元素肥料的种类和性质

微量元素肥料名称	主要成分	有效成分含量/%	性质
硼肥		B	
硼酸	H_3BO_3	17.5	白色结晶或粉末,溶于水
硼砂	$NaB_4O_7 \cdot 10H_2O$	11.3	白色结晶或粉末,溶于水
硼镁肥	$H_3BO_3 \cdot MgSO_4$	1.5	白色结晶或粉末,溶于水
硼泥	—	0.6	硼砂工业废渣,碱性,部分溶于水
锌肥		Zn	
硫酸锌	$ZnSO_4 \cdot 7H_2O$	2.3	白色或橘色粉末,易溶于水
氧化锌	ZnO	78	白色粉末,不溶于水,溶于酸和碱
氯化锌	$ZnCl_2$	48	白色粉末,溶于水
碳酸锌	$ZnCO_3$	52	难溶于水
钼肥		Mo	
钼酸铵	$(NH_4)_2MoO_4$	49	白色结晶或粉末,溶于水
钼酸钠	$Na_2MoO_4 \cdot 2H_2O$	39	白色结晶或粉末,溶于水
钼渣	—	10	杂色,难溶于水
锰肥		Mn	
硫酸锰	$MnSO_4 \cdot H_2O$	31	粉红色结晶,易溶于水
氯化锰	$MnCl_2 \cdot H_2O$	19	粉红色结晶,易溶于水
铁肥		Fe	
硫酸亚铁	$FeSO_4 \cdot 7H_2O$	19	淡绿色结晶,溶于水
硫酸亚铁铵	$(NH_4)_2Fe(SO_4)_2 \cdot 6H_2O$	14	淡蓝绿色结晶,溶于水
螯合态铁	Fe-EDTA	5	易溶于水
	Fe-DTPA	10	
	Fe-HEDTA	5~12	
	Fe-EDDHA	6	
镍肥		Ni	
氯化镍	$NiCl_2$	45	绿色结晶性粉末,易潮解,受热脱水,溶于乙醇、水
硫酸镍	$NiSO_4$	38	蓝绿色结晶,正方晶系,易溶于水
硝酸镍	$Ni(NO_3)_2$	32	碧绿色单斜晶系板状晶体,易溶于水、液氨、乙醇,微溶于丙酮

(二)微量元素肥料施用技术

1. 硼肥

（1）基施:用硼砂作基肥时,每公顷施 7.5～12.0kg,先与干细土混匀,进行条施或穴施,但不要使硼肥直接接触种子或幼根,以免造成危害。当硼砂用量每公顷超过 37.5kg 时,会降低种子出苗率,甚至会产生死苗。

（2）浸种:浸种宜用硼砂,一般施用浓度为 0.02%～0.05%。先将肥料放到 40℃温水中,待完全溶解后,再加足水量,将种子倒入溶液中,浸泡 4～6 小时,捞出晾干后即可播种。

（3）叶面喷施:用 0.1%～0.2% 的硼砂或硼酸溶液,每公顷施 750kg。也可和波尔多液或 0.5% 尿素配成混合液进行喷施。

2. 锌肥

（1）基施：旱地一般每公顷用硫酸锌 15～30kg，用前与 150～225kg 细土混合后撒于地表，然后耕翻入土。用于水田可作耙面肥，每公顷用硫酸锌 15kg，拌细土后均匀撒在田面；作秧床肥时，每公顷用硫酸锌 45kg，于播种前 3 天撒于床面。

（2）追肥：水稻一般在分蘖前期（移栽后 7～20 天内），每公顷用硫酸锌 15～22.5kg，拌干细土后均匀撒于田面。也可作秧田"送嫁肥"，在拔秧前 1～2 天，每公顷用硫酸锌 20～30kg 施于床面，移栽带肥秧。玉米在苗期至拔节期，每公顷用硫酸锌 15～30kg，拌干细土 150～200kg，条施或穴施。

（3）浸种：把硫酸锌配成 0.02%～0.1% 的溶液，将种子倒入溶液中，溶液以淹没种子为度。一般水稻浸 48 小时，晚稻浸 6～8 小时。浸种浓度超过 0.1% 时会影响种子发芽。

（4）拌种：每千克种子用硫酸锌 2～6g，先以少量水溶解，喷于种子上，边喷边搅拌，用水量以能拌匀种子为度，种子晾干后即可播种。水稻也可在种子萌发时用 1% 的氧化锌拌种。

（5）叶面喷施：水稻以苗期喷施为好，施用浓度为 0.1%～0.3% 硫酸锌溶液，连续喷 2～3 次，每次间隔 7 天；玉米用 0.2% 硫酸锌溶液在苗期至拔节期连续喷施 2 次，每次间隔 7 天，每次每公顷用液量为 750～1 125kg；果树叶面喷施硫酸锌溶液，以在新芽萌发前施用比较安全，落叶果树喷施浓度为 1%～3%，常绿果树为 0.5%～0.6%。

3. 钼肥　钼肥主要作基肥、拌种、叶面喷施等，其施用方法具体如下。

（1）基施：钼矿渣因价格低廉，常用作基肥，每公顷用 3.75kg 左右。用时可拌干细土 150kg，拌均匀后施用，或撒施耕翻入土，或开沟条施或穴施。钼酸铵因价格昂贵，加之用量少，不易施用均匀等原因，通常不作基肥。

（2）拌种：每千克种子用钼酸铵 2g，先用少量水溶解，兑水配成 2%～3% 的溶液，用喷雾器喷施在种子上，边喷边搅拌，溶液不宜过多，以免引起种皮起皱，造成烂种。拌好后，种子晾干即可播种。如果种子还要进行农药处理，一定要等种子晾干后进行。但不能晒种，以免种皮破裂影响发芽。

（3）叶面喷施：先用少量温水溶解钼酸铵，再用凉水兑至所需浓度，一般使用 0.05%～0.1% 的浓度，每次每公顷喷溶液 750～900kg。由于钼在作物体内难以再利用，所以除苗期喷施外，还应在初花期再喷施 1 次。

4. 锰肥　锰肥主要作基肥、浸种、拌种及叶面喷施，其施用方法具体如下。

（1）基施：难溶性锰肥适宜作基肥，如工业矿渣等，每公顷用 150kg 左右，撒施于土表，而后耕翻入土。如条施或穴施作种肥，要与种子保持 3～5cm 的距离，以免影响种子发芽。施用硫酸锰，每公顷用 15～30kg，可与干细土或与有机肥料混合施用，这样可以减少土壤对锰的固定。

（2）浸种：用 0.1%～0.2% 的硫酸锰溶液浸种 8 小时，捞出晾干后播种。

（3）拌种：每千克种子需用硫酸锰 4～8g，拌前先用少量温水溶解，然后均匀地喷在种子上，边喷边翻动种子，拌匀晾干后播种。

（4）叶面喷施：在花期、结实期各喷 1 次，每次每公顷用 0.1%～0.2% 的硫酸锰溶液 750～900kg。在溶液中加入 0.15% 生石灰，可避免烧伤植株。

5. 铜肥　铜肥主要作基肥和叶面喷施，其施用方法具体如下。

（1）基施：含铜矿渣作基肥，一般在冬耕时翻入或早春耕地时施入。

（2）拌种：每千克种子用硫酸铜1g。先将肥料用少量水溶解后，均匀喷在种子上，晾干后播种。

（3）叶面喷施：在泥炭土、沼泽土及腐殖土上，因施入土壤后容易被土壤固定，需采用叶面喷施，硫酸铜浓度为 0.02%～0.1%，每公顷喷 750kg 左右。

6. 铁肥　铁肥主要作基肥和叶面喷施，其施用方法具体如下。

（1）基施：常用铁肥品种为硫酸亚铁。硫酸亚铁施到土壤后，有一部分会很快被氧化成不溶性的高价铁而失效。为避免被土壤固定，可将硫酸亚铁与 20～40 倍的有机肥料混匀，集中施于树冠下，也可将硫酸亚铁与马粪以 1:10 混合堆腐后施用，对防止亚铁被土壤固定，有显著效果。络合态的尿素铁和柠檬酸铁的效果优于硫酸亚铁。

（2）叶面喷施：喷施可避免土壤对铁的固定，但硫酸亚铁在植物体内移动性差，喷到的部位叶色转绿，而未喷到的部位仍为黄色。用 0.2%～0.4% 硫酸亚铁溶液在果树叶芽萌发后喷施，每隔 5～7 天喷 1 次，连续 2～3 次，效果较好。用有机态的黄腐酸铁（0.04%～0.1%）和 DTPA-Fe（稀释 500～1 000 倍）进行叶面喷施，其效果优于硫酸亚铁。

7. 氯肥　氯肥的施用效果因作物种类、品种及生长发育阶段、土壤类型、地形、降雨量、生态环境、施用方式方法等条件不同差异较大。氯肥较适宜在春季施用。由于氯肥的施用可抑制植物对磷的吸收，施用时须重视氯肥的施用时间、数量与方法。

氯肥可作追肥和基肥，一般不作为种肥。追肥要避开作物的敏感期；土壤缺氯，植物营养不平衡时，施用氯肥要注意其他营养元素的搭配，弱抗氯作物应少用，而酸性土壤，尤其是 pH<5.5 的酸性土壤施用氯肥要慎重。

8. 镍肥　大多数植物对 Ni 的需要量仅为 0.03～0.07nmol/g（干重）。大豆植株单株对 Ni 的需要量为 200ng，在正常条件下，大豆种子所含的 Ni 量就可满足植株一生对 Ni 的需要。当土壤全 Ni 在 22mg/kg 以上或经 HF、HCl 和 HNO$_3$ 消化，用 DTPA 萃取的有效 Ni 达 0.15mg/kg 以上的土壤就不会缺 Ni。依靠增施镍肥促进作物生长、提高作物产量应十分慎重。

（三）微量元素肥料施用注意事项

微量元素肥料施用有其特殊性，施用不当，不仅不能增产，而且会使作物、土壤等受到严重伤害。施用时注意事项如下。

（1）针对土壤中微量元素状况而施用：不同类型、质地的土壤，其微量元素的有效性及含量不同，施用微量元素肥料的效果也不一样。一般来说，北方的石灰性土壤，铁、锌、锰、铜、硼等微量元素的有效性低，易于缺乏；而南方的酸性土壤中钼的有效性低。因此，施用微量元素肥料时应针对土壤中微量元素状况合理施用。

（2）注意作物种类对微量元素的反应：各种作物对不同的微量元素的需求量、敏感程度不同。在微量元素肥料施用时应针对不同作物对微量元素反应与需求合理选择和施用。

（3）控制用量、浓度，均匀施用：作物需要微量元素的数量很少，许多微量元素从缺乏到适量的浓度范围很窄，因此，施用微量元素肥料要严格控制用量，防止浓度过大，施用时必须注意要均匀。

（4）注意改善土壤环境：土壤微量元素供应不足，往往是由于土壤环境条件的影响。土壤的酸碱性是影响微量元素有效性的首要因素，其次是土壤质地、土壤水分、土壤氧化还原状况等因素。为彻底解决微量元素缺乏问题，在补充微量元素养分的同时，要注意改善土壤环境条件，如酸性土壤可通过施用有机肥料或施用适量石灰等措施调节土壤酸碱性，以改善土壤微量元素营养状况。

（5）注意与大量元素肥料、有机肥料配合施用：只有在满足了作物对大量元素等需求的前提下，微量元素肥料才能表现出明显的增产效果。有机肥料中含有多种微量元素，作为维持土壤微量元素肥力的一个重要养分补给源，不可忽视。施用有机肥料，可调节土壤环境条件，达到提高微量元素有效性的目的。

本章小结

本章首先介绍了中量元素硫、钙、镁与微量元素硼、锌、锰、铜、钼、铁、氯、镍在植物中含量、形态、分布、生理作用、营养失调症状及其丰缺指标；其次，讲述了钙、镁、硫、硼、锌、锰、铜、钼、铁、氯、镍等元素在各类型土壤中的含量、形态及其转化。

不同植物对中微量元素的需求量不同，不同的肥料有各自的性质特点，尤其是中微量元素肥料，只有使用得当，有的放矢，把中、微量元素用在需要量多的作物上，才能获得较高的经济效益。因此，最后讨论了中、微量元素钙、镁、硫、硼、锌、锰、铜、钼、铁、氯、镍等元素肥料的种类、性质、施用技术以及注意事项。

思考题

1. 钙、镁、硫元素有哪些生理功能？
2. 缺钙的典型症状有哪些？为什么植株体内含钙较高，而果实仍会出现缺钙症？
3. 土壤有效钙的供应受到哪些因素的影响？
4. 植物缺镁的典型症状有哪些？为什么在果实或种子形成期容易出现缺镁？
5. 怎样提高镁肥的施用效果？
6. 植物缺硫和二氧化硫毒害的主要症状是什么？
7. 怎样提高硫肥的施用效果？
8. 为什么缺硼症状容易出现在分生组织？
9. 植物缺硼有哪些主要症状？土壤有效硼含量受哪些因素影响？
10. 锌、钼、铁、锰有哪些生理作用？植物缺锌、钼、铁、锰有哪些症状？

第七章同步练习

第八章课件

第八章　复混肥料

掌握：复混肥料的概念及其特征。

熟悉：复混肥料的主要类型及其性质；复混肥料的施用要求。

了解：复混肥料质量标准；新型肥料发展。

第一节　复混肥料概述

一、复混肥料的概念

复混肥料是指肥料养分中至少含氮、磷、钾3种养分中的两种或两种以上的化学肥料。

二、复混肥料的分类

1. 复合肥料和混合肥料　根据制造方法或生产工艺的不同可分为复合肥料和混合肥料。

（1）复合肥料：是指通过化学方法制成的肥料，如磷酸铵等。复合肥料性质稳定，其中的氮、磷、钾等养分比例固定，难以适应不同土壤和不同作物需求，在施用时须配合单质肥料。

（2）混合肥料：是以单质化肥或复合肥料为基础，通过机械混合而制成的肥料。其优点是可根据不同作物需求和土壤供肥情况，灵活配制成氮、磷、钾比例不同的肥料，缺点是在混合过程中能引起某些养分的损失或性质变化。

2. 混合肥料和掺合肥料　根据加工方式不同分为混合肥料和掺合肥料。

（1）混合肥料：有粉状混合肥料和粒状混合肥料两种。前者采用干粉掺合或干粉混合的肥料，其优点是加工简单，生产成本低，缺点是物理性状差，施用不便；粒状混合肥料是在粉状混合肥料的基础上，通过造粒、筛选、烘干制成均匀大小的颗粒状肥料，其优点是养分分布均匀，物理性状好，施用方便，缺点是生产成本较高。

（2）掺合肥料：又称BB肥（bulk blended fertilizer），是将颗粒大小一致的单元肥料或复合肥料通过简单机械混合而成，各单个颗粒的组成与整个肥料组成不一致，其优点是可以针对不同作物种类、土壤灵活改变配方，工艺简单，成本低，缺点是各肥料粒径和比重差异较大，会导致养分分布不均匀和降低肥效。掺合肥料是我国近年来发展最迅速的肥料品种。

3. 二元复混肥、三元复混肥、多元复混肥　根据复混肥料所含元素种类的多少，可以分为二元、三元、多元复混肥。二元、三元复混肥专指含有氮、磷、钾中的 2 种或 3 种元素的复混肥，以 $N-P_2O_5-K_2O$ 表示，如 15-15-15 表示肥料中含 N、P_2O_5、K_2O 各 15% 的复混肥。多元复混肥料是指除含有氮、磷、钾 3 种养分以外，还含有中量或微量元素的复混肥。如 15-15-15-1（B）表示除各含 $N-P_2O_5-K_2O$ 各 15% 外，还含有 1% 的硼。

此外，还可以根据总养分含量的高低，分为低浓度复混肥（25%～30%）、中浓度复混肥（30%～40%）和高浓度复混肥（>40%）。

三、复混肥料的发展简况

1. 世界复混肥料发展　复混肥料的生产和施用始于西方发达国家。早在 1920 年，美国一公司用热法磷酸与铵制造磷酸铵的技术取得成功，建成了世界上第一家年产量 2.5 万吨磷酸铵的工厂，生产磷酸一铵（11-48-0）和硫磷铵（16-20-0）肥料。到 1933 年，湿法磷酸和磷酸铵工厂首次在加拿大投产。1936 年，美国开发了由单质肥料制造粒状复混肥的方法。1947 年，美国开始从事散装掺合肥料的生产和销售。

欧洲国家对复混肥的生产和使用晚于美国，于 20 世纪 20—30 年代开发了冷冻法、碳化法（Rozler，1935 年）和混酸法（G. L. Lizenroth，1927 年）制取硝磷酸肥投产。从此奠定了磷酸铵和硝磷酸肥两大体系在现代复混肥工业中的地位。目前世界上已有 100 多个国家和地区广泛施用复混肥料。

2. 我国复混肥料发展　我国是世界化肥生产和消费大国，但我国复混肥发展起步较晚。20 世纪 80 年代之前，化肥数量不足是限制我国农业发展的重要因素；80 年代初我国开始提倡平衡施肥技术，复混肥料的生产及使用才得到逐步发展。据农业部统计，20 世纪 70 年代，我国复混肥料施用量仅为 35 万吨左右，占总化肥用量的百分之几；80 年代施用量达到 341.6 万吨，占化肥总用量的 13.2%；90 年代施用量达到 462.4 万吨，占化肥总用量的 15.8%。到 2000 年，复混肥总用量达到 880.32 万吨，占化肥总用量的 21.3%。2017 年，有机肥料及微生物肥料制造行业企业达到 553 家。其中，58% 的企业以生产复混肥为主。复混肥料仍需要靠国外进口才能满足我国农业生产需求。因此，应加速我国复混肥料工业的发展。

3. 复混肥料的发展方向　随着科学技术的发展及农业集约化程度的提高，复混肥料的发展方向主要集中于以下几个方面。

（1）高浓度化：高浓度化不仅是复混肥，而且是世界整个化肥行业发展的方向。高浓度肥料一般具有单位养分成本、运输和经销成本低于低浓度肥料的优点。

（2）高复合化：随着作物产量的提高和复种指数的增加，以及高纯度肥料的施用，加速了土壤中养分的耗竭，除补充氮、磷、钾养分外，还需要补充中、微量元素，才能保证作物的优质高产。此外，添加杀虫剂、生长素等也是复混肥料高复合化未来发展的趋势之一。

（3）专用化：由于不同作物对养分的需求特点各不相同，因而有必要生产不同作物，特别是适合不同药用植物的专用复混肥料。

（4）控释化：控释肥料对提高肥料利用率，延长肥效，减少施肥量和施肥次数，控制养分过快释放对植物生长以及对环境产生不利影响作用巨大。因此，可控释化是未来复混肥料发展的方向之一。

（5）液体化：液体肥料可以作底肥、叶面喷施，或与灌溉水施用，与固体肥料相比具有生产能耗低、无烟尘、不吸湿、节省劳力、设备简单等优点。液体肥料在北美等发达国家的使用仅次于BB肥。因此，开发生产液体复混肥也是未来发展的趋势之一。

第二节　主要的复混肥料

一、复混肥料的种类及其性质

（一）二元复混肥料

1. 氮磷复混肥

（1）磷酸铵：简称磷铵，是由氨中和浓磷酸而生成的一组产物，包括磷酸一铵和磷酸二铵两种成分，其反应为：

$$H_3PO_4 + NH_3 \longrightarrow NH_4H_2PO_4 \qquad H_3PO_4 + 2NH_3 \longrightarrow (NH_4)_2HPO_4$$

磷酸一铵，又称安福粉，是白色四面体结晶，饱和水溶液的 pH 为 3.47，养分总量为 62%～66%，含氮 11%～13%，磷（P_2O_5）51%～53%，性质稳定，不易挥发。磷酸二铵，又称重安福粉，是白色单斜晶体，饱和水溶液的 pH 为 8.0，养分总量为 62%～75%，含氮 16%～21%，磷（P_2O_5）46%～54%，性质比较稳定，在湿、热条件下，氨会挥发。

磷酸铵通常用作基肥，也可作追肥和种肥，作种肥时用量不宜过多，避免与种子直接接触，以免影响发芽及烧苗，长期施用不会对土壤理化性状造成不良影响。作为磷源，磷酸铵比过磷酸钙更易被作物吸收，被土壤固定更少，具有更高的肥效，宜用于需磷较多的作物，如豆科作物等，用于其他作物时要适当配施单质氮肥。需要注意的是，磷酸铵不宜与石灰等碱性肥料混施，以免氨挥发和磷的有效性降低。

（2）硝酸磷肥：是用硝酸分解磷矿粉制得磷酸和硝酸钙溶液，再通入氨气中和磷酸，并分离硝酸钙后制成。该法用硝酸代替硫酸分解磷矿，可以节省硫源，同时又将硝酸根引入。硝酸磷肥的生产过程主要包括硝酸分解磷矿石制取酸解液与酸解液的中和两个步骤。硝酸分解磷矿石反应如下：

$$Ca_{10}(PO_4)_6F_2 + HNO_3 \longrightarrow H_3PO_4 + Ca(NO_3)_2 + HF\uparrow$$

该反应中产生的 HF 与磷矿石中的硅酸盐反应，生产氟硅酸，得到的酸解液含有磷酸和硝酸盐，再通入氨中和酸解液，即得到硝酸磷肥，反应如下：

$$H_3PO_4 + Ca(NO_3)_2 + NH_3 \longrightarrow NH_4NO_3 + CaHPO_4 + Ca(NO_3)_2$$

硝酸磷肥中氮素主要以硝态氮为主，宜于旱地施用，不宜用于水田。硝酸磷肥氮磷含量相近，不宜用在豆科作物和甜菜作物上，以免影响固氮效果和降低含糖量，宜用在含钾较高而氮、磷、有机质缺乏的北方石灰性土壤上。

此外,常见氮磷二元复混肥还有偏磷酸铵、聚磷酸铵、硝磷铵、尿磷铵、硫磷铵等。

2. 氮钾复混肥——硝酸钾　硝酸钾是用硝酸钠与氯化钾一起溶解后再重结晶而成,反应如下:

$$NaNO_3 + KCl \longrightarrow KNO_3 + NaCl$$

硝酸钾为斜方或菱形白色结晶,含氮 12%～15%,钾(K_2O)45%～46%,易溶于水,吸湿性小,物理性状良好;宜作追肥,但不宜作种肥和基肥;宜旱地施用,而不宜水田施用;宜喜钾忌氯作物,如马铃薯、烟草和甜菜等。硝酸钾的稀溶液对种子萌发和根的生长有促进作用,作根外追肥的浓度为 0.6%～1.0%。硝酸钾是配制混合肥料的理想钾源,但硝酸钾是制造火药的原料,储运时要特别注意防高温、防火、防爆,由于生产成本较高,生产量不大。

3. 磷钾复混肥——磷酸二氢钾　磷酸二氢钾是用硫酸钾(或氯化钾)与生石灰生成氢氧化钾后,再用磷酸酸化而成,主要反应如下:

$$K_2SO_4 + CaO + H_2O \longrightarrow KOH + CaSO_4$$

$$KOH + H_3PO_4 \longrightarrow KH_2PO_4 + H_2O$$

磷酸二氢钾为白色晶体,含磷(P_2O_5)52.2%,钾(K_2O)34.5%,物理性状好,吸湿性小,易溶于水,呈酸性反应,pH 为 3～4。由于生产成本高,成品价格昂贵,生产和使用受到极大限制,多用于根外追肥和浸种。浸种适宜浓度为 0.2%,浸种时间 10～20 小时,晾干后播种,可以达到增产效果。根外追肥适宜浓度为 0.1%～0.3%,在禾类作物的拔节到开花期、棉花的盛花期,喷施 1～2 次,可以达到增产效果。

(二)三元复混肥料

1. 硝磷钾肥　用硝酸分解磷矿石,并向混合物中加入硫酸铵,边加边不断搅拌,再加入一定量的氯化钾,待其反应结束后,取出反应物烘干并进行造粒,即可制得硝磷钾肥,主要含 NH_4NO_3、NH_4Cl、KNO_3、KCl、$CaSO_4$、$CaHPO_4$、$NH_4H_2PO_4$ 等。硝磷钾肥的氮磷钾含量不一,可因生产工艺而异,含 N 11%～17%,K_2O 12%～17%,P_2O_5 6%～17%,而其中水溶性磷为 40%～85%。硝磷钾肥制造工艺简单,有效成分含量高,不结块,不含游离酸,可与种子一起播下,施用方便,作物对磷的利用率高。

2. 硝胺磷钾肥　用氨中和磷酸的过程中加入硝酸铵,或者用氨中和磷酸和硝酸的混合液,在加热搅拌的条件下,加入氯化钾,最后将产品干燥、造粒,即得到成品。硝胺磷钾肥中 N、P_2O_5、K_2O 的含量均为 17.5%,且肥料中各组分均为水溶性,施用后易被作物吸收利用,对多种作物均具有较好的效果,如水稻、小麦、玉米等,是一种很有发展前途的肥料。

3. 尿磷钾肥　尿磷钾肥是由尿素、磷酸一铵和氯化钾按不同比例掺混、造粒而成的三元复混肥料。目前,尿素 - 磷酸一铵 - 氯化钾体系的典型三元复混肥品种有 15-15-15、19-19-19、27-13.5-13.5、23-11.5-23、23-23-11.5 等几种比例。

4. 铵磷钾肥　铵磷钾肥是用硫酸铵、硫酸钾和磷酸盐按不同比例混合而成的一种高浓度三元复混肥料,也可用磷酸铵与钾盐混合制成。主要有 12-14-12、10-20-15、20-30-10 等几种比例,氮磷钾总养分含量一般都在 70% 以上。这类肥料溶解度较高,物理性状良好,3 种养分基本上都是速效的,适合用来配制高浓度营养液,易被作物吸收利用,适宜作为种肥和基肥进行条施或穴施。

(三)其他肥料

随着包膜技术的不断发展,用低分子聚丙烯和聚乙烯的混合物用作包膜材料,制成氮磷钾复合长效肥,养分含量为13-13-11,释放速率很低,24小时水中初释放率几乎为零。此外,日本采用60%的混合蜡(聚乙烯、聚丙烯和石蜡的混合物)、30%的胶树脂和10%的滑石粉作包膜材料,生产16-0-16和12-12-12两种复合长效肥,2小时水中初释放率为20%~30%,并在几种作物上进行肥效试验,取得了一定的效果。我国研制的以脲甲醛为基质的氮磷钾复合长效肥,在果树上进行了肥效试验并取得有一定的效果。

二、复混肥料的施用

复混肥料的增产效果与作物需肥特征、土壤理化性质、肥料养分供应能力、养分形态等有关。为了合理施用,充分发挥其增产增效作用,在施用时应针对具体作物类型、土壤好气候特征进行科学施用。

1. **作物特性** 追求品质为主的作物,对养分的需求一般是钾>氮>磷,所以宜选高钾、中磷、低氮的复混肥料,这是因为充足的钾对提高经济作物产品品质具有特别重要的作用;足量的钾能增加甘蔗、甜菜的糖分,提高出糖率。对于追求产量为主的作物,对养分的需求一般是氮>磷、钾,所以宜选用高氮、低磷钾型复混肥。

2. **土壤理化特征与养分供应能力** 根据土壤理化特征及供肥水平不同,应选择适合的复混肥料。高产地区宜选用氮、磷、钾三元复混肥料,中低产地区宜选用以氮磷为主的复混肥料,在施肥的同时要注意某些微量元素的补充。在石灰性土地上,应当选用酸性复混肥料,如尿素重钙系、硝酸磷肥系等,不应选用碱性复混肥料。在某种养分供应不足的土壤上,应选用肥料中含有充足该养分的配置情况。

3. **复混肥料中养分的形态** 旱田和水田均可使用含铵态氮、酰胺态氮类复混肥,但不同中药材对不同氮素形态的喜好不同,如西洋参以铵态氮为氮源比硝态氮更能促进根重增加;人参则以硝态氮为氮源比铵态氮更能促进根重增加。此外,含氯的复混肥料不宜在盐碱地和忌氯植物的土壤上施用,含水溶性磷的复混肥料在各种类型的土壤上均可施用以达到增产增效的目的,含枸溶性磷的复混肥料施于酸性土壤上亦可达到增产增效的目标。

4. **施肥时期** 结合作物营养的最大效率期施肥,不仅能够更有效地促进作物生长,而且必然达到肥料的最大利用效率。如,三七8—10月的需肥量占全年50%以上,该时期为三七重要的追肥时期。在高温、多雨的地区,肥料分解快,追肥不宜过早、过多,应少量多次,减少养分流失。

5. **产量与品质兼顾** 中药品质成分多数是次生代谢产物,与中药产量之间并不完全对应。在施肥时,要注意药材的品质和产量兼顾,选择合适的优质高产的复混肥。

本章主要介绍复混肥料的概念、分类以及发展；复混合肥料的主要品种及其性质；复混肥料施用的注意事项等。

思考题

1. 什么是复混肥料？复混肥料可以分为哪些类型，各有何特点？

2. 磷酸铵系复合肥料有哪几种？如何正确施用？

3. 硝酸磷肥系复合肥料有哪几种？如何正确施用？

4. 复混肥料有哪些优缺点？

5. 试述 BB 肥的优缺点。

6. 简述复混肥料施用原则。

第八章同步练习

第九章　有机肥料

掌握：畜禽粪肥、厩肥、秸秆肥、堆肥、沤肥、绿肥、泥炭与腐殖酸类肥等有机肥料种类、性质和施用方法等。

熟悉：有机肥料在农业生产中的作用；传统有机肥料和商品有机肥料的区别。

了解：有机肥料的生产及发展趋势；有机肥料对于药用植物栽培的意义。

有机肥料（organic fertilizer）指主要来源于植物和/或动物，经过发酵腐熟的含碳有机物料，其功能是改善土壤肥力，提供植物营养，提高作物品质。有机肥料是最古老的肥料。中国早在二三千年以前就有了施用有机肥料的文字记载。广义（传统）的有机肥料也叫农家肥，包括农业废弃物（如秸秆、豆粕、棉粕等）、人畜禽粪便（如鸡粪、牛羊马粪等）、工业废弃物（如酒糟、糖渣、糠醛渣、菜籽饼等）、经分类陈化的生活垃圾和城市淤泥等。狭义的有机肥料专指以各种动物废弃物（包括动物粪便、动物加工废弃物）和植物残体（饼肥类、作物秸秆、枯枝落叶、草炭等），采用物理、化学、生物或三者兼有的处理技术，经过一定的加工工艺，消除其中的有害物质（病原菌、病虫卵害、杂草种籽等）达到无害化标准而制成的符合国家相关标准及法规的一类肥料。随着农业生产对有机肥料的质量和安全性要求提高，广义有机肥料的概念逐渐被狭义概念取代，发展商品有机肥料是大势所趋。

有机肥料能给作物提供多样化的养分，维持地力，改善作物品质；推广应用有机肥料，既是农业自身物质能量的再循环，又是维持和提高土壤肥力、保护土壤环境的重要措施。在以质量和安全为核心的中药种植生产中，更应重视有机肥料的施用。

第一节　有机肥料概述

一、有机肥料的特点

1. 来源广泛　有机肥料原料广泛，种类多，数量大。根据传统有机肥料的原料来源和积制方法，把有机肥料归纳为粪肥类、堆沤肥类、秸秆肥类、绿肥类、土杂肥类、饼肥类、海肥类、腐殖酸类、农业城镇废弃物、沼气肥十大类。

2. 养分全面　有机肥料含有作物生长所需的氮、磷、钾等大量元素和硫、钙、镁、锌、钼、铜等中、微量元素，还含有化肥所没有的养分，如氨基酸、蛋白质、糖、脂肪、腐殖质等各种有机养分，是作物的重要营养源。

3. 养分释放缓慢　有机肥料所含的养分大部分以有机态形式存在，有机物质通过微生物分解和矿化转变成为植物可利用的形态，需要较长的时间。有机肥料转化为土壤有机质约占土壤有机质当年形成量的 2/3 左右。在作物旺盛生长、需养分较多的时期，有机肥料常不能及时满足作物对养分的需求。

4. 肥效持久　有机肥料所含的有机态养分，在不断地矿化后才能被作物吸收利用。有机肥料作基肥，可以不断分解、释放养分，其肥效较化肥持久。

二、有机肥料在农业生产中的作用

1. 提供作物生长所需的养分　有机肥料含作物生长所需养分，是作物养分的补给源。植物必需的 17 种营养元素，有机肥料都有，其中尤以磷、钾素和微量元素矿质养分为多。长期施用有机肥料，养分在土壤中积累可形成土壤"养分库"，能源源不断地供给作物生长。

2. 改良土壤结构　土壤有机质是土壤肥力的重要指标，是形成良好土壤环境的物质基础。有机肥料在微生物作用下，分解转化成简单的化合物，同时经过生物化学的作用，合成腐殖质。腐殖质增加土壤胶结能力和团聚作用，促进团粒结构形成；有机肥料的比重一般比土壤小，施入土壤的有机肥料能降低土壤的容重，改善土壤通气状况，减少土壤栽插阻力，使耕性变好。

3. 增加土壤保水、保肥、保温能力　有机肥料在土壤溶液中离解出氢离子，具有很强的阳离子交换能力，提高养分利用率，可增强土壤的保肥性能。土壤矿物颗粒的吸水量最高为 50%～60%，腐殖质的吸水量为 400%～600%，施用有机肥料，可增加土壤持水量，一般可提高 10 倍左右。有机肥料的带导率较高，能缓冲环境温度骤变对植物根际环境和植物生长的影响。

4. 提高土壤微生物活性　有机肥料是微生物获得能量和养分的主要来源，施用有机肥料，有利于土壤微生物活动，促进作物生长发育。微生物在分解和代谢活动中，不只产生 N、P、K 等无机养分，还有谷氨酸、脯氨酸等多种氨基酸，多种维生素以及细胞分裂素、植物生长素、赤霉素等植物激素。这些物质给作物的生长发育带来巨大影响。

5. 增加缓冲能力，改善土壤环境　有机肥料在分解过程中产生的腐殖酸与土壤中各种阳离子生成腐殖酸盐，而腐殖酸与腐殖酸盐形成缓冲溶液，能调节根际 pH，对酸碱有缓冲作用，从而为作物的正常生长发育创造了良好的环境条件。有机肥料还能提高土壤阳离子交换量，增加对有害离子的吸附，土壤中有毒物质对作物的毒害可大大减轻或消失，从而改善土壤环境。有机肥料一般还能减少铅的供应，增加砷的固定。

6. 减轻环境污染　如果大量有机肥料弃之不用，其臭气散发可污染空气，淋入湖塘可使水体营养化造成面源污染，特别是粪尿中含有大量病菌、虫卵，不及时处理，会传播疾病，危害人畜健康。反之，经过腐熟和无害化处理，施入农田，则可减轻环境污染，还可提高土壤肥力。

三、有机肥料的原料来源及要求

我国农业农村部对有机肥料的原料(绿肥、农家肥等自积自造的粪肥和堆肥除外)提出了具体要求。有机肥料的生产原料应遵循"安全、卫生、稳定、有效"的基本原则,原料按标准目录分类管理,分为适用类(表9-1)、评估类(表9-2)和禁用类3类。禁止选用粉煤灰、钢渣、污泥、生活垃圾(经分类陈化后的厨余废弃物除外)、含有外来入侵物种物料和法律法规禁止的物料等存在安全隐患的禁用类原料。对于评估类原料,须进行安全评估并通过安全性评价后才能用于有机肥料生产。具体原料及要求见表9-1、表9-2。

表9-1 有机肥料生产适用类原料

原料种类	原料名称
种植业废弃物	谷、麦及薯类、豆类、油料作物、园艺及其他作物秸秆;林草废弃物
养殖业废弃物	畜禽粪尿及畜禽圈舍垫料(植物类);废饲料
加工类废弃物	麸皮、稻壳、菜籽饼、大豆饼、花生饼、芝麻饼、油葵饼、棉籽饼等种植业加工过程的副产物
天然原料	草炭、泥炭、褐煤等

表9-2 有机肥料生产安全评估类原料及安全性评价要求

原料名称	安全性评价指标
植物源性中药渣	重金属、抗生素、所用有机浸提剂含量等
厨余废弃物(经分类和陈化)	盐分、油脂、蛋白质代谢产物胺类、黄曲霉素、种子发芽指数等
骨胶提取后剩余的骨粉	化学萃取剂品种和含量等
蚯蚓粪	重金属含量等
食品级饮料加工有机废弃物(酒糟、酱油精、醋糟、味精渣、酱糟、酵母渣、薯渣、玉米渣、糖渣、果渣、食用菌渣等)	盐分、重金属含量等
糠醛渣	持久性有机污染物等
水产养殖废弃物(鱼杂类、蛏子、鱼类、贝杂类、海藻类、海松、海带、蛤蜊皮、海草、海绵、蕴草、苔条等)	盐分、重金属含量等
沼渣/液(限种植业、养殖业、食品及饮料加工业)	盐分、重金属含量等

第二节 粪尿肥和厩肥

粪尿肥成分非常复杂,主要是纤维素、半纤维素、木质素、蛋白质及其分解产物、脂肪类、有机酸、酶以及各种无机盐类。家畜粪中含有机质15%～30%,其中氮、磷含量比钾高;就各种家畜粪肥养分比较,羊粪中氮、磷、钾含量最多,而猪、马粪次之,牛粪最差。

厩肥是家畜和各种垫圈材料及残余饲料混合积制的一种有机肥料。北方常用土作主要垫料,称为"土粪";南方常用作物秸秆或青草作主要垫料,称为"草粪"或"栏粪"。

一、家畜粪尿

1. 家畜粪的成分和性质

（1）猪粪：由于猪的饲料多样化，猪粪的性质也常不一致。一般猪粪的养分含量比较丰富，氮素含量是牛粪的 2 倍，磷、钾含量均多于牛粪和马粪；只是粪中的钙、镁含量低于其他粪肥，而且有机质含量也不算太高。猪粪 C/N 较低，且含有大量的氨化细菌，容易腐熟，腐熟后形成大量的腐殖质和蜡质，而且阳离子交换量较高。施用后，能增加土壤的保肥保水性能。蜡质能防止土壤毛管水的蒸发，对于抗旱保墒有一定的作用。猪粪属温性肥料，肥力柔和，后劲长，既长苗又壮棵，适用于各种土壤和作物，尤以施于排水良好的土壤为好。

（2）牛粪：牛是反刍动物，饲料经胃中反复消化，因而粪便细密；又因牛饮水量大，粪中含水量高，通气性差，因此牛粪分解腐熟缓慢，发酵温度低，称为冷性肥料。牛粪中养分含量是家畜粪中最低的一种，尤其是氮素含量很低，其 C/N 较大。新鲜牛粪略加风干，加入 3%～5% 量的钙镁磷肥或磷矿粉，进行混合堆沤，可以加速其分解，并获得优质的有机肥料。牛粪对改良含有机质少的轻质土壤，具有良好的效果。

（3）马粪：马对饲料的咀嚼和消化不及牛细致，因而粪中纤维素含量高，疏松多孔，水分易于蒸发，含水分少。粪中含有很多高温纤维素分解细菌，能促进纤维素的分解，因此腐熟分解快，在堆积过程中，发热量大，称为热性肥料。一般可作为温床发热材料（酿热物），如中药材早春育苗时，在苗床中将马粪和秸秆混合铺垫在下层，上面铺以肥沃的园土，这样可以提高苗床温度，使幼苗提前移栽。在制造堆肥时，加入适量马粪，可促进堆肥腐熟。马粪对改良黏重的土壤，有显著效果。

（4）羊粪：羊也是反刍动物，对饲料咀嚼很细，又因羊饮水少，所以羊粪质细密干燥，肥分较高。羊粪是家畜粪中养分最高的一种，尤其是粪中的有机质，全氮和钙、镁等物质的含量更高。羊粪比马粪发热量低，但比牛粪发热量大，发酵速度也快，也称热性肥料。羊粪宜与猪、牛粪混合堆积，达到肥劲"平稳"。羊粪对各种土壤均可施用，在中药种植行业广泛应用。

（5）兔粪：兔粪是一种优质高效的有机肥料，其氮、磷、钾含量比羊粪还高。兔粪作基肥，肥效高，肥力长，增产显著。实践表明，兔粪还有驱虫作用，对减轻黏虫、麦秆蝇的危害有一定的效果。将兔粪液施在作物根旁，可减轻地老虎的危害，还可防红蜘蛛等棉花害虫。

2. 家畜粪尿的施用

家畜粪尿肥效稳定而长。就肥料本身性质来看，家畜尿比家畜粪容易分解，如粪尿分别贮存，尿宜作追肥，而粪宜作基肥。但猪粪尿常混合贮存，因猪粪 C/N 较小，分解较快，因此猪粪尿不仅可作基肥，也可作追肥。羊粪、马粪虽然分解比牛粪快，但分解时发酵热高，易引起烧苗，故一般家畜粪尿，宜先腐熟或制成腐熟厩肥后施用。一般应在种植中药前施入土壤中，或多年生中药材在秋冬季地上部分倒苗后进行沟施、穴施或畦面撒施，施后盖土或覆盖秸秆。

二、厩肥

1. 厩肥的成分和性质

厩肥的成分因垫圈材料和用量、家畜种类、饲料优劣等条件而异。据测定，厩肥平均含有机质 25%，N 0.5%，P_2O_5 0.25%，K_2O 0.5%。新鲜厩肥中含有难分解的纤维素、木质素等化合物，C/N 较大，而氮大部分呈有机态，当年利用率低，一般低于 10%，最高 30%。如果新鲜厩肥直接施入土壤，由于土壤微生物分解厩肥过程中吸收土壤养分和水分，会与作物幼苗争水争肥；在嫌气条件下分解，还会产生反硝化作用，引起肥料中氮的损失。所以新鲜厩肥须堆制腐熟后才能施用。

腐熟的目的是通过微生物活动促使厩肥矿化和腐殖化，提高厩肥品质，同时消灭家畜和垫圈材料中的病菌、虫卵和杂草种子，以免危害作物。厩肥腐熟的外部特征是"黑、烂、臭、湿"，而半腐熟者则为"棕、软、霉、干"。腐殖质的含量也是厩肥腐熟度的重要指标。

2. 厩肥的施用　厩肥含有丰富的腐殖质，其肥效迟缓而持久；除了给作物供给养分外，还具有保肥、改土的作用，因此在施用时，应充分考虑土壤条件、作物种类和气候条件。

厩肥一般作基肥，全面撒施或集中施用。厩肥的施用量为每亩 1 000～1 500kg。厩肥中氮、磷、钾 3 种养分对植物有效程度是不同的。厩肥的氮素利用率一般不超过 30%，磷的利用率不超过 50%，而钾的利用率较高，一般在 70% 左右。根据厩肥供肥的这些特点，应注意配合施用速效氮磷化肥。全腐熟的厩肥也可作追肥，施后盖土。为了充分发挥家畜粪肥的增产效果，提倡家畜粪与化学肥料配合或混合施用。因家畜粪肥具有养分完全、肥效迟缓的特点，而化肥则是养分单纯、肥效快速的一类肥料。两者配合或混合施用，不仅可以收到缓急相济、互促肥效之利，而且还会收到逐步提高土壤肥力之益，因而是合理施肥中的一项重要措施。

第三节　作物秸秆

秸秆直接还田是指前茬作物收获后，把作物秸秆直接用作后茬作物的基肥或覆盖肥。作物秸秆除了堆制或沤制肥料外，直接还田也是利用有机质的一种方法。随着农业生产的发展和机械化程度的不断提高，应该大力提倡秸秆直接还田。目前我国作物秸秆直接还田的比例为 50% 左右，北方农业机械化程度高的地区高于南方丘陵山地。

一、秸秆还田的作用

1. 改善土壤结构　秸秆直接施入土壤，要比先把其堆积分解而后施入土壤更有利于改良土壤的结构。在一定程度上，水稳性团聚体随土壤中多糖类含量的提高而增加。土壤中的多糖是土壤微生物合成的产物，而新鲜有机质则是微生物合成多糖所必需的碳源。如土壤中加入燕麦秆培养时，多糖醛酸苷的含量就能增加。另外，微生物分解秸秆时，也可摄取土壤氮素，形成作为多糖类成分之一的氨基糖。因此，土壤中施入秸秆物质可以增加土壤团聚体，改善土壤的物理性质。同时，秸秆直接还田形成的新鲜腐殖质可以随即与土粒结合，促成土壤的团粒结构，避免了腐熟后施用时活性腐殖质可能因干燥变性而失效的缺点。

2. 固定和保存氮素养料　作物收获后立即将秸秆切碎加以翻耕，新鲜秸秆施入土壤后，一方面为好气性和嫌气性的自主固氮菌提供能源而促进固氮作用；另一方面，因为它能供给微生物生命活动所必需的能源（碳源），使微生物活动旺盛，较多地吸收土壤中的速效氮素，以合成细胞体，从而使氮素保存下来。新鲜秸秆分解过程中所保存的氮素,大部分易转化为有效态,可供当季作物利用。

3. 促进土壤中植物养料的转化　秸秆直接还田较之堆沤腐熟后施用,更能加强土壤微生物的活动。不仅可以加速有机质本身所含植物养料的分解,而且有助于土壤中的磷、钾等矿物质养料的释放,从而加速了土壤中"生物小循环"的进程,有利于土壤有效肥力的进一步提高。

二、秸秆在土壤中的分解

1. 秸秆分解的3个阶段　秸秆在土壤中分解的过程是在微生物作用下的矿化和腐殖化过程,可分为3个阶段。

(1)快速分解阶段:在真菌和无芽孢细菌为主的微生物作用下,大部分水溶性有机物和淀粉等被分解。分解在20~30℃和适量水分条件下进行,分解的时间一般可维持12~45天。

(2)缓慢分解阶段:在芽孢细菌和纤维素分解菌为主的作用下,主要分解蛋白质、果胶类物质和纤维素等。这时细菌大量繁殖,需要大量糖类和氮素,出现微生物与作物争夺有效氮的情况。

(3)分解高分子物质阶段:在放线菌和某些真菌为主的作用下,主要分解木质素、单宁、蜡质等。

2. 影响秸秆分解的因素

(1)秸秆的化学组成:凡是含糖量高(碳氮比小)、木质素含量低的秸秆就易于分解,分解速度就快,反之则比较慢。

(2)秸秆的细碎程度:秸秆粉碎程度越高,与土壤接触面大,越易于吸水,微生物作用面积也大,分解速度快。不经粉碎而整株翻入的,既不利于分解,也不利于保墒。

(3)土壤的水、热条件:土壤温度为30℃,湿度为田间持水量的60%~80%时,微生物活动旺盛,分解就快;若土壤温度较低,在5~10℃或土壤湿度低于田间持水量40%时,秸秆分解则比较缓慢;当温度低于5℃,土壤含水量低于田间持水量的20%时,秸秆分解几乎停止。此外,土壤质地、结构及熟化程度也都会影响秸秆分解的速度。

三、秸秆还田的方法

秸秆直接还田的效果与还田措施有密切关系。若处理不当,反而会使作物生长不良,严重时会导致减产。为此,秸秆直接还田时还应注意以下问题。

1. 配施氮、磷化肥　一般粮食作物秸秆的 C/N 大(90:1~100:1),氮少碳多,施入土壤的初期,常会出现微生物与作物幼苗争夺土壤中速效氮素,影响幼苗的正常生长。因此,在秸秆直接还田的同时,应适当配施一些化学氮肥;对缺磷土壤还应配施速效磷肥,以促进微生物的活动,有利于秸秆的腐解。

2. 翻埋方法　作物秸秆最好机械切碎后翻耕。翻压后如土壤墒情不足,应结合灌水。在临近播种时要结合镇压,促其腐烂分解。在翻耕时旱地土壤的水分含量掌握在田间持水量的60%时较适合,如水分超过150%时,由于通气不良,秸秆氮矿化后易引起反硝化作用而损失氮素。在机械耕翻前,每亩用2~3kg秸秆腐熟剂拌和150kg细土均匀撒施在秸秆残体上,可加快秸秆腐熟速度,提高秸秆还田效果。

3．翻埋时间　秸秆直接还田,一般宜在作物收割后立即耕翻入土,避免水分损失致不易腐解。在北方寒冷地区,应在秋季翻耕入土。在南方一年两熟或三熟地区,当水稻、油菜等前作收获后,应及时翻埋,以在后茬种植前15～45天为好。南方秸秆还田一般对后茬第二季作物效果比第一季作物好。这是由于秸秆入土经过一季分解后,土壤肥力才有所提高。

4．施用量　在薄地化肥不足的情况下,秸秆还田离播期又较近时,秸秆的用量不宜过多;而在肥地、化肥较多、距播期较远的情况下,则可加大用量或全田翻压。一般秸秆施用量为每亩300～400kg。

第四节　堆肥和沤肥

堆肥是利用各种植物残体为主要原料,混合适量家畜粪尿或肥土,主要经好气微生物作用堆制而成的有机肥料。可分为普通堆肥和高温堆肥两类。普通堆肥一般含泥土比例较大,堆腐过程中温度较低且变化不大,堆腐时间较长,适用于常年积制。高温堆肥以纤维素多的有机物料为主加入一定量的人畜粪尿等物质,以调节 C/N 堆制而成。堆腐过程中温度较高,有明显的高温阶段,堆置的时间较短,但能促进堆制物质的腐解及杀灭其中的病菌、虫卵和杂草种子。

沤肥是我国南方平原水乡传统的一种重要积肥方式。北方也有利用雨季或水源便利的地方进行沤制。由于沤肥沤制的场所、时期、材料和方法上的差异,各地名称不一,如江苏称草塘泥,四川、湖南、湖北和广西称凼肥,江西、安徽称窖肥,北方大多称坑肥。其共同点都是利用有机物与泥土混合,在淹水条件下,由微生物进行嫌气分解积制。由于沤肥是在嫌气常温下腐熟,分解速度较慢,有机质和氮素损失较少,腐殖质积累较多,为质量较好的一种有机肥料。

一、堆肥

1．堆肥的成分和性质　堆肥中有机质丰富,C/N 小,是良好的有机肥料。高温堆肥所有养分含量均高,C/N 最小,其肥料价值通常高于普通堆肥。堆肥养分含量因堆肥原料和堆制方法等不同而有明显差异(表 9-3)。堆肥的基本性质和厩肥类似,一般作基肥,可结合翻地时施用,每亩用量 1 500～2 500kg。

表 9-3　堆肥的养分含量　　　　　　　　　　　　　　　　　单位: g/kg

堆肥种类	水分	有机质	N	P_2O_5	K_2O	C/N
普通堆肥	60～75	150～250	4.0～5.0	1.8～2.6	4.5～7.0	16～20
高温堆肥	—	241～418	10.5～20.0	3.0～8.2	4.7～25.3	9.7～10.7

2．堆肥的堆置原理　堆肥腐熟过程的基本原理是各种微生物对有机残体进行矿化分解,使各种有机物转化成腐殖质和释放出植物能吸收利用的各种可溶性无机养分。在堆肥的整个腐熟过程中,经历了不同的温度变化阶段,各阶段的优势微生物种类及其作用是不同的,而以高温堆

肥最为明显。主要如下。

（1）发热阶段：堆制初期，堆温由常温上升到50℃左右，称为发热阶段。这一阶段之初，堆温为25～40℃，适合于一些无芽孢杆菌、球菌、芽孢杆菌、放线菌、真菌和产酸细菌等中温性的微生物的活动。这些微生物的主要作用是，先利用水溶性的有机物（如简单的糖类、淀粉等）而迅速繁殖，继而分解蛋白质和部分半纤维素和纤维素，同时释放出NH_3、CO_2和热量。

（2）高温阶段：这一阶段的温度大致在50～70℃，占优势的微生物是好热性真菌属的一些类群、普通小单孢菌、好热褐色放线菌和高温纤维素分解菌等，它们的主要作用是分解半纤维素、纤维素、果胶类物质和部分木质素，同时放出大量热能，促使堆温上升。本阶段除了矿化过程外，同时进行着腐殖化过程。这一阶段对加速堆肥腐熟和杀死虫卵、病菌均有重要作用。

（3）降温阶段：由于纤维素、半纤维素、木质素等残存量减少，水分和氧气供应不足等因素，微生物生命活动的强度减弱，产热量减少，堆温降到50℃以下，称为降温阶段。此时，堆中微生物以中温性微生物（如中温性的纤维分解细菌、芽孢杆菌和放线菌）为优势种类。在此阶段，微生物的主要作用是合成腐殖质。

（4）后熟保温阶段：此阶段继续进行缓慢的矿化和腐殖化过程，肥堆内的温度仍稍高于气温，堆内物质的C/N已逐步降低，腐殖质积累明显增加。这一阶段的关键是保存已形成的腐殖质和各种养分，特别是氮素。为此，应将堆肥压紧，造成嫌气条件，以达到腐熟、保肥的目的。

3. 影响堆肥腐熟的因素　堆肥的整个腐解过程实质是多种微生物交替活动和作用的持续过程。因此，控制和调节好堆肥中微生物活动的条件，是获得优质堆肥的关键。水分、空气、温度、堆肥材料的C/N和pH等是影响微生物群活动的重要因素。

（1）水分：微生物在堆料或土壤的水膜里进行生命活动，细胞中水分占70%～80%。适当保持微生物堆肥中的含水量，是促进微生物活动和堆肥发酵的首要条件。在堆肥的各阶段对水分的要求大体为：发热阶段水分不宜过多（含水量为原材料湿重的60%～70%），高温阶段水分消耗较多，要经常补充，降温和后熟保温阶段宜有较多水分以利于腐殖质累积。

（2）通气状况：堆肥中的通气状况关系到微生物的正常活动、堆肥的腐熟速度和质量。一般在堆制初期要创造较为好气的条件，促进好气纤维分解菌活力和氨化、硝化作用的进行，加速有机物质的矿化；堆制后期要达到较为嫌气的条件，以利于腐殖质形成和减少养分的损失。因此，在传统堆肥实践中，一般在堆制前期采用设置通气塔、通气沟等通气装置，或采用疏松堆积的方法，促进有机物质的分解；到了后期，则根据具体情况，撤除通气塔，堵塞通气沟或通过加水、压紧、泥封等措施来实现紧密堆积，以保存养分和促进腐殖质的积累。

（3）温度：堆肥温度的升降是反映各类微生物群落活动的标志。一般好气性微生物适宜温度为40～50℃，厌气性微生物为25～35℃，中温性纤维分解微生物为50℃以下，高温性纤维分解微生物为60～65℃。控制好温度才能获得充分腐熟的优质堆肥，堆温过高、过低都影响到堆腐速率。实践上常通过接种好热性纤维分解细菌（加入骡、马粪）以利于升温，适当加大肥堆以利于保温，以及调节水分和通气状况等措施达到调节堆温的目的。

（4）碳氮比（C/N）：碳水化合物是微生物的能源，无机氮素则是微生物繁殖建造细胞的材料。堆肥的堆制材料有适宜的碳氮比能加速堆肥腐熟，提高腐殖化系数。各种有机材料的碳氮比不同（表9-4）。微生物每吸收25份碳素，约需用1份氮素。C/N过大，不利于微生物活动，使腐熟过程缓慢,降低腐殖化系数,有机质损失过多。对于 C/N 高的堆肥材料必须加入适量的含氮物质,使 C/N 降到 30∶1～40∶1。但如果加氮过多,C/N 小于 25∶1,微生物繁殖过快,材料易分解释放出游离 NH_3 而损失。

表9-4　不同有机材料的碳氮比

材料种类	野草	作物秸秆	干稻草	三叶草	大豆秸秆	紫云英	锯木屑
C/N	25∶1～40∶1	65∶1～85∶1	67∶1	20∶1	37∶1	10∶1～17.3∶1	250∶1

(5)酸碱度(pH):中性或微碱性条件有利于堆肥中多数有益的微生物的活动,能加速腐熟,不致造成氨的挥发。但在堆腐过程中原料腐解产生各类有机酸和碳酸而使环境酸化。因此,在堆制堆肥时要加入堆制质量的 2%～3% 的石灰或 5% 的草木灰以中和其酸度。

4.堆肥的堆制方法

(1)堆肥原料的性质和作用

1)基本材料:又称主体材料,常用的有农作物秸秆、青草、落叶、植物性垃圾等。这些物质一般体积庞大,养分浓度低,C/N 高,所以堆腐前都应酌情加以预处理;玉米秆等粗大材料进行切断或锄碎,并用水浸泡或进行假堆积,使之初步吸水软化;含水较多的鲜嫩青草应稍加晾晒,使其萎蔫;城镇垃圾则要分选,剔除非肥成分。

2)促进分解的物质:包括含高氮物质和碱性物质,一般采用人畜粪尿、化学氮肥、石灰、草木灰等,这类物质通过引入各种微生物或调节 C/N 或调节 pH 而加速堆肥分解腐熟。

3)吸收性强的物质:有泥碳、泥肥、细泥土、普钙或磷矿粉等,可以吸收堆肥腐熟过程中生成的各种水溶性养分,防止或减少氨的挥发。

(2)普通堆肥的堆制方法:普通堆肥是在嫌气和较低温度(通常 15～35℃)条件下进行的,堆内温度比较稳定,腐熟较慢,按堆制方法可分为地面式和地下式两种。

1)地面式:适于气温较高或湿度较大的地区或季节采用。选择地势高、干燥而平坦、排水良好、接近水源而又交通方便的地方堆制。先平整,打紧地面,铺约 10cm 厚的草皮土或泥炭,以吸收下渗的肥液。然后将截短的原料均匀堆放,压紧踏实,厚度 20～30cm,泼施适量人畜粪尿,撒上草木灰或石灰,再铺 3～5cm 厚的一层细土或污泥。如此一层层堆到约 2m 高,最后用稀泥封顶或用塑料薄膜覆盖,1 个月后翻堆检查,将外层翻入中间,中间腐熟良好的翻到外层,并补适量水分或人畜粪尿,重新堆腐。夏季 2 个月,冬季 3～4 个月即可腐熟使用。在堆制过程中,注意掌握铺原料下层宜厚,上层宜薄,加入畜粪尿下层宜少,上层宜多。

2)地下式:在田头或宅旁挖坑,将秸秆、青草、垃圾、粪尿肥或草木灰等物料分层放入坑内,其具体做法与地面式相同。堆积 1～2 个月后,要将底层先腐解的物质掘起,将上层的翻入下层,并酌加粪水以促进腐解。这种方法的特点是保水、保温、保肥效果好,在气候较冷或较干旱的情况下都可采用,但此法不宜在地下水位过高或地势低洼、容易积水的地方使用。地下式堆肥比地面式提前 1～2 个月腐熟。

(3)高温堆肥:堆制时首先调节好物料配比,注意骡马粪的加入量(通常骡马粪∶秸秆 = 1∶1.5～1∶2)和化学氮肥的配用量(使堆积材料含氮达到 13～15g/kg),需用的人粪尿、石灰、加水量与普通堆肥相似。然后将物料充分混拌均匀,并以水湿润,达物料最高持水量的 60%～

70% 为宜，随后堆成厚 1～2m 的长方形堆，封顶再泼水少许，堆顶覆盖 4～6cm 厚的细土，以利于保温、保水和保肥。如果堆制地骡马粪和人粪尿不足，可用 20% 的发过热的老堆肥和 1% 左右的过磷酸钙以及适量化学氮肥代替。在寒冬季节堆制时，堆外应覆盖一层塑料薄膜。堆后 5～7 天，堆内开始发热，再过 2～3 天，堆温可达到 60～70℃，可进行第一次翻堆。如发现过分干燥可适量补充水分，重新堆积盖土。此时堆温暂降，几天后继续发高热。待 10 天左右进行第二次翻堆，此时视堆肥干湿状况可多加些水分。如果堆肥材料已接近黑、烂、臭的程度，说明基本腐熟，或当即施用，或进行压实保肥。如果堆肥物料尚未完全腐熟，还需再行翻堆，继续堆腐。

5. 堆肥的施用　堆肥主要是用作基肥，适用各种土壤和作物，尤宜于药用植物的栽培施肥。施用量一般为每亩 1 000～2 000kg。用量多时，可结合翻地时全耕层混施，以使土肥相融；用量少时，可沟施或穴施，以充分发挥肥效。为了缩短堆腐时间和减少堆腐过程中有机质和肥分的损失，凡下列情况之一者可以施用半腐熟或腐熟度稍低的堆肥：高温多雨季节，疏松通透性好的砂质土壤，有良好的灌溉条件，施肥与播种期相隔较远。反之，在干旱地区，温度低而黏质土壤，种植生育期较短的作物如叶菜类蔬菜等宜选用完全腐熟的堆肥。

腐熟的堆肥也可用作追肥。作追肥时要适当提前，并尽量施入土层内，以利于发挥肥效。无论采用何种方式施用堆肥，都必须注意只要启封堆肥，就要及时将肥料运到田间，尽快施入土中，以利于保蓄养分和水分。

二、沤肥

1. 沤肥的成分和性质　沤肥的成分随沤制材料的种类及配合比例不同而异，如中科院南京土壤研究所对太湖地区 23 个草塘泥样品的分析结果（表 9-5）表明，草塘泥的 pH 一般为 6～8，氮、磷、钙、镁、有机质、铜、锌等营养成分变异大。

表 9-5　太湖地区草塘泥成分含量及变异情况

成分	平均值	变化范围	变异系数
H_2O	41.1 ± 12.3	24.0～73.4	29.9
pH	7.26 ± 0.45	6.32～8.00	6.20
C	1.90 ± 1.10	0.62～5.20	58.0
N	0.30 ± 0.14	0.11～0.75	46.7
C/N	6.15 ± 1.31	4.3～10.2	21.4
P_2O_5	0.27 ± 0.16	0.14～0.82	59.3
K_2O	2.21 ± 0.33	1.71～2.67	14.8
MgO	1.26 ± 0.48	0.60～2.37	38.2
CaO	1.42 ± 0.84	0.55～4.13	59.2
MnO_2	797 ± 0.13	490～1 003	16.2
Fe_2O_3	4.79 ± 0.44	3.82～5.46	9.28
SiO_2	62.5 ± 3.98	50.0～69.8	6.37
Cu	112 ± 137	47～692	122
Zn	347 ± 300	175～1 369	87

注：除 MnO_2、Cu、Zn 单位为 mg/kg 外，其他养分均为占干物质的百分比，单位为 %。

沤肥的肥分高低,因原料配合不同,变动较大(表 9-6)。沤肥在腐熟过程中全碳不断降低,腐殖质碳逐步增加,其中碱溶性腐殖质碳占全碳量的比值相当高,具有优良的肥料价值。

表9-6   沤肥养分含量

成分	含量 /(g/kg)	成分	含量 /(mg/kg)
有机质	18.7～73.0	速效氮	50～248
碱溶性腐殖碳	1.8～24.0	速效磷	17～278
腐殖质全碳	43.4～44.8	速效钾	68～865
全氮	1.0～3.2		

2．影响沤肥腐解的因素

(1)水层:水层深浅直接影响到沤肥的腐熟效果。水层太深,坑内温度常常较低,腐解缓慢;水层太浅,易失水变干。一般以投料后保持 4～6cm 水层为宜。

(2)原料配比:沤肥最宜选用 C/N 小的有机物料以利于腐解。以作物秸秆、杂草等 C/N 大的有机物作主料时,必须加入一定比例的家畜粪尿、氨水或其他速效氮肥,以降低 C/N。配料中如添加一定量的石灰,可以中和有机酸,有利于微生物旺盛活动,加快腐解,提高肥料质量。

(3)翻动次数:春季沤制草塘泥,一般需时 1 个月左右,应翻堆 2 次,以使上下的物料受热一致。调整过强的还原条件,有利于微生物充分繁殖和活动,从而加速有机物料的腐解。春季沤肥的翻动次数与草塘泥相似,夏季沤肥多以 5～6 天翻动 1 次为宜,主要因为腐熟时间短,间隔时间也应短些。

3．沤肥的积制方法

(1)草塘泥

1)配制稻草河泥:在冬春季节挖取塘泥或河泥。加入相当于土重 3% 的稻草,草长以小于 30cm 为宜,将草、泥拌混匀后堆放在泥塘边或泥塘内腐解一段时间,即为稻草河泥。

2)挖塘沤制:在田边地角挖塘,一般塘面积占田块面积的 1%～2%,挖出的泥堆在四周做塘坝,高 0.5m、深 1m 为宜。塘底和土埂应捶实防漏。三、四月份将稻草河泥、猪粪、绿肥以及足够的水分按比例分次分层加入,并不断踩踏使配料均匀,最后灌水,使之保持约 5cm 的浅水层进行沤制。

3)翻塘精制:沤制 15 天左右可将塘内的肥料取出,补加绿肥和猪粪水,重新分层移入塘内,继续保持浅水层沤制。一般翻塘 1～2 次即可,以利于物料充分腐解,又可防止肥分损失。

(2)凼肥:凼肥是以草皮、落叶、绿肥等各种有机废弃物和部分家畜粪尿为主要材料沤制而成。四川东部地区以牛粪和田边杂草等为原料沤制。按积制季节、地方、方法的不同可将凼肥分为常年凼和季节凼两种。

1)常年凼:又称家凼,在住宅附近设置,其长、宽、深各 1m 左右。凼底与四壁应打紧夯实,将青草、落叶、秸秆、烂菜叶、垃圾、家畜类尿随时倒入坑中,一年四季不断积制。一般每年出肥 4 次,当肥料腐熟后即可直接施用。

2)季节凼:又称田凼,在田间设凼沤制。由于沤制时间不同,分为冬凼、春凼、夏凼。凼埂高 15～30cm,凼底低于田面为 10～20cm,凼面直径 1m,凼内放沤制材料。为了加速其腐解,提高凼肥质量,在沤制材料中应尽量增大易腐解的有机物料和家畜粪尿的比例。此外,应注意勤翻凼,每次宜加入少许家畜粪尿,经 3～4 次翻动后即可腐热。

4．沤肥的施用   沤肥一般用作基肥,多数用于水田,也可用于旱地,其肥效稳长,施用方法因施用量而异。在水田施用草塘泥，每亩用量4 000kg时应深施，将其铺于田面后耕翻，再灌水耙地；每亩用2 500kg左右时，在耕翻后再施，然后灌水耙地；每亩施用1 500kg时，适宜作面肥施用，即在水田灌水耙地后再施用；每公顷用量在6 000kg时，可大部分基肥深施，其余部分作田面肥施用。施肥过程中要注意保肥，施后立即耕耙，避免风吹日晒，以防氮素损失。为了充分发挥沤肥的肥效，施用沤肥时还应配以适量的化学氮肥和磷肥。

第五节　绿肥

凡是利用新鲜绿色植物体作为肥料的均称为绿肥。作为肥料而栽培的作物称为绿肥作物。把绿肥翻耕入土的措施叫作"压青"或"掩青"。我国栽培和施用绿肥有悠久的历史，是世界上最早使用绿肥的国家，全国大部分地区均可种植绿肥。绿肥一般以栽培或放养为主，要有一定的生长阶段和湖水种植面积；大多以豆科绿肥为主，因具有根瘤菌，能固定空气中的氮素，增加土壤氮素来源。

一、种植绿肥的意义

1．扩大有机肥料源　绿肥有广泛种植条件。可充分利用荒地或休耕地种植，利用自然水面或水田放养，利用空茬地进行间种、套种、混种、插种；复种指数高，可以就地种植，就地施用。因此，种植绿肥是开辟肥源、解决有机肥料不足的重要途径之一。

2．增加土壤氮素　绿肥作物中有很多是豆科作物，豆科作物可与根瘤菌共生并进行固氮作用。一般来说，种植1公顷紫云英可固定153kg氮素。豆科作物鲜草含氮量为3.0～7.0g/kg，如以每公顷产鲜草量为15 000kg计算，每公顷可增加45～105kg氮素。这相当于每公顷增施90～225kg尿素。因此，广泛种植绿肥作物，可以充分利用生物固氮增加土壤氮素。

3．富集与转化土壤养分　绿肥作物的根系十分发达，特别是豆科绿肥作物，其主根入土很深，如苜蓿的根可深入土壤达3.78m，毛叶苕子的根也有2.5m。它们可通过发达的根系，吸取深层土壤中的各种养分，待绿肥作物翻压腐解后，可丰富耕层土壤养分。

绿肥作物，对土壤中难溶性磷酸盐有较强的吸收能力，特别是豆科的绿肥植物能活化土壤中的磷素。绿肥翻压后，可增加土壤耕层中有效磷的数量。因而，种植豆科绿肥兼有提高土壤有效磷含量的效果。

4．调节土壤有机质　绿肥作物中的有机物质含量一般为120～150g/kg，向土壤中翻压1 000kg绿肥，就可提供120～150kg有机物质，这对提高土壤肥力、改善土壤性质均有良好的作用。不仅如此，绿肥的腐解能促进或延缓土壤中原有的有机质的矿化，这种作用被称为绿肥的正或负激发效应。可见，施用绿肥虽提供了有机物质，但不一定明显增加土壤有机质含量，因为能否积累受许多因素的制约，不过通过激发效应可促使土壤有机质的更新。

5．改善土壤结构和理化性质　绿肥作物的根系有较强的穿透能力，根系入土深，绿肥分解腐烂后，有胶结和团聚土粒的作用，土壤结构得到了改善。绿肥腐解过程中所形成的腐殖质有改善土壤物理性质的作用。如改变黏土和砂土的耕性,增加土壤保水、保肥的能力等。绿肥翻压后,能供给微生物所需的能量和营养物质,提高土壤微生物的活性,对土壤养分转化和改良土壤理化性质亦有明显作用。盐分高的土壤种植耐盐性强的绿肥,能使土壤脱盐,促使作物产量迅速提高;酸性土壤种植绿肥,能提高土壤缓冲作用,减少土壤酸度和活性铝的危害。

6. 增加覆盖,防止水土流失 绿肥作物茎叶茂盛,对地面有覆盖作用,可以缓解暴雨的冲刷,减少水土和养分的流失,尤其是在荒坡上种植绿肥作物,由于茎叶的覆盖和强大根系的作用,可大大减少雨水对土表的冲刷和侵蚀,增强固土护坡的作用。

7. 回收流失养分,净化水质 种植水生绿肥,特别是水浮莲、绿萍等的放养,可以吸收水中的可溶性养分,把农田流失的肥料和城市污水中养分进行收集,回归农田,提高养分利用率。水生绿肥还能吸收污水中的重金属和酚类化合物,减轻水质污染。

8. 促进养殖业的发展 绿肥作物一般都含有丰富的蛋白质(豆科绿肥植物干物质粗蛋白含量为 150～200g/kg)、脂肪、糖类和维生素等,绝大多数绿肥作物都是家畜的优质饲料。绿肥投放水中后既可被草食性鱼类直接摄食,又可腐烂发酵为细菌繁殖创造良好环境,而细菌又能促进浮游生物的大量生长繁殖,供给滤食性、杂食性鱼类摄食;水生绿肥还为水生动物提供良好的繁殖和栖息场所。因此,种植绿肥不仅为农业生产提供有机肥料的肥源,而且也为畜牧业和水产业的发展创造了有利条件。此外,许多绿肥作物,如紫云英、苕子、田菁以及苜蓿等,它们的开花期较长,花粉的品质好,是良好的蜜源作物,发展绿肥对养蜂业也是有益的。

二、绿肥的种类

我国地域辽阔,植物资源丰富,多数植物无论是栽培的或野生的都可用作肥料,绿肥作物的类型很多,据统计,有 10 科 42 属 60 多种,共 1 000 多个品种;有价值的绿肥品种资源 670 余种,其中生产上应用较普遍的有 4 科 20 属 26 种,有品种 500 多个。

1. 按其来源可分为栽培绿肥和野生绿肥。

2. 按植物学来源可分为豆科绿肥和非豆科绿肥。豆科绿肥根系有根瘤,根瘤菌有固定空气中氮素的作用,如紫云英、长柔毛野豌豆、箭舌豌豆、草木樨、紫花苜蓿、猪屎豆、田菁等。非豆科绿肥大多无根瘤,不能固定空气中氮素,如油菜、肥田萝卜、黑麦草等。

3. 按栽培季节可分为冬季绿肥和夏季绿肥。冬季绿肥指秋冬插种,第二年春夏收割的绿肥,如紫云英、长柔毛野豌豆、蚕豆等;夏季绿肥指春夏播种,夏秋收割的绿肥,如田菁、柽麻、绿豆、赤小豆、猪屎豆等。

4. 按利用方式可分为覆盖绿肥、肥菜兼用绿肥、肥饲兼用绿肥、肥粮兼用绿肥等。

5. 按生长期长短可分为一年生或越年生绿肥、多年生绿肥和短期绿肥。一年生或越年生绿肥如柽麻、竹豆、豇豆、苕子等,多年生绿肥如紫花苜蓿、紫穗槐、斜茎黄芪等。短期绿肥指生长期很短的绿肥,如绿豆等。

6. 按生态环境可分为水生绿肥、旱生绿肥和稻田绿肥。水生绿肥如水花生、水浮莲和绿萍。旱生绿肥指一切旱地栽培的绿肥。稻田绿肥指在水稻未种前种下的绿肥,如稻田紫云英、长柔毛野豌豆等。

三、绿肥植物的栽培方式

绿肥栽培上，要充分利用空间、时间和绿肥牧草的生物学特性，采用多种方式，在不影响主要作物种植面积的基础上，因地制宜地种植，实行"见缝插针""见闲插种"。

1. 单种　单种绿肥是指在一定的生长季节中，在一块地上只种一种绿肥作物。如在一些地多人少、土壤瘠薄、盐碱、风沙等低产地区，种植先锋绿肥作物，或是在轮作制度中安排一定季节种植某种绿肥作物。利用荒山、荒坡、荒地、荒滩和某些宅旁空地种植多年生绿肥作物，可以护坡、保坎、改土，防止水土流失。

2. 插种　是在作物换茬的短暂间隙，种植一次短期速生绿肥作物。一般用作下季作物的基肥。插种要选择速生快长的绿肥作物。如柽麻、田菁、绿豆、乌豇豆、箭舌豌豆和细绿萍等。插种能充分利用生长季节，提高土地利用率。

3. 间种　在主作物（粮、棉、油、中药）的行株间，按一定面积比例相间同时种植一定数量的绿肥作物，以后大多作为主作物的肥料。如稻田放养满江红，在果、桑、茶园、林地、棉花、甘蔗田间的行间种各种绿肥作物等。间作能提高光能利用率，有效利用土壤的水分和养分，能提高单位面积上的总收益。

4. 套种　在不改变主作物的种植方式，将绿肥作物套种在主作物行株之间。套种可分为两种：一种叫前套，先把绿肥作物种植于预留的主作物行间，以后用作主作物的追肥，如玉米田，在预留的行间播种箭舌豌豆、长柔毛野豌豆和扁夹山黧豆，以后再插种主作物玉米，当绿肥生长到影响主作物时，就及时压青作追肥。第二种叫后套，在主作物生长中后期，在行间套种绿肥，待主作物收获后，让绿肥作物继续生长，以后用作下季作物的肥料，如晚稻田套种紫云英，棉田套种苕子等。套种除具有间种的作用外，还使绿肥充分利用生长季节和土地，延长生长时间，提高绿肥作物产量。

5. 混种　是指多种绿肥作物品种（多种豆科或豆科与非豆科），按一定的比例混合或相间播种在一块田里，以后都作为绿肥用。如采用紫云英、油菜、肥田萝卜、麦类等混播，一般比单播能大幅度增产。

四、绿肥的合理利用

1. 绿肥的肥效特点　各种绿肥养分含量不一，豆科绿肥氮多，磷、钾少（特别是磷），非豆科绿肥氮、磷、钾量较均衡，水生绿肥一般养分含量较少（表9-7）。同一品种作物，因栽培管理、生育期及生长势不同，养分含量亦不相同。

绿肥在土壤中的分解是一个复杂的生物化学过程。环境条件适宜时，翻埋后的绿肥分解速率一般在最初3个月内，特别是第1个月内最大，以后逐渐变慢。随着绿肥分解，植物体内的养分，特别是氮素得到释放。豆科绿肥中的氮素对当季作物的有效性较厩肥、堆肥高，一般占总氮量的$25.3\% \pm 5.0\%$；而厩肥和堆肥分别只有$16.7\% \pm 9.05\%$和$16.6\% \pm 5.65\%$。绿肥的分解速率及其氮素的当季利用率，受土壤水分、温度、绿肥作物老熟程度以及绿肥品种化学组成等因素的影响。一般在水分适中、组织幼嫩、温度较高、浅埋的条件下，绿肥的分解速度快，氮素利用率也较高。

在相同环境条件下,绿肥的分解速度主要决定于绿肥品种的化学组成,尤其是C/N和木质素的含量。凡木质素含量低,C/N小,其分解速度快,能释放出较多的氮素供当季作物利用,但残留碳量低,如紫云英、长柔毛野豌豆、救荒野豌豆等;反之,木质素含量较高、C/N中等,如绿萍、柽麻等,它们能为当季作物提供一定量的有效氮,而残留碳量较高。目前,一般用腐殖化系数来判断植物性物质对土壤有机质贡献的大小。不同种类的绿肥,腐殖化系数不同。相关分析表明,植物性物质的腐殖化系数与其木质素含量呈正相关。

表9-7　主要绿肥作物养分含量

物种	鲜草成分(占绿色体的比重,g/kg)			干草成分(占干物质的比重,g/kg)		
	水分	N	P_2O_5	K_2O	N	P_2O_5	K_2O
紫云英	88.0	3.8	0.8	2.3	27.5	6.6	19.1
广布野豌豆	84.4	5.0	1.3	4.2	31.2	8.3	26.0
救荒野豌豆	65.8	8.3	1.6	5.0	24.5	4.7	14.5
紫苜蓿	—	5.6	1.8	3.1	21.6	5.3	14.9
苜蓿	83.3	5.4	1.4	4.0	32.3	8.1	23.8
草木樨	80	4.8	1.3	4.4	28.2	9.2	24.0
茹菜	90.8	2.7	0.6	3.4	28.9	6.4	36.0
蚕豆	80.0	5.5	1.2	4.5	27.5	6.0	22.5
田菁	80.0	5.2	0.7	1.5	26.0	5.4	16.8
柽麻	82.7	5.6	1.1	4.5	32.5	4.8	13.7
紫穗槐	60.9	13.2	3.6	7.9	30.2	6.8	18.7
马桑	—	5.1	1.0	2.3	32.0	19.7	14.0
黄荆	—	—	—	—	21.9	5.5	14.3
食用葛	84.0	5.0	1.2	8.7	31.8	7.8	55.5
绿豆	85.6	6.0	1.2	5.8	11.7	8.3	40.3
满江红	94.0	2.4	0.2	1.2	27.7	3.5	11.8
细叶满江红	92.5	2.4	0.8	3.3	36.5	9.2	44.0
凤眼蓝	92.8	1.2	0.6	3.6	17.0	8.2	27.5
水芋	94.8	0.9	1.0	3.5	17.5	18.9	6.7
莲子草	90.9	2.1	0.9	8.5	23.5	9.7	93.4

2.绿肥利用方式

(1)直接翻压:绿肥就地直接翻耕可作基肥,间种和套种的绿肥就地掩埋可作追肥。翻耕前最好将绿肥切段,稍加晾晒,这样既有利翻耕,又能促进分解。早稻田翻耕最好干耕,以提高土壤温度和改善通气状况,促进微生物的分解活动。旱地翻耕要注意保墒、深埋、严埋,使绿肥全部被土覆盖,使土、草紧密结合,以利于绿肥分解。翻耕时可加用适量农药以减少地老虎等害虫对农作物的危害。

(2)沤制:为加速绿肥的分解,提高其肥效,或因贮存的需要,可把绿肥作堆沤肥原料。经堆沤后绿肥的肥效平稳,又有避免直接翻压可能引起的危害。绿肥经堆沤处理后,使易分解的物质先分解。这样便减弱或消除直接翻耕时对土壤产生的激发效应。

(3)饲用:多数绿肥作物是优质饲料,含有较高的营养成分(表9-8)。因此,饲用是绿肥作物的最佳利用方式。畜、禽、鱼充分吸收利用了蛋白质、糖类、维生素等营养物质,再以粪肥还田。

绿肥"过腹还田"是提高绿肥作物肥效和经济效益的有效途径。适时收割的绿肥鲜草,作青饲料或打浆饲用、青贮、调制干草、草粉等。某些绿肥作物的种子如草木樨、蚕豆可作为牲畜的良好精饲料。

表9-8 南方地区主要绿肥作物鲜草饲用营养成分含量　　　　　　　　　　单位: g/kg

物种	干物质	粗蛋白	粗脂肪	粗纤维	无氮浸出物	粗灰分
紫云英	126	28.9	7.5	13.4	527	11.5
长柔毛野豌豆	148	35.0	9.0	33.0	600	11.0
救荒野豌豆	20.4	38.0	5.0	55.0	850	21.0
苜蓿	130	30.1	10.3	27.3	581	12.3
绿豆	200	40.0	8.0	39.0	950	18.0
柽麻	210	46.9	7.8	16.0	644	24.9
蚕豆	152	34.0	5.0	38.0	430	7.0
田菁	144	44.0	9.0	21.0	500	2.00
满江红	67	11.4	1.5	6.9	380	9.1
细叶满江红	72	15.7	3.4	13.3	247	14.8
凤眼蓝	73	14.2	1.4	21.9	416	12.8
水芋	59	8.0	1.7	12.0	198	10.1
食用葛	182	3.40	11.0	57.0	610	19.0

3.绿肥的翻压技术　绿肥直接翻压的肥效与其利用技术有密切的关系。为了充分发挥绿肥的肥效,翻压利用时应注意以下几个问题。

(1)刈割、翻耕适期:绿肥作物的刈割、翻耕时期,应掌握在鲜草产量和养分含量最高而木质化程度相对较低的时期进行。绿肥翻耕过早,虽然植株柔嫩多汁,容易腐烂,但鲜草产量和肥分低,肥效不持久,作物后期易脱肥;反之,翻耕过迟,鲜草产量高,但植株趋于老化,鲜草中纤维素、木质素增加,腐烂分解慢,前期供肥慢。主要绿肥作物的翻耕适期为:紫云英盛花期,苕子类、田菁现蕾至初花期,苜蓿盛花至初荚期,救荒野豌豆初荚期,柽麻、蚕豆和绿豆初花至盛花期。

绿肥的翻耕适期,还必须与后作物的播种或栽插以及后作物的需肥期相配合。在翻耕时期与后作物的播种或栽插期之间,应有一段适当的间隔,以便绿肥分解和防止某些分解产物(有机酸、还原性物质等)影响种子发芽和幼苗的生长。如稻田翻耕绿肥,一般要求在栽秧前7~15天进行。

(2)翻耕深度:绿肥分解主要靠微生物活动,因此耕翻深度要考虑微生物在土壤中旺盛活动的范围以及影响微生物活动的种种因素。一般以耕翻入土12~20cm为好。具体深度应根据土壤性质、气候条件、绿肥种类及其组织的老嫩程度而定。气温较高,土壤水分较少,土质较疏松,绿肥较易分解的,翻耕宜深些;反之,土壤水分较多,土壤黏重,气温偏低或植株较老熟的宜浅一些。

(3)施用量:在决定绿肥施用量时,应综合考虑作物计划产量、作物种类和品种的耐肥能力、绿肥作物的养分含量和其供肥情况,以及土壤性质和供肥能力等因素。一般每亩施用鲜草1 000~1 500kg,用量过大可能产生较多的有机酸、H_2S、Fe^{2+}毒害作物根系。因此,施用时应控制用量,可采取先翻耕后灌水、施用适量石灰、浅水灌溉、勤晒田等措施。

(4)与其他肥料配施:翻耕时加适量的速效氮、磷肥或腐熟的粪尿肥,能加速绿肥分解,防止土壤微生物与作物争夺养分,满足作物高产对养分的需要,特别是对 C/N 大的绿肥效果更为明显。翻耕绿肥时配合施用磷肥更能发挥绿肥的肥效。

第六节 泥炭与腐殖酸类肥料

泥炭又称草炭、草煤、泥煤等,是各种植物残体,在过多水分、通气不良、低温的条件下,经长期累积,未能分解而形成的一种稳定的有机物质层。泥炭在我国分布较广,蕴藏量颇为丰富,是一类重要的有机肥料源,也是制造腐殖酸类肥料的重要原料。合理开采和利用泥炭,在扩大肥源、提高土壤肥力、增加植物产量等方面,具有重要意义。

腐殖酸类肥料是以腐殖酸含量较多的泥炭、褐煤、风化煤等为主要原料,加入一定量的氮、磷、钾和某些微量元素所制成的一类多功能的有机、无机复合肥料,或是将含腐殖酸的原料经处理提取腐殖酸后再复合成的肥料,如腐殖酸铵、腐殖酸钾、腐殖酸钠、腐殖酸氮磷钾复合肥料等,这些通称腐殖酸类肥料,简称腐肥。

一、泥炭

1. 泥炭的类型

（1）现代泥炭:其泥炭层大多露出地面,形成过程尚在进行,如大兴安岭、小兴安岭、三江平原,青藏高原北部、东部及四川阿坝草原等地泥炭属于此类型。

（2）埋葬泥炭:在古气候条件下,植物残体经地质作用,埋藏于地下。覆盖层厚度一般为1～3m,厚的在10m以上;泥炭层厚达1～5m,个别达20m以上。我国海河、淮河、长江、珠江等河流中下游,成都平原,云贵高原等地发现的多为埋葬泥炭。

根据泥炭的形成条件、植物群落特性和理化性质,还可分为低位泥炭、高位泥炭和中位泥炭3种类型。

（1）低位泥炭:一般分布于地势低洼、排水不良并常年积水的地区,水源主要靠富含矿质养分的地下水补给,生长着需要矿质养分较多的低位型植物,如苔属、芦苇属、赤杨属、桦属等,由这些植物残体积累而成。一般分解速度快,氮素和灰分元素含量较高,呈中性和酸性反应,持水量较小,稍风干后即可使用。

（2）高位泥炭:多分布在高寒地区,水源主要靠含矿质养分少的雨水补给,生长着对营养条件要求较低的高位型植物,如水藓属、羊胡子属等,由这些植物残体积累而成。这类泥炭分解速度慢,氮素和灰分元素含量低,但酸度高,呈酸性或强酸性反应,然而其吸收水分和气体的能力较强,故适宜作垫圈材料。

（3）中位泥炭:介于低位泥炭和高位泥炭间的中间类型,其上层与低位泥炭相同,上层与高位泥炭相似。

2. 泥炭的成分与性质 自然状态下泥炭含水量在50%以上,干物质中主要含纤维素、半纤维素、木质素、树脂、蜡质、脂肪酸、沥青和腐殖质等有机物,另含磷、钾、钙等灰分元素。表9-9是我国部分地区泥炭的成分。泥炭的成分和性质决定着其利用价值和方式。

表 9-9　我国部分地区的泥炭成分

产地	pH	有机质/（g/kg）	灰分/（g/kg）	氮/（g/kg）	磷/（g/kg）	钾/（g/kg）
吉林	5.4	600	400	18.0	3.0	2.7
北京	6.9	574	426	19.4	0.9	2.4
安徽	6.3	500	500	15.0	1.0	3.0
浙江	6.0	691	309	18.3	1.5	2.5
广西	4.6	402	598	12.1	1.2	4.2
山东	5.6	448	552	14.6	0.2	5.0

（1）富含有机质和腐殖酸：泥炭中有机质含量一般为 400～700g/kg，高者达 850～950g/kg，最低为 300g/kg；腐殖酸含量为 200～400g/kg，其中胡敏酸（黑腐酸）居多，富里酸（黄腐酸）次之，吉马多美郎酸（棕腐酸）最少。由于泥炭含有机质和腐殖质，使之具有有机肥料的特性，能改良土壤，供给养分和促进植物生长的作用。

（2）养分含量不均：泥炭虽含所有必需的营养元素，但其比例很不均衡。在三要素中，以氮最多，钾次之，磷最低。泥炭全氮含量为 7～35g/kg，高位泥炭含氮 7～15g/kg，低位泥炭含氮 20～35g/kg；泥炭中氮素大部分为有机氮，铵态氮含量少，所以须向泥炭中加家粪肥、厩肥液等含氮物质进行堆腐后方可施用。泥炭全磷含量为 0.5～6g/kg，高位泥炭含磷 0.5～1.5g/kg，低位泥炭含氮 2.0～6.0g/kg；泥炭全磷量 2/3 是柠檬酸溶性的，表明泥炭中磷有部分是有效态的；泥炭中钾的含量相当于干重的 0.5～2g/kg，近 1/3 能被水浸取为有效态钾。

（3）酸度较大：泥炭大多呈酸性或微酸性反应，pH 4.5～6.0。东北、西北和华北地区的泥炭酸度为 pH 4.6～6.6；南方各地泥炭酸性较强，pH 4.0～5.5，故在酸性土壤地区施用泥炭应注意配施石灰。pH 低于 5 的泥炭常含活性铝。我国泥炭中的活性铝含量不高，一般低于 0.5mmol/100g 对植物影响不大。

（4）吸水、吸氨力强：泥炭富含腐殖酸，是吸收性很强的有机胶体。一般风干的泥炭能吸收 300%～600% 的水分，吸氨量可达 0.5%～3.0%；有机质越多、酸性越强的泥炭，吸氨量越大。所以，泥炭是垫圈保肥的好材料。

（5）分解程度较差：不同的泥炭，C/N 不同，因此，其分解程度有明显差异。低位泥炭 C/N 为 16:1～22:1，分解较易，分解程度较高；中位泥炭 C/N 为 20:1～25:1，稍难分解，分解程度较低。泥炭分解程度高于 25% 的可直接作肥料使用，分解程度低于 25% 时，宜垫圈或堆沤后方可施入田间。泥炭分解程度的简易鉴别方法见表 9-10。

表 9-10　泥炭分解程度的简易鉴别

植物残体	可塑性与弹性	挤水难易与水色	分解程度/%
植物残体全部保存	不粘手，手握时，不能从指间挤出，有弹性	水分很容易挤出，水色淡，介于透明到黄色	<15
植物残体容易辨认，含有少量腐殖质	略为粘手，手握时，不能从指间挤出，有弹性	稍用力即可挤出水，水色为棕色或浅褐色	15～25
植物残体保存较差，但能辨认，腐殖质较多	能粘手，手握时从指间挤出，有可塑性	用力时能挤出少量水，褐色或灰褐色，较混浊	25～35
植物残体还可见到，但短小细碎，腐殖质很多	粘手，手握时，易从指间挤出，无弹性	用大力能挤出很少水，混浊，呈深褐色或灰褐色	35～50
植物残体细小，极少部分可辨认，腐殖质占优势	易粘手，手握时，从指间挤出很多泥炭，无弹性	挤不出水或能挤出几滴水，混浊呈深褐色或黑色	>50

3. 泥炭在农业上的利用

（1）泥炭垫圈：泥炭用作垫圈材料可充分吸收粪尿和氨，故能制成质量较好的圈肥，并能改善牲畜的卫生条件。垫圈用的泥炭要预先风干打碎，含水量在30%为适宜，过干使泥炭碎屑易于飞扬，过湿使其吸水吸氨能力降低。

（2）泥炭堆肥：畜粪尿与泥炭混堆制粪肥能提供有效氮，为微生物创造分解有机碳、氮的有利条件，并能降低泥炭的酸度。而泥炭具有较高的有机质，能保持粪肥的肥水和氨态氮。高、中、低位泥炭都可以与粪肥混合制成堆肥。两者比例随堆制时期和粪肥质量而定。秋冬堆制质量高的泥炭堆肥，宜按1:1配比；夏季堆制，粪肥和泥炭宜按1:3配比堆制。

（3）制造腐殖酸混合肥料：由于泥炭含大量的腐殖酸，但其速效养分较少。将泥炭与碳铵、氨水、磷钾肥或微量元素等制成粒状或粉状混合肥料，可以减少挥发性氮肥中氨的损失。氨化腐殖酸，既可增加泥炭中磷、锌、微量元素成分，又可防止磷和某些微量元素在土壤中的固定，以提高肥效。

（4）配制泥炭营养钵：利用中等分解度的低位泥炭可制成育苗营养钵。将肥料充分拌匀后，加入适量水分（以手挤不出水为宜），然后压制成不同的营养钵或营养盘。育苗营养钵的材料配比为泥炭（半干）60%~80%，腐熟畜粪肥10%~20%，泥土10%~20%，过磷酸钙0.1%~0.4%，硫酸铵和硝酸铵0.1%~0.2%，草木灰和石灰1.0%~2.0%。

（5）作为菌肥的载菌体：将泥炭风干、粉碎，调整其酸度，灭菌后即可接种制成各种菌剂，如豆科根瘤菌剂、固氮菌剂、磷细菌等菌肥，都可用泥炭作为扩大培养或施用时的载菌体。

二、腐殖酸类肥料

1. 腐殖酸的基本性质　腐殖酸是黑色或棕色的无定型胶体高分子有机化合物，是以芳香核为主体，含多种官能团结构的酸性物质聚合体。据研究，各种腐殖酸粒径在0.001~0.1μm，疏松多孔，有很大的内表面和良好的胶体表面性质，如吸附力、黏结力和高度分散性。

腐殖酸主要由碳、氢、氮、硫和少量磷元素组成。其分子是由几个相似的结构单元形成的一个大的复合体，每个结构单元又由核、桥键和活性基团所组成。芳香核由单环，或两个、两个以上的环状或杂环化合物相互组成而成。桥键是连接核的单原子或原子基团，有单桥键和双桥键两种。核与核可以由一种桥键连接，也可由两种桥键同时连接。其中最普遍的桥键是—O—和—CH$_2$—两种。活性基团主要有羧基、醇羟基、醌基等基团。

腐殖酸溶于碱和有机溶剂，难溶于水；与铵、钾、钠等一价碱金属物质化合后，生成可溶于水的腐殖酸盐。因此，含腐殖酸的原料用氨水、碳铵、苛性碱等处理，得到可溶性腐殖酸盐，溶于碱后，遇酸能沉淀析出，如与二、三价金属离子如钙、镁、铁、铝等结合，即成不溶性的腐殖酸盐。腐殖酸中的酸性活性基团上活泼氢的存在，使其呈弱酸性，能分解碳酸盐、醋酸盐等，与这些盐类可进行定量反应。腐殖酸还能与金属离子形成络合物，如腐殖酸铁、铝、铜、锰、锌等。因此，腐殖酸与钙、铝等络合能减少磷的固定，与微量元素形成的络合物能直接被植物吸收，从而提高微量元素的有效性。

2. 腐殖酸类肥料的种类

（1）腐殖酸钠：腐殖酸钠是由泥炭、褐煤、风化煤等原料的腐殖酸结构中的羧基、酚羟基酸性基团与碱起化学反应制得。用苛性碱或碱液提取原料中所含的腐殖酸，所生成的腐殖酸钠盐能溶

于水,其化学反应式:

$$R-(COOH)_n + nNaOH \longrightarrow R-(COONa)_n + nH_2O$$

充分反应后,将提取液与残渣分离、蒸干即得产品腐钠。

原料(如风化煤)中钙、镁较高时用苛性碱提取率很低,而用纯碱溶液作提取剂效果更好,其化学反应式:

$$R-(COO)Ca + Na_2CO_3 \longrightarrow R-(COO)Na_2 + CaCO_3\downarrow$$

通过复分解反应,腐殖酸转变成钠盐溶于水,而碳酸根则与 Ca^{2+} 结合成 $CaCO_3$ 沉淀,$CaCO_3$ 的溶解度比腐殖酸钙小。但用纯提取反应速度慢,因此可采用苛性碱与纯碱的混合液提取。对泥炭而言,为避免木质素溶解,Na_2CO_3 是泥炭腐殖酸较理想的提取剂。

用泥炭、褐煤、风化煤为原料制得的腐钠,外观呈黑色颗粒或粉末,产品质量标准(HG/T 3278—2018)为:优级品、一级品、二级品、三级品腐殖酸含量分别为 60%、50%、40% 和 30%,pH 为 8.0～11.0,水分为 15%～20%。

(2)硝基腐殖酸铵:简称硝基腐铵。硝基腐铵是一种质量较优的腐肥,国内外均有生产,常采用硝酸氧化法和节约硝酸用量的综合氧化法。其工艺原理是以硝酸为强氧化剂,加热时易分解出原子态氧,使原料中大分子芳香结构发生氧化降解,羧基、羟基活性基团增加。同时在氧解过程中也进行硝化反应,使腐殖酸结构中引入硝基,产生硝基腐殖酸。经气流干燥后的硝基腐殖酸,送氨化反应器氨化,产生硝基腐殖酸铵。

硝基腐铵是黑色粒状固体,能溶于水,溶液呈红褐色。要求产品含腐殖酸 450g/kg 以上,全氮(干基)30～35g/kg,灰分 <100g/kg,pH 3～3.5。

(3)腐殖酸复合肥料:制造腐殖酸复合肥料,采用的原料主要有硝基腐殖酸、硫铵、磷铵、尿素、氯化钾、硫酸钾等。

3.腐殖酸类肥料的作用

(1)改良土壤:腐肥中的腐殖酸有机胶体与土壤中的钙离子结合为絮状凝胶,是很好的胶结物质,促进土壤水稳性团聚体的形成,协调土壤水、肥、气、热的状况。尤其对改良过黏或过砂的低产土壤,腐殖酸类肥料的效果良好。腐殖酸能与土壤中的游离的铁、铝离子形成络合物,从而可减少红、黄壤中铁、铝的危害和磷的固定。腐殖酸的活性基团对 Na^+、Ca^{2+}、Mg^{2+} 等阳离子和 Cl^-、SO_4^{2-} 等阴离子具有较强的交换能力和吸附作用,可以降低盐碱土中氯化物、硝酸盐等浓度,减少盐分对作物的危害。

(2)对化肥的增效作用:在氮、磷、钾及微量元素肥料中,加入少量具有化学活性(如化合、吸附、螯合等性质)和生物活性(如刺激活性等)的腐殖酸类物质,可以不同程度地提高各种化肥的利用等。在碳铵中加入腐殖酸含量较高的原料制成腐铵,可明显降低氨的挥发率;尿素中加入腐殖酸尤其是硝基腐殖酸,可以生成腐殖酸尿素络合物,使尿素分解缓慢,肥效延长,损失降低。水溶性磷肥中加入腐殖酸,可使肥效相对提高,作物吸磷量明显增加。腐殖酸的酸性官能团可吸收、贮存钾离子,减少钾肥在沙土及淋溶性强的土壤中随水流失的数量;腐殖酸可以防止黏性土壤对钾的固定,增加可交换性钾的数量;腐殖酸还可以刺激和调节作物生理代谢过程,使作物吸钾量增加。腐殖酸与铁、锌等微量元素可以发生螯合反应,生成溶解度好、易被植物吸收的腐殖酸微量元素螯合物,有利于根部或叶面吸收,并能促进微量元素从根系向地上部运转。

(3)对作物的刺激作用:一定浓度的黄腐酸或腐殖酸的钾、钠、铵盐溶液,通过浸种、蘸根、喷洒及根施等方式施在作物不同生育阶段,都可以产生刺激作用,但以前期作用最显著。腐殖酸含有酚羟基、醌基等活性官能团,能促进植物体内酶活性的增加,使呼吸强度、光合作用强度有所提高,对物质的合成、运输、积累有利。

(4)增强作物的抗逆性能:腐殖酸类物质对改善作物生长环境条件有利,尤其在不良环境条件下(如干旱、寒冷、酸碱、病虫害等)改善作用更为明显。我国北方干旱严重,在小麦拔节期喷洒黄腐酸溶液,可以使叶片气孔张开度减小,水分蒸腾降低,麦穗分化得以完成,根系保持较高活力。南方早春育秧,常遇低温多雨,死苗烂秧现象严重,如果在育种床土中加入腐殖酸类物质,可以提高秧苗抗寒能力和成秧率,秧苗素质好。腐殖酸物质对防治苹果腐烂病、黄瓜霜霉病、马铃薯晚疫病、辣椒炭疽病均有良好效果。

(5)改善农产品的品质:腐肥对瓜果类、蔬菜、粮食和经济作物品质均有明显改善作用。主要表现在喷施腐肥(腐钠、钾)后,可提高瓜果和蔬菜中的糖分、维生素C含量,降低总酸度,改善品味,容易贮存。例如,可提高甘蔗、甜菜含糖量,改善烟叶内在品质,提高上中等烟比例;使桑叶蛋白质含量增加,用以饲蚕后茧丝质量提高;水稻喷施腐钠可提高可溶性糖的积累,增加稻谷粗蛋白质和淀粉含量。

4.腐殖酸类肥料的施用

(1)有效施用腐肥的条件

1)腐殖酸的性质:不同来源的腐殖质,由于其腐殖酸的组分、分子量的大小等差异,因而其刺激作用的大小也不同。其次,腐殖酸必须是可溶性的腐殖酸盐。而且只有在一定浓度范围内(万分之几或十万分之几),才能产生刺激作用。较高浓度的腐殖酸盐,对作物反而起抑制作用。

2)作物种类与生育期:腐肥施用于不同作物有不同的肥效,根据作用对腐肥的反应大致可分为以下几种类型。

a.效果好(反应最敏感)的作物:白菜、萝卜、番茄、马铃薯、甜菜、甘薯。

b.效果较好(反应较敏感)的作物:玉米、水稻、小麦、谷子、高粱。

c.效果中等的作物:棉花、绿豆、菜豆。

d.效果差(反应不敏感)的作物:油菜、向日葵、蓖麻、亚麻等。

就作物生育期而言,一般在苗期和生长旺盛期,如种子萌发期、幼苗移栽期、分蘖期以及开花期等,腐肥的效果常较显著。

3)土壤条件:腐肥对缺少有机质和低产瘠薄的砂性土、盐碱土、红黄壤,以及过黏重、板结、低温的土壤,如死黄泥、白鳝泥、冷浸田、矿毒田等肥效较好。在水田施用腐肥比旱地效果好,而旱地施用腐肥应结合灌溉进行。

4)肥料配合:因腐肥的速效养分(低腐殖酸复合肥料除外),它不能代替化肥,为了有效施用腐肥,应与氮、磷、钾或微量元素肥料配合施用。

(2)施用方法

1)腐铵和硝基腐铵:腐铵用作基肥、追肥均可,但宜早施。一般采用沟施或穴施,然后覆土,施用量视肥料品质而定。腐殖酸和速效氮含量低者,每亩施100～200kg,含量高者可施50～100kg。硝基腐铵适宜作基肥和追肥。如作种肥使用时,与种子、幼苗要隔适当距离,以防烧苗,因为硝基腐铵含水溶性成分高。作种肥用量15～25kg/亩,基肥用量15～50kg/亩,追肥用量与等氮量化肥相同或略多些。

2）腐殖酸复合肥料：固体腐殖酸复合肥料宜作基肥和早期追肥，施用量视肥料养分含量和作物种类而定，一般每亩用量 50～100kg。液体腐殖酸复合肥料通常作根外追肥，稀释 8 000～10 000 倍，在作物生前期、中期喷施效果好。

3）腐殖酸钠：可采用以下方法施用。

a. 浸种：浓度为 0.005%～0.01%，凡种皮坚硬、籽粒较大的种子，浸种浓度宜大，浸泡时间可长些；反之，浸种浓度宜低，时间相应短。

b. 浸根：浓度为 0.01%～0.05% 蔬菜幼苗移栽时，以及果树、桑树等插条繁殖时，用腐殖酸钠浸根、浸藤或浸插条数小时，可促进发根，次生根增多，缩短幼苗期，提高成活率。

c. 追肥：浓度 0.01%～0.1%，在幼苗期将腐殖酸钠液灌施在作物根系附近。根外喷施浓度 0.01%～0.05%，在生育后期根外喷施 2～3 次，可促进养分从茎叶向籽粒或块根、块茎中转移，以提高经济产量和促进成熟。

施用腐钠还需注意，其稀释液的碱性不宜过大，如果溶液 pH>8，需用少量稀硫酸或稀盐酸调节。

第七节　商品有机肥料

传统有机肥料利用方式落后，存在“三低三大”的问题，即养分含量低、体积大，劳动效率低、强度大，无害化程度低、污染大。加之大部分粪尿肥没有经过科学发酵，生粪出、生粪运、生粪或半生粪下地，环境的直接污染和有害病源菌污染很严重。因此传统的有机肥料其生产和利用方式改变势在必行。发展无害化、质量标准化、环境友好、商品化的有机肥料，是新形势下发展有机肥料的必然趋势。

一、商品有机肥料概述

1. 商品有机肥料的概念　商品有机肥料是以各种畜禽粪便、动植物残体、种植业加工副产物等有机物为主要原料，经特定生产工艺发酵腐熟、无害化处理而制成的有机肥料。传统的绿肥及农家肥和其他自积的有机粪肥不属于商品有机肥料的范畴。

2. 商品有机肥料的特点　商品有机肥料是以工厂化生产为前提，以畜禽粪和有机废弃物为原料，以固态好气发酵为核心工艺的集约化产品。具有如下特点：①腐熟程度高，不会发生烧苗、烂根；②安全程度高，经高温腐熟，大部分病原菌、虫卵以及杂草种子已被杀死，施用安全，不致造成土传病害问题；③养分含量高，在腐熟过程中营养物质没发生固定、淋溶等损失；④异味小，易包装运输。

3. 商品有机肥料的种类

（1）天然有机肥料：为天然有机物料，不添加任何化学合成物质，经过工厂生产成富含有机质、一定养分和腐殖酸类物质的纯天然有机肥料。

（2）有机无机复混肥：以经过一定的化学、物理和生物方法处理后的有机物料为基本原料，按配方添加一定量的化学肥料和添加剂，通过工厂化机械加工而成的肥料。

（3）生物有机复混肥：以无害化处理过的有机物料为基本原料（载体），配以功能微生物菌群，调节好物料的水分,混合制作而成。有机复混肥对有机物料的质量要求较高,不仅富含有机质和一定的养分,且 C/N 要小于 40,无臭,无病菌,无污染,水分含量小于 30%。有机物料欲达到上述标准必须进行预处理。

二、商品有机肥料的生产

1. 以畜禽粪便为原料生产商品有机肥料的方法

（1）高温快速烘干法:用高温气体对干燥滚筒中搅动、翻滚的湿畜禽类粪便进行烘干造粒。此法减少了有机肥料的恶臭味,杀死了其中的有害病菌、虫卵,处理效率高,宜于工厂化生产。但腐熟度差,杀死了部分有益微生物菌群,处理过程能耗高。

（2）塔式发酵加工法:在畜禽粪便中接种微生物发酵菌剂,搅拌均匀后经输送设备提升到塔式发酵仓内。在塔内翻动、通氧,快速发酵除臭、脱水,通风干燥,用破碎机将大块破碎,再分筛、包装。该产品的有机物含量高,有一定数量的有益微生物,有利于提高产品养分的利用率和促进土壤养分的释放。

（3）氧化裂解法:用强氧化剂(如硫酸)把鸡粪进行氧化、裂解,使鸡粪中的大分子有机物氧化裂解为活性小分子有机物。此法生产的产品的肥效高,对土壤的活化能力强,但制作成本高,污染大。

（4）移动翻抛发酵加工法:在室温式发酵车间内,沿轨道连续翻动拌好菌剂的畜禽粪便,使其发酵、脱臭。畜禽粪便从发酵车间一端进入,出来时变为发酵好的有机肥料,并直接进入干燥设备脱水,成为商品有机肥料。该生产工艺可充分利用光能、发酵热,设备简单,运转成本低。

2. 以农作物秸秆为原料生产商品有机肥料的方法

（1）微生物堆肥发酵法:将粉碎后的秸秆拌入促进秸秆腐熟的微生物,经堆腐发酵制成有机肥料。此法工艺简单易行,质量稳定;但生产周期长,占地面积大,不宜进行规模化生产。

（2）微生物快速发酵法:用可控温度、湿度的发酵罐或发酵塔,通过控制微生物的群体数量和活度对秸秆进行快速发酵。此法生产效率高,宜进行工厂化生产;但产品发酵不充分,肥效不稳定。

3. 以风化煤为原料生产商品有机肥料的方法

（1）酸析氨化法:该方法主要以风化煤为原料,生产钙镁含量较高的商品有机肥料。主要把干燥、粉碎后的风化煤经酸化、水洗、氨化等过程制成腐殖酸铵。产品质量较好,含氮量高,但耗酸,费水、费工。

（2）直接氨化法:主要用于生产以风化煤为原料的腐殖酸含量较高的商品有机肥料。主要把干燥、粉碎后的风化煤经氨化、熟化等处理过程制成腐殖酸铵。此法的制作成本低,但熟化过程耗时过长。

4. 以海藻为原料生产商品有机肥料的方法　为尽可能保留海藻中的天然有机成分,同时便于运输和不受时间限制,用特定的方法将海藻提取液制成液体肥料。其生产过程大致为:筛选适宜的海藻品种,通过各种技术手段使细胞壁破碎,内容物释放出来,将内容物浓缩形成海藻精浓缩液。海藻肥中的有机活性因子对刺激植物生长有重要作用。海藻肥是集营养成分、抗生物质、植物激素于一体的有机肥料。

5. 以糠醛为原料生产商品有机肥料的方法　该技术的特点是利用微生物来进行高温堆肥发酵,处理糠醛废渣,同时还利用微生物发酵后产生的热能处理糠醛废水。废渣、废水经过微生物菌群的降解后,成为优质环保有机肥料。生物堆肥的选料配比合理,采用高温降解复合菌群、除臭增香菌群和生物固氮、解磷、解钾菌群分步发酵处理废渣,在高温快速降解糠醛废渣的同时,还能有效控制堆肥的臭味,使发酵的有机肥料没有臭味,并使肥料具有生物肥料的特性,使其品质得到极大的提高。

此外,还有利用沼气、酒糟、泥炭、蚕沙等为原料生产商品有机肥料的方法。

三、商品有机肥料的质量控制

1.外观　商品有机肥料为褐色或灰色,粒状或粉状产品,应无机械杂质,无恶臭。

2.技术指标　国家除对有机肥料的原料提出具体要求外,对有机肥料产品也规定了相关技术指标和限量指标检测要求。具体见表9-11。

表9-11　我国商品有机肥料的相关检测指标

项目	指标
技术指标	
有机质的质量分数(以烘干基计),%	≥30
总养分($N+P_2O_5+K_2O$)的质量分数(以烘干基计),%	≥4.0
水分(鲜样)的质量分数,%	≤30
pH	5.5～8.5
种子发芽指数(GI),%	≥70
机械杂质的质量分数,%	≤0.5
限量指标	
总砷(As)(以烘干基计),mg/kg	≤15
总汞(Hg)(以烘干基计),mg/kg	≤2
总铅(Pb)(以烘干基计),mg/kg	≤50
总镉(Cd)(以烘干基计),mg/kg	≤3
总铬(Cr)(以烘干基计),mg/kg	≤150
粪大肠埃希菌数,个/g	≤100
蛔虫卵死亡率,%	≥95
氯离子含量,%	—
杂草种子活性,株/kg	—

四、商品有机肥料的发展趋势

1.原料的复合化　使用不同理化性状的有机物料复配而成的有机肥料,可以解决单一物料造成的养分不平衡、功能单一等问题。

2.菌种的多样化　在酵母菌、磷细菌、钾细菌、固氮菌的基础上,发展多功能菌种。开发能够分解不同有机物料的多功能微生物复合菌群,并研究它们在有机肥料中的存活机制。

3.生产工艺的现代化　有机肥料的需求量很大,生产中对技术条件的要求严格,只有提高其生产工艺的自动化和现代化水平,才能最大限度地增加生产规模、降低成本,生产出物美价廉的有机肥料。应加强对除臭工艺、发酵工艺、有机肥料造粒工艺的研究,深入探索不同类型有机肥料的粒度大小对肥效的影响,尤其是粒度对保水性能、改土性能、活化土壤性能、活化物质(氨基酸、腐殖酸)的利用率的影响。

4. 有机肥料的速效化　开发可以基本替代无机肥料的有机专用追肥,以满足绿色无公害产品对营养物质的需求。

第八节　微生物肥料

微生物肥料(microbial fertilizer)是由一种或数种有益微生物、培养基质和添加物等制成的生物性肥料,又称生物肥料、菌剂或菌肥。肥料中微生物的某些代谢过程或代谢产物可以促进土壤中营养物质的转化,或提高作物的生长刺激物质,或抑制植物病原菌的活动,从而提高土壤肥力、改善作物生长和防治作物病虫害。微生物资源丰富,种类和功能繁多,可以开发成不同功能、不同用途的肥料。微生物肥料高效、长效、无污染,其核心是有益的活性微生物,对人、畜、作物无害、无残留;可以通过促进土壤团粒结构的形成、调节土壤酸碱度等改良土壤的理化特性;微生物肥料的一部分原料是一些废弃的动物粪便、作物秸秆等,可变废为宝,节约资源。微生物菌株可以经过人工选育并不断纯化、复壮以提高其活力,特别是随着生物技术的进一步发展,通过基因工程方法获得所需的菌株已成为可能。

一、微生物肥料的种类及特点

我国对微生物肥料的研究和应用起步较早,1950 年开始对根瘤菌、抗生菌等多种菌剂进行全面的研究和应用。目前,农业上应用最广泛的是根瘤菌,其次是抗生菌肥料和固氮菌剂,近年来磷细菌剂和钾细菌剂应用也日趋广泛。

(一) 微生物肥料的种类

1. 按微生物种类划分　按微生物种类可分为五大类:①细菌类肥料,如根瘤菌肥、固氮菌肥、解磷菌肥、解钾菌肥、光合菌肥等;②放线菌类肥料(如抗生菌肥);③真菌类肥料(如菌根真菌肥,包括外生菌根菌剂和内生菌根菌剂);④藻类肥料(如固氮蓝藻菌肥);⑤复合型微生物肥料,即肥料由两种以上微生物按一定比例组合形成。

2. 按其功能和肥效划分　按其功能和肥效可分为以下几类:①增加土壤氮素和作物氮素营养的菌肥,如根瘤菌肥、固氮菌肥、固氮蓝藻肥等;②分解土壤有机质的菌肥,如有机磷细菌肥料、综合性菌肥;③分解土壤难溶性矿物质的菌肥,如无机磷细菌肥料、钾细菌菌肥、菌根真菌肥料;④刺激植物生长的菌肥,如促生菌肥;⑤增加作物根系抗逆能力的菌肥,如抗生菌肥料、抗逆菌类肥料。

(二) 微生物肥料的特点

微生物肥料的作用基础是起特定作用的活体微生物。这些微生物通过它们的生长繁殖和生理活动,直接或间接地影响作物的生理代谢或土壤环境条件。为了充分发挥微生物肥料作用,微生物肥料应具备如下特点。

1. 菌种高效　菌种高效是微生物肥料的核心,这些菌种是针对不同作物和土壤类型,通过人工筛选或生物工程技术选育、改造并经过大量科学试验后,获得的优良菌株。由于核心菌种或菌株生理生化功能的差异,不同微生物肥料功效也不一致。以根瘤菌为例,菌株固氮能力差异很大,有的菌株甚至不具固氮能力。

2.活性菌数量丰富 活性菌数量是微生物肥料肥效得以充分发挥的基础。任何一种微生物肥料都必须含有足够多、有活性的特定微生物,这些特定微生物的数量和纯度直接关系到微生物肥料的应用效果,是衡量微生物肥料质量的重要标志。当微生物肥料中特定微生物的数量降低到一定程度,或纯度达不到要求时,肥效就会降低甚至失效。

3.种类明确,作用清楚 微生物肥料起作用的微生物必须经过严格的鉴定,其分类地位明确,对人、畜、植物无害,也不会破坏土壤微生态环境。例如,某些假单胞菌在生长和代谢过程中,可以产生促进植物生长的物质,但也产生某些有害物质,有的甚至是人、动物或植物的病原菌,这类微生物就不能作为微生物肥料。

4.针对性强 不同的微生物肥料适用于相应的作物和特定的土壤环境条件。在生产实践中,需要注意区别使用。

二、微生物肥料的作用

微生物肥料发挥肥效是一种综合性作用,一般不是直接为农作物提供营养元素,主要起间接营养作用,归纳起来主要有如下几方面。

1.改善土壤养分供应状况 这是微生物肥料的主要作用之一。例如,各种自生、联合或共生的固氮微生物肥料,可以增加土壤中的氮素含量;多种溶磷、解钾的微生物,如芽孢杆菌、假单胞菌的应用,可以将土壤中难溶的磷、钾分解出来,转变为作物能吸收利用的磷、钾化合物,使作物生长环境中的营养元素供应增加。一些微生物肥料的应用,增加了土壤中的有机质,提高了土壤的肥力。在改善土壤养分供应状况方面,以根瘤菌剂的研究和应用最早最广泛。我国从1950年开始对其进行研究和应用,不仅从欧美国家引进了花生根瘤菌种,还独立筛选出大豆根瘤菌和紫云英根瘤菌菌株。

2.改良土壤结构 一些有益微生物在生命活动中能分泌产生大量的胞外多糖类物质,如荚膜多糖、肽聚糖等。这些糖类物质,占土壤有机质的0.1%,它们能与植物根系分泌物、土壤胶体等共同作用,形成土壤团粒结构。此外,它们还参与腐殖质形成,改善土壤理化性质,提高土壤肥力。

3.刺激作物生长 有些微生物肥料中的微生物还可分泌植物激素类物质、维生素等,刺激和调节作物生长发育。例如,固氮菌等能产生多种活性物质(生长素、环己六醇、泛酸、吡哆醇、硫胺素等),固氮菌培养物中可检测到吲哚-3-乙酸;荧光假单孢菌属($Pseudomonas$)的所有菌株均能产生赤霉素(gibberellin,GA)和类赤霉素物质,部分菌株还能产生吲哚乙酸(IAA),少数菌株能合成生物素和泛酸,对作物的生长发育具有一定的调节和促进作用。丛枝菌根真菌能诱导牧草植株产生细胞分裂素(cytokinin,CTK),改变脱落酸(abscisic acid,ABA)与赤霉素的比例。

4.改善作物品质 许多微生物肥料能改善作物品质。根瘤菌固定的氮素能输往籽粒,使得豆科作物籽粒蛋白质含量提高。此外,一些蔬菜施用某些微生物肥料后,能增加其中的维生素含量,降低叶菜类作物中的硝酸盐含量,提高果菜类作物中的糖分含量等。研究发现,使用根瘤菌剂,不仅可以提高作物中蛋白质含量,而且使花生和大豆平均增产10%～20%。

5．增强作物抗病（虫）和抗逆性　微生物肥料中的部分菌种具有分泌和代谢产生抗生素类物质的能力．可抑制或杀死病原真菌或细菌，抑制它们的生长繁殖。微生物肥料还可以促进土壤中有益微生物的大量繁殖，通过竞争机制抑制病原菌的繁殖。如细黄链霉菌（*Streptomyces microflavus*）能分泌产生"5406"抗生素，对棉花黄萎病、枯萎病等有一定防治效果。此外，有益微生物在作物根部定殖之后，大量生长、繁殖的结果形成了作物根际的优势菌群，通过对养分资源和生存空间的占用，对致病微生物产生竞争优势，从而抑制这些有害微生物的生长和繁殖，间接地增强了植物的抗病能力。

6．减轻环境污染，保护环境生态　使用微生物肥料后可以减少化肥和农药的施用量，减轻环境污染。在相同地力水平的土壤上，一些固氮、解磷类微生物肥料可减少化肥的用量，并且获得等效的增产效果。微生物肥料在提高肥料利用率方面有明显作用，根据作物种类、土壤类型和气候条件，微生物肥料与化肥的合理配合，既能增加作物产量，又能提高肥料利用率，这不仅有经济上的意义，而且有生态学和环境保护的意义。有些微生物肥料不仅可以抑菌、减少农药施用，还能有效降解土壤中的有毒物质。微生物肥料的生产主要利用腐熟有机物作为微生物生活的能源和营养物质，这在一定程度上是对废弃有机物的循环利用，有利于资源再生和环境保护。

三、微生物肥料的施用及注意事项

1．液体菌剂的使用方法

（1）种子上的使用：拌种或浸种的方式使用。拌种时，在播种前将种子浸入 10～20 倍菌剂稀释液或用稀释液喷湿，使种子与液态生物菌剂充分接触后再播种。浸种时，先用菌剂加适量水浸泡种子，捞出晾干，种子露白时播种。

（2）幼苗上的使用：包括蘸根和喷根两种方法。①蘸根，液态菌剂稀释 10～20 倍，幼苗移栽前把根部浸入菌液 10～20 分钟后取出即可。②喷根，当幼苗很多时，可将 10～20 倍稀释液放入喷筒中喷湿根部即可。

（3）生长期的使用：①喷施，在作物生长期内可以进行叶面追肥，把液态菌剂按要求的倍数稀释后，选择阴天无雨的日子或晴天下午以后，均匀喷施在叶子的背面和正面。②灌根，按 1：40～100 的比例搅匀后灌溉在作物根部周围。

2．固体菌剂的使用方法

（1）种子上的使用：①拌种，播种前将种子用清水湿润，拌入固态菌剂充分混匀，使所有种子外覆有一层固态生物肥料时便可播种。②浸种，将固态菌剂浸泡 1～2 小时后，用浸出液浸种。

（2）幼苗上的使用：将固态菌剂稀释 10～20 倍，幼苗移栽前把根部浸入稀释液中蘸湿后立即取出即可。

（3）拌肥：每 1 000g 固态菌剂与 40～60kg 充分腐熟的有机肥混合均匀后使用，可做基肥、追肥和育苗肥用。

（4）拌土：可在作物育苗时，掺入营养土中充分混匀制作营养钵；也可在果树等苗木移栽前，混入稀泥浆中蘸根。

3．微生物肥料的施用注意事项　与其他肥料一样，正确施用微生物肥料才能发挥其肥效。

微生物肥料的有效使用条件包括：

（1）禁止与化肥、农药、杀虫剂等的合用、混用。

（2）与所使用地区的土壤、环境条件相适宜。微生物菌肥在土壤持水量30%以上、土壤温度在10～40℃、pH在5.5～8.5的条件下均可施用。但是，不同微生物具不同的生态适应能力，因而微生物肥料在推广使用前，要进行科学的田间试验，以确定其肥效。

（3）避免在高温干旱条件使用。在高温干旱条件下，微生物的生存和繁殖就会受到影响，不能发挥良好的作用。应选择阴天或晴天的傍晚施肥，并结合盖土、盖粪、浇水等措施，避免微生物肥料受阳光直射或因水分不足而难以发挥作用。此外，如根瘤菌、菌根菌肥料等对宿主有很强的专一性，使用时应予考虑。

本章小结

本章主要讲述传统有机肥料、商品有机肥料和微生物肥料的性质、组成、生产、施用以及发展等。有机肥料具有养分全面、肥效持久、培肥地力、减少污染和提高作物产量品质的重要作用，是农业生产，特别是中药栽培产业发展中的一类重要肥料。传统的有机肥料来源广泛，品类繁多，如粪尿肥、堆肥、沤肥、秸秆肥、绿肥、泥炭肥、腐殖酸类肥料等。有机肥料经堆沤、腐熟或发酵和无害化处理，养分分解和释放速度加快，病原菌、虫卵和杂草种子得以杀灭。有机肥料的熟化受水分、通气状况、温度、碳氮比、酸碱度等影响。有机肥料的施用与肥料种类、土壤性质、作物种类和特性及气候条件密切相关。

思考题

1. 有机肥料有哪些特点？在农业生产上有什么作用？

2. 简述有机肥料的施用方式和注意事项。

3. 简述主要家畜粪尿的种类和性质，以及厩肥施用的注意事项。

4. 简述秸秆还田的作用、秸秆还田方法和秸秆直接还田的注意事项。

5. 简述堆肥堆制方法和影响堆肥腐熟的因素。

6. 种植绿肥的意义是什么？绿肥的利用方式有哪些？

7. 简述泥炭在农业上的利用方式和腐殖酸类肥料的作用。

8. 微生物肥料和传统有机肥料有何区别？

9. 简述微生物肥料的优点。

第九章同步练习

第十章　现代施肥技术

学习目标

掌握：测土配方施肥的概念、意义、遵循原则；水肥一体化技术的意义与灌溉技术。

熟悉：测土壤方式施肥的具体方法；水肥一体化的施肥方法。

了解：水肥一体化技术的设备体系和肥料的选择原则。

我国化肥用量已居世界首位。在东部沿海发达地区，随着肥料的大量施入，易引起水体富营养化、地表水与地下水水质下降、土壤结构变化等问题。与此同时，许多中低产田地区，普遍存在各种养分的缺乏问题，严重制约当地农业的发展。因此，在充分了解土壤理化性质和养分状况的基础上，基于传统化肥和有机肥料的施肥经验，如何使施肥定量化、科学化，最大限度提高肥料利用率，促进增产增收，是目前肥料施用中亟待解决的问题。本章主要介绍施肥方面的新技术，重点介绍测土配方施肥技术和水肥一体化技术。

第一节　测土配方施肥

测土配方施肥，国际上通称平衡施肥，是联合国在世界范围内推广的一项先进农业技术，同时也是精准农业的要求。其基本内容为：根据土壤理化性质、大田试验、植物需肥规律、农业生产要求等，在合理施用有机肥料的基础上，提出氮、磷、钾3种大量元素以及硫、钙、镁等中、微量元素施用量和施用比例，因地制宜、因时制宜、因种制宜地科学施肥。测土配方施肥技术使化肥在农业生产中的正面作用最大化，同时又使其对农业生产及环境方面的负面效应最小化，是目前科学施肥体系的核心技术。

一、测土配方施肥的概念及意义

1. **概念**　测土配方施肥技术是以土壤测试和肥料田间试验为基础，根据作物需肥规律、土壤供肥性能和肥料效应，在合理施用有机肥料的基础上，提出的高效、经济、科学的施肥技术。该技术以作物高产、优质、环境友好为方向，以提高产量和品质为目标，以养分资源综合管理为手段，重在建设资源节约型和环境友好型的集约化农业。

2.意义

（1）改善土壤，提升地力：测土配方施肥的作用不仅直接表现在作物增产效应上，还体现在改良土壤，提升地力方面。随着世界化肥工业的不断发展，大水大肥的模式层出不穷，因此而导致的土壤板结、环境污染、成本增加等问题也日趋严重。测土配方施肥技术强调以使用有机肥料为基础，首先解决的是土壤结构问题，改善土壤，做到用地与养地相结合，能够长期维持和不断提高土壤肥力，做到资源的可持续利用。

（2）节约成本，提升资源利用率：肥料的低利用率不但造成极大的浪费，增加了生产成本，而且多余的肥料经过各种作用进入区域环境，造成水质、大气的污染。测土配方施肥技术在了解土壤基本肥力的基础上结合作物的营养需求，定量定时供给，精确施肥的数量和种类，降低了生产成本。

（3）环境友好，保护生态：在测土配方施肥条件下，元素的品种、配比、使用量等都根据土壤供肥状况和作物需肥特点达到最优化，减少肥料的挥发和流失，减轻对地下水硝酸盐面源污染，对保护生态平衡，保持农业可持续发展有重要意义。

（4）合理搭配营养元素，提高作物产量与品质：测土配方施肥能够调节大量元素及其他中、微量元素的供给，尤其在作物不同生育期满足其生长发育所需的养分，达到平衡吸收，使作物抗寒、抗旱、抗逆能力明显增强，病虫害、倒伏明显减少，提升作物产量与品质。

二、测土配方施肥的基本方法

测土配方施肥的方法主要有 3 种 6 大类，主要包括地力分区（级）配方法、养分平衡配方法（目标产量配方法）以及田间试验配方法。测土配方施肥的过程中要做好 5 个环节：一是划定配方区，收集当地有关技术资料；二是分析测定配方区土壤养分（N、P、K）含量；三是选定配方的方法，制订出施肥方案及措施；四是应用计算机技术（施肥软件）指导配方施肥；五是搞好技术培训及宣传，加强配方施肥推广。

（一）地力分区（级）配方法

地力分区（级）配方法首先是通过土壤普查、耕地地力调查和当地田间试验资料，把土壤按肥力高低分成若干等级，或划出一个肥力均等的区域，作为一个配方区。其次，再根据相关文献和田间试验成果，针对不同作物优化施肥品种、施肥比例、施肥数量、施肥时期和施肥方法。此方法提出的肥料用量和施肥措施接近当地的传统方法，群众易于接受。该方法仅适用于区域内土壤水平差异不大的地区，且配方时的文献资料受时间限制，最终的结果存在一定误差，虽然具有普适性，但针对性不强，具有一定的局限性。

（二）养分平衡配方法

作物目标产量施肥量由目标产量需肥量和土壤供肥量决定。作物目标产量需肥量与土壤供肥量之差，可以通过施肥来补足，从而估算目标产量施肥量。该方法也被称为目标产量法。

$$施肥量 = \frac{目标产量所需养分总量 - 土壤供肥量}{肥料中养分百分含量 \times 肥料当季利用率}$$

养分平衡配方法的原理比较简单,目标产量所需的养分种类及总量可以确定,但是通过土壤养分的测定值计算其供应量的步骤存在一定的误差,因为土壤是一个动态的缓冲体系,其供肥能力受环境影响,即土壤的供肥能力是一个区间,而不是一个绝对的数值,因此通过此种方法计算的最终施肥量准确度较差。由于计算土壤养分供应量的不同,养分平衡法又分为地力差减法和土壤有效养分校正系数法。

1. 地力差减法　地力差减法是根据作物目标产量与基础产量之差,求得实现目标产量所需肥料量的一种方法。在不明确土壤基本条件的前提下,可以用田间试验预先获得空白产量来代表地力产量。目标产量减去地力产量后的差额乘以单位产量的养分吸收量,就是需要用肥料来满足供应的养分数量。其计算公式为:

$$肥料需要量 = \frac{(目标产量 - 空白产量) \times 作物单位产量养分吸收量}{肥料中养分百分含量 \times 肥料当季利用率}$$

该法的优点是不需要土壤测试,只需要计算空白产量。其缺点为空白产量需要通过田间试验预先获得,试验周期长,而且田间试验受气候、土壤养分、作物品种、田间管理等环境因素的影响,因此计算出的空白产量不一定完全由土壤养分造成,换言之,最终计算出的肥料需用量可能因为其他环境因子的影响而存在误差。

2. 土壤有效养分校正系数法　土壤有效养分校正系数法是通过测定土壤有效养分含量估算土壤供肥量的一种方法。计算公式为:

$$肥料需要量 = \frac{作物单位产量养分吸收量 \times 目标产量 - 土壤养分测定值 \times 0.15 \times 校正系数}{肥料中养分百分含量 \times 肥料当季利用率}$$

$$作物总吸收量 = 作物单位产量养分吸收量 \times 目标产量$$

$$土壤养分供给量(kg) = 土壤养分测定值 \times 0.15 \times 校正系数$$

土壤养分测定值以 mg/kg 表示,0.15 为该养分在每亩 15 万公斤表层土中换算成公斤/亩的系数。

$$校正系数 = \frac{空白田产量 \times 作物单位养分吸收量}{养分测定值 \times 0.15}$$

(三)田间试验配方法

田间试验是获得不同作物最佳施肥量、施肥时期、施肥方法的根本途径,通过简单的单一对比,或应用正交、回归等试验设计,进行多点田间试验,从而选出最优处理,确定肥料施用比、施用量、施肥时期、施肥方法。同时田间试验也是筛选验证土壤养分测试技术和建立施肥指标体系的基本环节。基于田块的肥料配方设计,首先要确定氮、磷、钾养分的用量,然后确定相应的肥料组合。

1. 肥料效应函数法　肥料对作物的增产效应体现在施肥量、作物产量和品质上,可以用肥料效应函数表示。农业部"测土配方施肥技术规程"推荐采用"3414"完全试验方案(2016 版)。

"3414"完全试验方案是 3 因素、4 水平、14 个处理优化的正交试验。3 因素是指氮、磷、钾 3

个研究因素；4 水平是指氮、磷、钾肥料用量的 4 个水平,分别用 0、1、2、3 水平代替,其中 0 水平、2 水平指当地推荐施肥量,1 水平(指施肥不足)=2 水平×0.5,3 水平(指过量施肥)=2 水平×1.5。具体方案见表10-1。

表 10-1 "3414"完全试验方案处理表(推荐方案)

试验编号	处理	N	P	K
1	$N_0P_0K_0$	0	0	0
2	$N_0P_2K_2$	0	2	2
3	$N_1P_2K_2$	1	2	2
4	$N_2P_0K_2$	2	0	2
5	$N_2P_1K_2$	2	1	2
6	$N_2P_2K_2$	2	2	2
7	$N_2P_3K_2$	2	3	2
8	$N_2P_2K_0$	2	2	0
9	$N_2P_2K_1$	2	2	1
10	$N_2P_2K_3$	2	2	3
11	$N_3P_2K_2$	3	2	2
12	$N_1P_1K_2$	1	1	2
13	$N_1P_2K_1$	1	2	1
14	$N_2P_1K_1$	2	1	1

这些处理不但可进行氮、磷、钾三元二次方程的拟合,还可进行氮、磷、钾任意二元一次方程的拟合。该方案综合了回归最优设计处理少、效率高的优点,是目前国内外应用比较广泛的肥料效应田间试验方案。此法试验具有地区限制,模型中没有土壤和肥料因素,难以实现测土按地施肥的目的,并且需要在不同类型土壤、气候、耕作、品种等方面布置多点试验,累积不同年度资料,周期长,工作量大,受大环境影响,年份间重复性差。这种方法需要进行复杂的数学统计运算,一般群众不易掌握,推广有一定难度。

2. 养分丰缺指标法　养分丰缺指标法是利用土壤速效养分含量与植物产量之间的相关性,针对具体作物种类,在各种不同速效养分含量的土壤上进行田间试验的方法。该方法根据作物产量将土壤中所含的速效养分划分为若干丰缺等级,同时确定各等级的适宜施肥量,依此建立丰缺等级与适宜施肥量检索表。实际应用中,只要通过测土得到土壤速效养分值后查阅检索表,就可按级确定肥料施用量。

养分丰缺指标法的实施步骤为：①针对具体作物在不同速效养分含量土壤中进行大田试验,设置氮、磷、钾的全肥区和氮、磷、钾缺素区,对比试验；②分别计算缺素区相对产量(缺素区作物产量占对应全肥区作物产量的百分比)；③根据缺素区相对产量建立养分丰缺分组标准,通常采用的分组标准为极低(<55%)、低(55%～75%)、中(75%～95%)、高(95%～100%)、极高(>100%)；④将各试验点的基础土壤速效养分含量测定值依据上述标准分组,并据之确定速效养分含量的丰缺指标。

依据土壤养分测试结果和田间肥效试验结果,建立不同作物、不同区域的土壤养分丰缺指标,提供肥料配方,方法简便易行。但是不同土壤类型、作物品种的养分丰缺指标不同,不可随意套用。由于土壤理化性质差异较大,碱解氮的测定值不稳定,与作物产量之间的相关性较差,所以施用氮肥很少使用此法定量,一般只用于适用磷元素、钾元素和微量元素肥料的定量。

3．氮、磷、钾比例法　通过田间试验,在一定地区的土壤上,取得某一作物不同产量情况下各种养分之间的最佳比例,将其中一种养分定量,然后按各种养分之间的比例关系来决定其他养分的肥料用量,如以氮定磷、定钾,以磷定氮,以钾定氮等。此方法工作量小,结果直观。但是作物对养分的吸收与应施肥料养分供应是两个不同的概念。土壤中各养分含量不同,对各种养分的供应强度不同,按上述比例在实际应用时难以反映真实的缺素情况。

以上测土配方施肥的基本方法都可以互相补充,配合应用,才能达到节约成本、增收增产、减少污染、保护环境的目的,实现农业生产的可持续发展。

(四) 有机肥料和无机肥料的换算

一般配方施肥法计算出来的施肥量主要是指纯养分,而配方施肥必须以有机肥料为基础,得出肥料总用量后,再按一定方法来分配化肥和有机肥料的用量。

1．同效当量法　由于有机肥料和无机肥料的当季利用率不同,通过试验先计算出某种有机肥料所含的养分,根据肥效计算相当于几个单位的化肥所含的养分,这个系数就称为"同效当量"。例如,测定氮的有机无机同效当量,在施用等量磷、钾的基础上,用等量的有机氮和无机氮两个处理,并以不施氮肥为对照,得出产量后,用下列公式计算同效当量:

$$同效当量=\frac{有机氮处理-无机氮处理}{化学氮处理-无氮处理}$$

2．产量差减法　产量差减法是先通过田间试验,计算某一种有机肥料单位施用量的作物增产量,然后从目标产量中减去有机肥料能增产部分,减去后的产量,就是应施化肥才能得到的产量。

3．养分差减法　养分差减法是在掌握各种有机肥料利用率的情况下,先计算出有机肥料中的养分含量,同时,根据当季肥料利用率计算出当季利用量,然后从需肥总量中减去有机肥料能利用部分,留下的就是无机肥料应施的量。计算公式为:

$$化肥施用量=\frac{总需肥量-有机肥用量×养分含量×该有机肥当季利用率}{化肥养分×化肥当季利用率}$$

第二节　水肥一体化技术

一、水肥一体化技术概述

1．水肥一体化技术的概念　水肥一体化技术是将灌溉与施肥融为一体的农业新技术。广义的水肥一体化是指根据作物需求,对农田水分和养分进行综合调控的一体化管理技术,包括施肥和灌溉两个方面,通过以水促肥、以肥调水,实现水肥耦合,使作物根系同时高效地吸收水分和养分。狭义的水肥一体化指灌溉施肥,即把肥料溶解在水中,利用灌溉的手段施肥,适时适量地满足作物对水分和养分的需求。目前水肥一体化常用形式是微灌与施肥的结合,且以滴灌、微喷与施肥的结合居多。

2. 水肥一体化技术的特点　与传统模式相比,水肥一体化实现了水肥管理的革命性转变,通过可控系统供水、供肥,节省施肥劳动成本。水肥相融后,均匀、快速、定量地到达作物根系发育生长区域,使主要根系土壤始终保持疏松和适宜的含水量,施肥及时,养分吸收快,省肥节水,水肥利用率高。水肥一体化技术可以根据不同作物在不同生长阶段的需肥特点、需水特点、土壤状况进行不同生育期的设计。例如,采用滴灌可以避免大水漫灌、沟灌等方式造成的土壤板结、积水等问题,减少作物根系因缺氧状态而造成的烂根,同时可有效地控制土传病害的发生与传播,提高作物抵御风险的能力。

二、灌溉技术

(一) 喷灌

喷灌是利用水泵和专用管道设备将水运输至田间灌溉区域,通过喷头将水喷射到空中,散成细小水滴,洒落到土壤表面和作物表面以供给植物所需水分的灌溉方式。喷灌技术是目前在节水、作物增产、投资、推广等方面效果显著的灌溉技术。喷灌设备由进水管、抽水机、输水管、配水管和喷头(或喷嘴)等部分组成,可以是固定式的、半固定式的或移动式的。一个完整的喷灌系统一般由喷头、管网、首部和水源组成。

喷头用于将输水管道运送的水分喷向空中散成水滴,是喷灌系统中的关键设备,将灌溉用水如降雨一般比较均匀地喷洒在需灌溉区域。

管网作用是将水输送并分配到所需灌溉区域。由不同管径的管道组成,分干管、支管、毛管等,通过各种附件如闸阀、三通、弯头等设备将各级管道连接成完整的水管网系统。现代灌溉系统的管网多采用施工方便、水力学性能良好且不会锈蚀的塑料管道,如 PVC 管、PE 管等。

首部作用是从水源取水,并对水进行加压、水质处理、肥料注入和系统控制。一般包括动力设备、水泵、过滤器、施肥器、泄压阀、逆止阀、水表、压力表,以及控制设备,如自动灌溉控制器、恒压变频控制装置等。首部设备的多少,可视系统类型、水源条件及用户要求有所增减。

井泉、湖泊、水库、河流及城市供水系统均可作为喷灌水源。在整个生长季节,水源应有可靠的供水保证。同时,水源水质应满足灌溉水质标准的要求。

与其他灌溉技术相比,喷灌技术不受地形条件、土壤条件和作物种类限制,适应性强,可用于各种类型的土壤和作物。由于水分的均匀度与地形和土壤透水性无关,因此不管是在山地还是平原,不管土壤透水性大还是小,都可以采用喷灌技术。不足的是,灌溉的均匀度和喷洒效果会受到风力的影响;灌溉中表层土壤充分润湿,深层土壤润湿不足;还存在空中损失。为了使其达到更好的效果,对浅根系作物、少风地区、坡度大地形起伏明显的区域使用喷灌技术可达到节水、增产、省力、省肥的效果。

(二) 微灌

微灌是微水灌溉技术的简称,按照作物需求,通过低压管道系统与安装在系统末端管道上的灌水器,在管内外水势梯度差驱动下,将作物生长所需的养分和水分以较小的流量,均匀、准确、持续地输送至作物根系附近土壤,使作物根部的土壤经常保持在最佳水、肥、气状态的灌水方法。微灌的特点是灌水流量小,一次灌水延续时间长,周期短,需要的工作压力较低,能够较精确地控制灌水量,把水分和养分直接输送到作物根部附近的土壤中,满足作物生长发育的需要。典型的微灌系统通常由水源工程、首部枢纽、输配水管网和灌水器四部分组成。

与喷灌相比,微灌节水、节能,灌水均匀;节省劳力,对土壤和地形的适应性强,对地温的改变响应幅度小,能达到增产目的。微灌分为3种类型:滴灌、微喷灌和涌泉灌。

1. 滴灌 滴灌是根据作物的需水规律,通过微灌系统末端的灌水器将水以滴状均匀而缓慢地滴入作物根部进行灌溉的方法。根据使用时的位置分为地表滴灌和地下滴灌,将毛管和灌水器放在地面上的滴灌方式称为地表滴灌,将毛管和灌水器埋入地下 30～40cm 的滴灌方式称为地下滴灌。滴灌是干旱缺水地区节水灌溉最有效的方式。

滴灌节水、节肥、省工,大大提高了水的利用率,能实现水肥同步;也能控制温度和湿度,保持土壤结构,最终达到改善品质、增产增效的目的。

2. 微喷灌 微喷灌是利用安装在毛管上的折射式、辐射式或旋转式微型喷头,通过压力将水喷洒在枝叶上或树冠下地面上的一种灌水形式,简称微喷。微喷灌系统也由水源、首部枢纽、管网系统、微喷头组成。由于喷头口径小、压力大,有很大的雾化指标,能够提高空气湿度,调节局部小气候,适合作用于喜阴湿的作物栽培。

3. 涌泉灌 涌泉灌是利用管道中的压力,水通过灌水器,即涌水器,以小股水流或泉水的形式施到土壤表面的一种灌水形式。涌泉灌溉的流量比滴灌和微喷大,一般都超过土壤的渗吸速度,其适合于果园和植树造林的灌溉。

三、施肥方法

1. 文丘里施肥法 文丘里施肥法的原理为:当水流经过输水管收缩段时,水流由粗变细,流速加快,使水在文丘里施肥器出口处形成低压区,利用产生的真空吸力将肥料溶液均匀吸入管道系统进行施肥。文丘里施肥器成本低,使用方便,施肥浓度稳定,无须外加动力,但是压力损失较大,一般适于灌区面积不大的区域。微灌系统的工作压力较低,可以采用文丘里施肥器。

2. 旁通罐施肥法 旁通罐施肥法是按数量施肥的一种方式,开始施肥时流出的肥料浓度高,随着施肥进行,罐中肥料越来越少,浓度越来越稀。罐内养分浓度的变化存在一定的规律,当肥料完全溶解时,相当于 4 倍罐容积的水流过罐体后,90% 的肥料已进入灌溉系统。灌溉施肥的时间取决于肥料罐的容积及其流出速度,由于施肥罐的容积是固定的,因此加大流速即可增加施肥速度。

在流量、压力和肥料用量相同的情况下,不管是直接将固体肥料加入施肥罐,还是将固体肥料溶解后放入施肥罐,施肥的时间基本一致。由于施肥的快慢与经过施肥罐的流量有关,当需要快速施肥时,可以增大施肥罐两端的压差,反之,减小压差。

3. 重力自压式施肥法 在应用重力滴灌或微喷灌的区域,可以采用重力自压式施肥法。在丘陵山地果园或茶园一般建有蓄水池。通常在水池旁边高于水池液面处建敞口式混肥池,大小为0.5～2.0m³。池底安装肥液流出的管道,出口处安装 PVC 球阀,此管道与蓄水池出水管连接。池内用长 20～30cm,75mm 或 90mm 径粗的 PVC 管,管入口用 100～120 目尼龙网包扎。施肥时将肥料倒入混肥池搅拌溶解,首先打开主管道的阀门,灌溉纯水,然后再打开混肥池管道,主管道的水流附带流出的肥液进入灌溉系统并通过调节开关位置控制施肥速度。

4. 泵吸施肥法　泵吸施肥法是通过离心泵将肥料溶液吸入管道系统进行施肥的方法。该法可用敞口容器盛放肥料溶液。施肥时通过调节肥液管上阀门,可以控制施肥速度。本方法要求水源水位不能低于泵入口 10m,施肥过程中当肥液快完时应立即关闭吸肥管上的阀门,否则吸入空气,影响泵的运行。该方法操作简单,速度快,设备简易,适用性强;当水压恒定时,可做到按比例施肥。

5. 泵注肥法　施肥时存在有压力管道,如采用潜水泵或用自来水等压力水源,无法利用泵吸施肥时,要采用泵注入施肥法,如打农药常用的柱塞泵或一般水泵均可使用。注入口可以在管道上任何位置,但是要求注入肥料溶液的压力要大于管道内水流压力。泵注肥法操作简单、方便,注肥速度也易调节。

四、肥料的选择及注意事项

适合水肥一体化的肥料有液体肥料、固体可溶性肥料、液体生物菌肥、发酵肥滤液等,目前常用的是固体可溶性肥料。

(一) 水肥一体化肥料选择标准

1. 溶解度要高　水肥一体化的灌溉技术要求肥料在田间温度或常温下能完全溶解于水,溶解度高的肥料沉淀少,不易堵塞管道和出水口,延长设备使用年限,且肥料与水分充分结合后,才能到达作物根部被迅速吸收。

2. 养分含量较高　选择的肥料养分含量要高,如果肥料中养分含量较低,肥料用量就要增加,可能造成溶液中离子浓度过高,易发生堵塞现象。

3. 对灌溉水影响小　灌溉水中通常含有各种离子和杂质,如 Ca^{2+}、Mg^{2+}、SO_4^{2-}、CO_3^{2-}、HCO_3^- 等,当灌溉水 pH 达到一定值时,灌溉水中阳离子和阴离子会发生反应,产生沉淀。因此,在选择肥料品种时要考虑灌溉水质、pH、电导率和灌溉水的可溶盐含量等因素。为了避免沉淀的出现,当灌溉水的硬度较大时,应采用酸性肥料,如磷肥选用磷酸一铵。

4. 对灌溉设备的腐蚀性小　水肥一体化的肥料要通过灌溉设备来使用,而有些肥料与灌溉设备接触时,易造成设备腐蚀,如用铁制的施肥罐时,磷酸会溶解金属铁,因此,一般情况下应用不锈钢或非金属材料的施肥罐,并且应根据灌溉设备材质选择腐蚀性较小的肥料。

5. 微量元素及含氯肥料的选择　微量元素肥料一般通过基肥或者叶面喷施应用,如果借助水肥一体化技术施用,应选用螯合微肥。螯合微肥是用螯合剂与植物生长的必需微量元素制成的肥料。螯合微肥在土壤中不易被固定,易溶于水,能很好地被作物吸收,且螯合微肥能够与其他肥料混合使用。

（二）水肥一体化肥料配制应注意的事项

1. 合理安排各种肥料的溶解顺序　多数肥料在溶解时会伴随放热反应,使溶解速度加快,但有些肥料在混合时会产生吸热反应,降低溶液温度,使肥料的溶解度降低,并产生盐析现象。因此,可以通过合理安排各种肥料的溶解顺序,利用它们之间的互补作用来溶解肥料。如配制磷酸和尿素肥料溶液时,利用磷酸的放热反应,先加入磷酸使溶液温度升高,再加入有吸热反应的尿素,对低温时增加肥料的溶解度具有积极作用。

2. 现用现配混合使用的肥料　通常情况下,混合使用的肥料都是现用现配,如果预先配制肥料,对于一些易吸湿潮结块的肥料如 NH_4NO_3、$Ca(NO_3)_2$、NH_4Cl 等,配制后不宜久存,短期储存和搬运时也要注意密封。

3. 分别单独注入使用　在水肥一体化操作中,对于混合时会发生化学反应的肥料,应对肥料分别单独注入,即第一种肥料注入完成后,用清水充分冲洗灌溉系统,然后再注入第二种肥料,或者采用两个以上的贮肥罐把混合后相互作用会产生沉淀的肥料分别贮存、分别注入。

本章小结

本章主要讲述了现代施肥技术的两个重要组成部分——测土配方施肥技术和水肥一体化技术,主要内容包括测土配方施肥技术的概念、意义、理论依据、遵循原则和基本方法;水肥一体化技术的概念、意义、灌溉技术、施肥方法以及常见肥料和性质等。

思考题

1. 什么是测土配方施肥? 其优点是什么?

2. 如何正确设置"3414"方案的各因素、水平和处理方案?

3. 什么是水肥一体化技术? 有何主要优势?

4. 水肥一体化中主要有哪些灌溉措施? 其优缺点分别是什么?

第十章同步练习

实验一　土壤样本的采集、处理及土壤水分含量的测定

　　土壤样品（简称土样）的采集与处理，是土壤分析工作的一个重要环节，直接关系到分析结果的正确与否。因此必须按正确的方法采集和处理，以便获得符合实际的分析结果。

　　测定土壤水分是为了了解土壤水分状况，以作为土壤水分管理，确定灌溉定额的依据。在分析工作中，由于分析结果一般以烘干土为基础表示，但也需要测定湿土或风干土的水分含量，以便进行分析结果的换算。

一、土样的采集

　　分析某一土壤或土层，只能抽取其中有代表性的少部分土壤，这就是土样。采样的基本要求是土样具有代表性，即能代表所研究的土壤总体。根据不同的研究目的，可有不同的采样方法。

（一）土壤剖面样品

　　土壤剖面样品是为研究土壤的基本理化性质和发生分类。应按土壤类型，选择有代表性的地点挖掘剖面，根据土壤发生层次由下而上地采集土样。一般在各层的典型部位采集厚约 10cm 的土壤，但耕作层必须要全层柱状连续采样，每层采 1kg；放入干净的布袋或塑料袋内，袋内外均应附有标签，标签上注明采样地点、剖面号码、土层和深度。

（二）耕作土壤混合样品

　　为了解土壤肥力情况，一般采用混合土样，即在一采样地块上多点采土，混合均匀后取出一部分，以减少土壤差异，提高土样的代表性。

　　1. 采样点的选择　　选择有代表性的采样点，应考虑地形基本一致，近期施肥耕作措施、植物生长表现基本相同。采样点 5～20 个，其分布应尽量照顾到土壤的全面情况，不可太集中，应避开路边、地角和堆积过肥料的地方。

　　2. 采样方法　　在确定的采样点上，先用小土铲去掉表层 3mm 左右的土壤，然后倾斜向下切取一片片的土壤。将各采样点土样集中一起混合均匀，按需要量装入袋中带回。

（三）土壤物理分析样品

测定土壤的某些物理性质。如土壤容重和孔隙度等的测定，须采原状土样，对于研究土壤结构性样品，采样时须注意湿度，最好在不黏铲的情况下采取。此外，在取样过程中，须保持土块不受挤压而变形。

（四）研究土壤障碍因素的土样

为查明植株生长失常的原因，所采土壤要根据植物的生长情况确定，大面积危害者应取根际附近的土壤，多点采样混合；局部危害者，可根据植株生长情况，按好、中、差分别取样（土壤与植株同时取样），单独测定，以保持各自的典型性。

（五）采样时间

土壤某些性质可因季节不同而有变化，因此应根据不同的目的确定适宜的采样时间。一般在秋季采样能更好地反映土壤对养分的需求程度，因而建议在定期采样时在一年一熟的农田的采样期放在前茬作物收获后和后茬作物种植前为宜，一年多熟农田放在一年作物收获后。不少情况下均以放在秋季为宜。当然，只需采一次样时，则应根据需要和目的确定采样时间。在进行大田长期定位试验的情况下，为了便于比较，每年的采样时间应固定。

二、土样的数量

一般1kg左右的土样即够化学物理分析之用，采集的土样如果太多，可用四分法淘汰。四分法将采集的土样弄碎，除去石砾和根、叶、虫体，并充分混匀铺成正方形，划对角线分成4份，淘汰对角2份，再把留下的部分合在一起，即为平均土样，如果所得土样仍太多，可再用四分法处理，直到留下的土样达到所需数量（1kg），将保留的平均土样装入干净布袋或塑料袋内，并附上标签（见实验图1）。

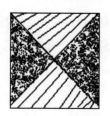

● 实验图1

（一）风干处理

野外取回的土样，除田间水分、硝态氮、亚铁等需用新鲜土样测定外，一般分析项目都用风干土样。方法是将新鲜湿土样平铺于干净的纸上，弄成碎块，摊成薄层（厚约2cm），放在室内阴凉通风处自行干燥。切忌阳光直接暴晒和酸、碱、蒸气以及尘埃等污染。

（二）磨细和过筛

1．挑出自然风干土样内的植物残体，使土体充分混匀，称取土样约500g放在乳钵内研磨。

2．磨细的土壤先用孔径为1mm（18号筛）的土筛过筛，用作颗粒分析土样，（国际制通过2mm筛孔）反复研磨，使<1mm的细土全部过筛。粒径>1mm的未过筛石砾，称重（计算石砾百分率）后遗弃。

3．将<1mm的土样混匀后铺成薄层，划成若干小格，用骨匙从每一方格中取出少量土样，总量约50g。仔细拣出土样中的植物残体和细根后，将其置于乳钵中反复研磨，使其全部通过孔径0.25mm（60号筛）的土筛，然后混合均匀。

经处理的土样，分别装入广口瓶，贴上标签。

三、土壤含水量测定方法

土壤水分的测定方法很多，实验室一般采用酒精烘烤法、酒精烧失法和烘干法。野外则可采用简易的排水称重法（定容称量法）。

（一）酒精烘烤法

1．原理　土壤加入酒精，在105～110℃下烘烤时可以加速水分蒸发，大大缩短烘烤时间，又不会因有机质的烧失而造成误差。

2．操作步骤

（1）取已烘干的铝盒称重为W_1（g）。

（2）加土壤约5g平铺于盒底，称重为W_2（g）。

（3）用皮头吸管滴加酒精，便土样充分湿润，放入烘箱中，在105～110℃条件下烘烤30分钟，取出冷却称重为W_3（g）。

3．结果计算

$$土壤水分含量（\%）=\frac{W_2-W_3}{W_3-W_1}\times 100$$

土壤分析一般以烘干土计重，但分析时又以湿土或风干土称重，故需进行换算，计算公式为：应称取的湿土或风干土样重＝所需烘干土样重×（1＋水分％）。

（二）酒精烧失速测法

1．原理　酒精可与水分互溶，并在燃烧时使水分蒸发。土壤烧后损失的重量即为土壤含水量。

2．操作步骤：

（1）取铝盒称重为W_1（g）。

（2）取湿土约10g（尽量避免混入根系和石砾等杂物）与铝盒一起称重为W_2（g）。

（3）加酒精于铝盒中，至土面全部浸没即可，稍加振摇，使土样与酒精混合，点燃酒精，待燃烧将尽，用小玻棒来回拨动土样，助其燃烧（但过早拨动土样会造成土样毛孔闭塞，降低水分蒸发速度),熄火后再加酒精3ml燃烧,如此进行2～3次,直至土样烧干为止。

（4）冷却后称重为$W_3(g)$。

3.结果计算同前。

（三）烘干法

1.原理 将土样置于105℃±2℃的烘箱中烘至恒重,即可使其所含水分(包括吸湿水)全部蒸发殆尽以此求算土壤水分含量。在此温度下,有机质一般不会因大量分解损失而影响测定结果。

2.操作步骤

（1）取干燥铝盒称重为$W_1(g)$。

（2）加土样约5g于铝盒中称重为$W_2(g)$。

（3）将铝盒放入烘箱,在105～110℃下烘烤6小时,一般可达恒重,取出放入干燥器内,冷却20分钟可称重。必要时,如前法再烘1小时,取出冷却后称重,两次称重之差不得超过0.05g,取最低一次计算。质地较轻的土壤,烘烤时间可以缩短,即5～6小时。

3.结果计算同前。

四、思考题

1.采集与处理土样的基本要求是什么?

2.处理土样时为什么<1mm 和<0.25mm 的细土必须反复研磨使其全部过筛?

3.处理通过孔径1mm 及0.25mm 土筛的两种土样,能否将两种筛套在一起过筛,分别收集两种土筛下的土样进行分析测定?为什么?

［土筛号数为每英寸长度内的孔(目)数,如100号(目)为每一英寸长度内有100孔(目)。筛号与筛孔直径(mm)对照可以查阅相关资料。］

4.根据土样处理结果,计算土壤石砾百分率。

$$石砾含量(\%)=\frac{石砾重量}{土壤总重量}\times 100$$

5.列出实验数据,计算土壤水分含量。

6.在烘干土样时,为什么温度不能超过110℃?含有机质多的土样为什么不能采用酒精烧失法?

实验二　土壤颗粒分析及质地分类

土壤是由粒径不同的各粒级颗粒组成的,各粒级颗粒的相对含量即颗粒组成,对土壤的水、热、肥、气状况都有深刻的影响。土壤颗粒分析是测定土壤的颗粒组成,并以此确定土壤的质地类型。本实验采用比重计法测定土壤颗粒组成,同时练习手测质地方法。

一、土壤颗粒分析（比重计速测法）

（一）方法原理

土样经化学和物理方法处理后充分分散为单粒，并制成5%悬浮液，让土粒自由沉降。经不同时间，用土壤比重计（又称甲种比重计或鲍氏比重计）测定悬浮液比重，比重计读数直接指示比重计悬浮处的土粒重量（g/L）。根据不同沉降时间的比重计读数，便可计算不同粒径的土壤颗粒含量。

（二）操作步骤

1. 称样　称取通过1mm（卡氏制）或2mm（国际制）筛孔相当于50g（精确到0.01g）干土重的风干土样，置于400ml烧杯中。

2. 样品分散　根据土壤酸碱性质，分别选用下列分散剂：石灰性土壤（50g样品，下同），加0.5mol/L六偏磷酸钠60ml；中性土壤加0.25mol/L草酸钠20ml；酸性土壤加0.5mol/L氢氧化钠40ml。

称取土样加入适当分散剂20ml后，用带橡皮头的玻棒搅拌成糊状。静置过夜（或半小时）。以带有橡皮头的玻棒研磨土样（黏质土不少于20分钟，壤质土及砂质土不少于15分钟），其后再加入剩余的分散剂研磨均匀。

3. 制备悬液　将分散后的土样用软水洗入1000ml的沉降筒中，加软水至刻度，即为5%的悬浮液。放置于平稳桌面上。

4. 测定悬液比重

（1）搅拌：先测定悬液温度。然后用特制搅拌棒上下均匀搅拌悬液1分钟（30次），使悬液中颗粒均匀分布，搅拌时如悬液发生气泡，迅速加入1～2滴异戊醇消泡。

（2）读数：搅拌停止立即取出搅拌棒，并记录时间（土粒开始沉降的时间），按表1所列温度、时间和粒径的关系，选定测比重计读数的时间，分别测出<0.05mm、<0.01mm、<0.001mm等各粒级的比重计读数。每次读数前30秒，将比重计轻轻放入悬液中，使其不要上下浮动，时间一到立即读数。读数后取出比重计，以免影响土粒继续下沉。

注意：只搅拌1次，读3次数。

5. 空白校正　另取一沉降筒，加入与处理土样等量的分散剂，用软水稀释至1000ml，比重计读数即为空白校正。

（三）结果计算

1. 比重计校正读数

$$比重计校正读数＝比重计原读数－空白校正值$$

注：空白校正值包括分散剂校正值和比重计校正值。

不同温度时各粒级的比重计测定时间见表1和表2。

表1　不同温度时各粒级颗粒的比重计测定时间表（卡氏制）

粒径/mm	<0.05		<0.01	<0.001	粒径/mm	<0.05	<0.01	<0.001
温度/℃	分	秒	分	小时	温度/℃	分　秒	分	小时
4	1	32	43	48	22	55	25	48
5	1	30	42	48	23	54	30	48
6	1	25	40	48	24	54	24	48
7	1	23	38	48	25	53	30	48
8	1	20	37	48	26	51	23	48
9	1	18	36	48	27	50	22	48
10	1	18	35	48	28	48	30	48
11	1	15	34	48	29	46	21	48
12	1	12	33	48	30	45	20	48
13	1	10	32	48	31	45	30	48
14	1	10	31	48	32	45	19	48
15	1	8	30	48	33	44	19	48
16	1	6	29	48	34	44	30	48
17	1	5	28	48	35	42	18	48
18	1	3	27.30	48	36	42	18	48
19	1	0	27	48	37	40	30	48
20		56	26	48	38	38	30	48
21		56	26	48	39	37	17	48
					40	37	17	48

2. 各级土粒含量计算

（1）卡氏制

$$物理性黏粒(<0.01mm)\% = \frac{<颗粒的校正读数}{50} \times 100$$

$$黏粒(<0.01mm)\% = \frac{48小时的校正读数}{50} \times 100$$

$$粗粉粒(0.05\sim0.01mm)\% = 100 - 砂粒(\%) - 物理性黏粒(\%)$$

$$中、细粉粒(0.01\sim0.001mm)\% = 物理性黏粒(\%) - 黏粒(\%)$$

表2　在不同温度时各粒级的比重计测定时间表（国际制）

粒径/mm	<0.02		<0.002		粒径/mm	<0.02		<0.002	
温度/℃	分	秒	时	分	温度/℃	分	秒	时	分
5	9	30	17	36	18	6	37	12	14
6	9	14	17	5	19	6	28	11	56
7	8	58	16	35	20	6	17	11	3
8	8	42	16	5	21	6	8	11	2
9	8	26	15	36	22	5	59	11	5
10	8	10	15	9	23	5	51	10	50
11	7	56	14	43	24	5	43	10	35
12	7	43	14	19	25	5	35	10	20
13	7	31	13	55	26	5	28	10	7
14	7	19	13	33	27	5	20	9	53
15	7	8	13	12	28	5	13	9	40
16	6	57	12	52	29	5	7	9	28
17	6	47	12	33	30	4	59	9	16

（2）国际制

$$砂粒（2～0.02mm）\%=\frac{50-0.02mm\ 颗粒的校正读数}{50}×100$$

$$黏粒（<0.002mm）\%=\frac{<0.002mm\ 颗粒的校正读数}{50}×100$$

$$粉粒（0.002～0.02mm）\%=100-砂粒（\%）-黏粒（\%）$$

（四）质地分类及定名

1. 卡氏制　根据各级颗粒的百分含量，划分质地类型。

第一步：根据物理性黏粒含量，划分大的质地类型，标准见表3。

表3　物理性黏粒含量与土壤质地类型对照表

物理性黏粒（%）	0～5	5～10	10～20	20～30	30～45	45～60	60～75	75～85	>85
质地类型	松砂土	紧砂土	砂壤土	轻壤土	中壤土	重壤土	轻黏土	中黏土	重黏土

第二步：按优势粒级细分和定名。粗粉粒为粗粉质，中细粉粒为粉质，砂粒为砂质，黏粒为黏质。具体命名时取第二优势粒级，如表4所示。

表4　土壤优势粒级与土壤质地类型对照表

第一优势粒级	第二优势粒级	详细命名
中细粉粒	黏粒	黏粉质
黏粒	中细粉粒	粉黏质
砂粒	中细粉粒	粉砂质
中细粉粒	砂粒	砂粉质
砂粒	黏粒	黏砂质
黏粒	粗粉粒	粗粉黏质
粗粉粒	黏粒	黏粗粉质
粗粉粒	砂粒或中细粉粒	粗粉质
砂粒	粗粉粒	砂质
中细粉粒	粗粉粒	粉质

例如，根据测定计算结果，物理性黏粒含量73%，定为轻黏土，而黏粒含量33%，中细粉粒含量40%，粗粉粒含量12%，砂粒含量15%，其详细质地等级为：黏粉质轻黏土。

2. 国际制　国际制土壤质地分类标准要点如下。

（1）砂土及壤土类以黏粒含量在15%以下为其主要标准；黏壤土类以黏粒含量在15%～25%为其主要标准；黏土类以含黏粒25%以上为其主要指标。

（2）当土壤粉砂粒含量达45%以上时，在各类质地的名称前，冠以"粉砂（质）"字样。

（3）当砂粒含量为55%～85%时，则冠以"砂（质）"字样；85%～90%，称为壤质砂土，90%以上者称砂土。

（五）药品配制

1. 软水　取2%碳酸钠220ml加入15L自来水中，静置过夜，上部清液即为软水。

2. 2% 碳酸钠溶液　称取 20.0g 碳酸钠加水溶解稀释至 1L。

3. 0.25mol/L 草酸钠溶液　称取 33.5g 草酸钠,加水溶解稀释至 1L。

4. 0.5mol/L 氢氧化钠溶液　称取 20.0g 氢氧化钠,加水溶解后,定容至 1L,摇匀。

5. 0.5mol/L 六偏磷酸钠溶液　称取 51.0g 六偏磷酸钠[$(Na(PO_3))_6$]加水溶解后,定容至 1L,摇匀。

二、土壤质地手测法(适用于野外)

(一)方法原理

根据各粒级颗粒具有不同的可塑性和黏结性估测土壤质地类型。砂粒粗糙,无黏结性和可塑性;粉粒光滑如粉,黏结性与可塑性微弱;黏粒细腻,表现较强的黏结性和可塑性;不同质地的土壤,各粒级颗粒的含量不同,表现出粗细程度与黏结性和可塑性的差异。本次实验,主要学习湿测法,就是在土壤湿润的情况下进行质地测定。

(二)操作步骤

取少量(约 2g)土样于手中,加水湿润,同时充分搓揉,使土壤吸水均匀(即加水于土样刚好不黏手为止)。然后按表 4 规格确定质地类型。

三、思考题

1. 为什么分散剂都用钠盐溶液?

2. 为什么用于研磨土样的玻棒要带橡皮头?

3. 土粒悬液搅拌前为什么要测量温度?沉降期间为什么不能搬动沉降筒?

4. 作空白校正的目的是什么?

实验三　土壤容重的测定与土壤孔隙度的计算

一、比重的测定

土壤比重又称真比重,是指单位体积的固体土粒重与同体积的水重之比。土壤比重可用来计算土壤的总孔隙度,其数值大小还可间接反映土壤的矿物组成和有机质含量。

(一)方法原理

通常使用比重瓶法,根据排水称重的原理,将已知重量的土样放入容积一定的盛水比重瓶中,完全除去空气后,固体土粒所排出的水体积即为土粒的体积,以此去除土粒干重即得土壤比重。

（二）操作步骤

1. 称取通过 1mm 筛孔相当于 10g 烘干土的风干土样,倒入比重瓶中,再注入少量蒸馏水(约为比重瓶的三分之一),轻轻摇动使水土混匀,再放在沙浴上煮沸,不时摇动比重瓶,以去除土样和水中的空气。

2. 煮沸 0.5 小时后取下冷却,加煮沸后的冷蒸馏水,充满比重瓶上端的毛细管,在感量为 0.001g 的天平上称重。

3. 将比重瓶内的土倒出,洗净,然后将煮沸的冷蒸馏水注满比重瓶,盖上瓶塞,擦干瓶外水分,称重。

（三）结果计算

$$土壤比重 = \frac{干土重(g)/固体土粒体积(cm^3)}{水的密度(1g/cm^3)}$$

（四）仪器设备

容积为 50ml 的短颈比重瓶一支;感量为 0.001g 的天平一架;电砂浴或电热板;滴管、小漏斗、无空气的蒸馏水等。

二、土壤容重的测定（环刀法）

土壤容量又叫土壤的假比重,是指田间自然状态下,每单位体积土壤的干重,通常用 g/cm³ 表示。土壤容重除用来计算土壤总孔隙度外,还可用于估计土壤的松紧和结构状况。

（一）方法原理

用一定容积的钢制环刀,切割自然状态下的土壤,使土壤恰好充满环刀容积,然后称量并根据土壤自然含水量计算每单位体积的烘干土重即土壤容重。

（二）操作步骤

1. 在室内先称量环刀(连同底盘、垫底滤纸和顶盖)的重量,环刀容积一般为 100cm³。

2. 将已称量的环刀带至田间采样。采样前,将采样点土面铲平,去除环刀两端的盖子,再将环刀(刀口端向下)平稳压入土中,切忌左右摆动,在土柱冒出环刀上端后,用铁铲挖周围土壤,取出充满土壤的环刀,用锋利的削土刀削去环刀两端多余的土壤,使环刀内的土壤体积恰为环刀的容积。在环刀刀口一端垫上滤纸,并盖上底盖,环刀上端盖上顶盖。擦去环刀外的泥土,立即带回室内称重。

3. 在紧靠环刀采样处,再采土 10~15g,装入铝盒带回室内测定土壤含水量。

（三）结果计算

$$环刀内干土重(g) = \frac{100}{100 + 土壤含水量(\%)} \times 环刀内湿土重(g)$$

$$土壤容重(g/cm^3) = \frac{环刀内湿土重(g)}{环刀容积(100cm^3)}$$

（四）仪器设备

容积为 100cm³ 的钢制环刀；削土刀及小铁铲各一把；感量为 0.1g 及 0.01g 的粗天平各一架；烘箱、干燥器及小铝盒等。

三、土壤浸水容量的测定

土壤浸水容重，可以反映水稻土耕性：浸水容重大（>0.6g/ml），土壤容易淀浆板结，而浸水容重小（<0.5g/ml），水稻土容易起浆，糯性和粳性水稻土介于两者之间，粳性又较糯性的浸水容重大。

（一）测定步骤

称取两份从田间采回的新鲜水稻土各 10～15g（黏重土 10g，轻壤土 15g）。一份测含水量，另一份放入 100ml 量筒中，加蒸馏水至刻度并不断搅拌 1 分钟，去除封闭在土壤中的气泡，而后静置，让其自然下沉，待上部混浊液基本澄清而下部土壤体积不再增减时，测出下沉土壤所占的体积，设其为 V。

（二）结果计算

$$土壤浸水容重(g/ml) = 烘干土重(g)/V(ml)$$

（三）仪器设备

100ml 量筒，精确度 0.1g 的粗天平。

四、土壤总孔隙度的计算

土壤总孔隙度是指自然状态下，土壤中总孔隙的体积占土壤总体积的百分比。土壤总孔隙度不仅影响土壤的通气状况，而且反映土壤松紧度和结构状况的好坏。

土壤总孔隙度一般不直接测定，而是用比重和容重计算求得。

$$土壤总孔隙度(\%) = \frac{容重}{比重} \times 100$$

如果未测定土壤比重，可采用土壤比重的平均值 2.65 来计算，也可直接用土壤容重（dv）通过经验公式，计算出土壤的孔隙度 P_1。

$$经验公式 \ P_1(\%) = 93.947 - 32.995dv$$

为方便起见，可按上述公式计算出常见土壤容重范围的土壤总孔隙度查对表。具体见表 5。

查表举例：　$dv=0.87$ 时　$P_1=65.24\%$

　　　　　　　$dv=1.72$ 时　$P_1=37.20\%$

表5　土壤总孔度查对表

$P_1\backslash dv$ / dv	0.00	0.01	0.02	0.03	0.04	0.05	0.06	0.07	0.08	0.09
0.7	70.85	70.52	70.19	69.86	69.53	69.20	68.87	68.54	68.21	67.88
0.8	67.55	67.22	66.89	66.56	66.23	65.90	65.57	65.24	64.91	64.58
0.9	64.25	63.92	63.59	63.26	62.93	62.60	62.27	61.94	61.61	61.28
1.0	60.95	60.62	50.29	59.96	59.63	59.30	58.97	58.64	58.31	57.88
1.1	57.65	57.32	56.99	56.66	56.33	56.00	55.67	55.34	55.01	54.68
1.2	54.35	54.02	53.69	53.36	53.03	52.70	52.37	52.04	51.71	51.38
1.3	51.05	50.72	50.39	50.06	47.73	49.40	49.07	48.74	48.41	48.08
1.4	47.75	47.42	47.09	46.76	46.43	46.10	45.77	45.44	45.11	44.79
1.5	44.46	44.43	43.80	43.47	42.14	42.81	42.48	42.12	41.82	41.49
1.6	41.16	40.83	40.50	40.17	39.84	39.51	39.18	38.85	38.52	38.19
1.7	37.86	37.53	37.20	36.87	36.54	36.21	35.88	35.55	35.22	34.89

五、思考题

1. 为什么不同质地的土壤,其容重和总孔度不同?
2. 土壤中大、小孔隙比例对土壤的水分、空气状况有何影响?

实验四　土壤有机质含量与腐殖质组成测定

一、土壤有机质含量测定

土壤的有机质含量通常作为土壤肥力水平高低的一个重要指标。它不仅是土壤各种养分特别是氮、磷的重要来源,并对土壤理化性质如结构性、保肥性和缓冲性等有着积极的影响。测定土壤有机质含量的方法很多。本实验用重铬酸钾容量法。

(一)方法原理

在 170~180℃条件下,用过量的标准重铬酸钾的硫酸溶液氧化土壤有机质(碳),剩余的重铬酸钾以硫酸亚铁溶液滴定,从所消耗的重铬酸钾量计算有机质含量。测定过程的化学反应式如下:

$$2K_2Cr_2O_7 + 3C + 8H_2SO_4 \longrightarrow 2K_2SO_4 + 2Cr_2(SO_4)_3 + 3CO_2 + 8H_2O$$

$$K_2Cr_2O_7 + 6FeSO_4 + 7H_2SO_4 \longrightarrow K_2SO_4 + Cr_2(SO_4)_3 + 3Fe_2(SO_4)_3 + 7H_2O$$

（二）操作步骤

1. 方法一

（1）准确称取通过 0.25mm 筛孔的风干土样 0.100～0.500g，倒入干燥硬质玻璃试管中，加入 0.800 0mol/L（1/6 $K_2Cr_2O_7$）5.00ml，再用注射器注入 5ml 浓硫酸，小心摇匀，管口放一小漏斗，以冷凝蒸出的水汽。试管插入铁丝笼中。

（2）预先将热浴锅（石蜡或磷酸）加热到 180～185℃，将插有试管的铁丝笼放入热浴锅中加热，待试管内溶液沸腾时计时，煮沸 5 分钟，取出试管，稍冷，擦去试管外部油液。消煮过程中，热浴锅内温度应保持在 170～180℃。

（3）冷却后，将试管内溶液小心倾入 250ml 三角瓶中，并用蒸馏水冲洗试管内壁和小漏斗，冲洗液的总体积应控制在 50ml 左右，然后加入邻菲罗啉指示剂 3 滴，用 0.1mol/L $FeSO_4$ 滴定溶液，先由黄变绿，再突变到棕红色时即为滴定终点（要求滴定终点时溶液中 H_2SO_4 的浓度为 1～1.5mol/L）。

（4）测定每批（即上述铁丝笼中）样品时，以灼烧过的土壤代替土样作两个空白试验。

2. 方法二

（1）准确称取通过 0.25mm 筛孔的风干土样 0.100～0.500g，倒入 150ml 三角瓶中，加入 0.800 0mol/L（1/6 $K_2Cr_2O_7$）5.00ml，再用注射器注入 5ml 浓硫酸，小心摇匀，管口放一小漏斗，以冷凝蒸出的水汽。

（2）先将恒温箱的温度升至 185℃，然后将待测样品放入温箱中加热，让溶液在 170～180℃条件下沸腾 5 分钟。

（3）取出三角瓶，待其冷却后用蒸馏水冲洗小漏斗和三角瓶内壁，洗入液的总体积应控制在 50ml 左右，然后加入邻菲罗啉指示剂 3 滴，用 0.1mol/L $FeSO_4$ 滴定，溶液先由黄变绿，再突变到棕红色时即为滴定终点（要求滴定终点时溶液中 H_2SO_4 的浓度为 1～1.5mol/L）。

（4）测定每批样品时，以灼烧过的土壤代替土样作两个空白试验。

（三）结果计算

$$有机碳（\%）=(V_0-V)\times C\times 0.003\times 1.1/样品重\times 100$$

$$有机质（\%）=有机碳（\%）\times 1.724$$

式中，V_0，滴定空白液时所用去的硫酸亚铁体积（ml）；V，滴定样品液时所用去的硫酸亚铁体积（ml）；C，硫酸亚铁的摩尔浓度；0.003，1/4 毫摩尔质量碳的质量（g）；1.724，有机碳占有机质的 58%，将有机碳换算为有机质需乘以 1.724；1.1，由于本法仅能氧化土壤有机质的 90%，折合有机质应乘以 1.1。

（四）药品配制

1. 0.800 0mol/L（1/6 $K_2Cr_2O_7$）标准溶液　将 $K_2Cr_2O_7$（分析纯）先在 130℃烘干 3～4 小时，称取 39.225 0g，在烧杯中加蒸馏水 400ml 溶解（必要时加热促进溶解），冷却后，稀释定容到 1L。

2. 0.1mol/L $FeSO_4$ 溶液　称取化学纯 $FeSO_4\cdot 7H_2O$ 56g 或（NH_4）$_2SO_4\cdot FeSO_4\cdot 6H_2O$ 78.4g，加 3mol/L 硫酸 30ml 溶解，加水稀释定容到 1L，摇匀备用。

3．邻菲罗啉指示剂　称取硫酸亚铁 0.695g 和邻菲罗啉 1.485g 溶于 100ml 水中，此时试剂与硫酸亚铁形成棕红色络合物 $[Fe(C_{12}H_8N_3)_3]^{2+}$。

（五）注意事项

1．含有机质 5% 者，称土样 0.1g；含有机质 2%～3% 者，称土样 0.3g；少于 2% 者，称土样 0.5g 以上。若待测土壤有机质含量大于 15%，氧化不完全，不能得到准确结果。因此，应用固体稀释法进行弥补。方法是将 0.1g 土样与 0.9g 高温灼烧已除去有机质的土壤混合均匀，再进行有机质测定，按取样十分之一计算结果。

2．测定石灰性土壤样品时，必须慢慢加入浓 H_2SO_4，以防止由于 $CaCO_3$ 分解而引起的激烈发泡。

3．消煮时间对测定结果影响极大，应严格控制试管内或烘箱中三角瓶内溶液沸腾时间为 5 分钟。

4．消煮的溶液颜色，一般应是黄色或黄中稍带绿色。如以绿色为主，说明重铬酸钾用量不足。若滴定时消耗的硫酸亚铁量小于空白用量的三分之一，可能氧化不完全，应减少土样重作。

二、土壤腐殖质组成测定

土壤腐殖质是土壤有机质的主要组成分。一般来讲，它主要是由胡敏酸（HA）和富里酸（FA）所组成。不同的土壤类型，其 HA/FA 有所不同。同时这个比值与土壤肥力也有一定关系。因此，测定土壤腐殖质组成对于鉴别土壤类型和了解土壤肥力均有重要意义。

（一）方法原理

用 0.1mol/L 焦磷酸钠和 0.1mol/L 氢氧化钠混合液处理土壤，能将土壤中难溶于水和易溶于水的结合态腐殖质络合成易溶于水的腐殖质钠盐，从而较完全地将腐殖质提取出来。焦磷酸钠还起脱钙作用，反应图示如下：

提取的腐殖质用重铬酸钾容量法测定。

（二）操作步骤

1．称取　通过 0.25mm 筛孔的相当于 2.50g 烘干重的风干土样，置于 250ml 三角瓶中，用移液管准确加入 0.1mol/L 焦磷酸钠和 0.1mol/L 氢氧化钠混合液 50.00ml，振荡 5 分钟，塞上橡皮套，然后静置 13～14 小时（控制温度在 20℃左右），旋即摇匀，过滤，收集滤液（一定要清亮）。

2．胡敏酸和富里酸总碳量的测定　吸取滤液 5.00ml，移入 150ml 三角瓶中，加 3mol/L H_2SO_4 约 5 滴（调节 pH 为 7）至溶液出现混浊为止，置于水浴锅上蒸干。加 0.800 0mol/L（1/6 $K_2Cr_2O_7$）

标准溶液 5.00ml，用注射筒迅速注入浓硫酸 5ml，盖上小漏斗，在沸水浴上加热 15 分钟，冷却后加蒸馏水 50ml 稀释，加邻菲罗啉指示剂 3 滴，用 0.1mol/L 硫酸亚铁滴定，同时作空白试验。

3. 胡敏酸（碳）量测定　吸取上述滤液 20.00ml 于小烧杯中，置于沸水浴上加热，在玻棒搅拌下滴加 3mol/L H_2SO_4 酸化（约 30 滴），至有絮状沉淀析出为止，继续加热 10 分钟使胡敏酸完全沉淀。过滤，以 0.01mol/L H_2SO_4 洗涤滤纸和沉淀，洗至滤液无色为止（即富里酸完全洗去）。以热的 0.02mol/L NaOH 溶解沉淀，溶解液收集于 150ml 三角瓶中（切忌溶解液损失），如前法酸化，蒸干，测定。（此时的土样重量 W 相当于 1g）。

（三）结果计算

1. 总碳量（%）= $\dfrac{0.800\,0}{V_0} \times 5.00 \times (V_0 - V_1) \times 0.003 \times W \times 100$

其中，V_0，5.00ml 标准重铬酸钾溶液空白试验滴定的硫酸亚铁体积（ml）；V_1，待测液滴定用去的硫酸亚铁体积（ml）；W，吸取滤液相当的土样重（g）；5.00，空白所用 $K_2Cr_2O_7$（ml）；0.800 0，1/6 $K_2Cr_2O_7$ 标准溶液的浓度；0.003，1/4 碳原子的毫摩尔质量（g/mmol）。

2. 胡敏酸碳（%）按上式计算。

3. 富里酸碳（%）= 腐殖质总碳（%）- 胡敏酸碳（%）

4. HA/FA = 胡敏酸碳（%）/ 富里酸碳（%）

（四）药品配制

1. 0.1mol/L 焦磷酸钠和 0.1mol/L 氢氧化钠混合液　称取分析纯焦磷酸钠 44.6g 和氢氧化钠 4g，加水溶解，稀释至 1L，溶液 pH 13，使用时新配。

2. 3mol/L H_2SO_4　在 300ml 水中，加浓硫酸 167.5ml，再稀释至 1L。

3. 0.01mol/L H_2SO_4　取 3mol/L H_2SO_4 液 5ml，再稀释至 1.5L。

4. 0.02mol/L NaOH　称取 0.8g NaOH，加水溶解并稀释至 1L。

（五）注意事项

1. 在中和调节溶液 pH 时，只能用稀酸，并不断用玻棒搅拌溶液，然后用玻棒蘸少许溶液放在 pH 试纸上，看其颜色，从而达到严格控制 pH。

2. 蒸干前必须将 pH 调至 7，否则会引起碳损失。

三、思考题

1. 土样消煮时为什么必须严格控制温度和时间？

2. 有机质由有机碳换算，为什么腐殖质用碳表示，而不换算？

3. 测定腐殖质总量和胡敏酸时，都是蒸干后用 $K_2Cr_2O_7$ 氧化消煮进行测定，可否不蒸干测定？怎样测？

实验五　土壤酸碱度的测定

一、土壤 pH 的测定

pH 的化学定义是溶液中 H^+ 活度的负对数。土壤 pH 是土壤酸碱度的强度指标,是土壤的基本性质和肥力的重要影响因素之一。它直接影响土壤养分的存在状态、转化和有效性,从而影响植物的生长发育。土壤 pH 易于测定,常用作土壤分类、利用、管理和改良的重要参考。同时在土壤理化分析中,土壤 pH 与很多项目的分析方法和分析结果有密切关系,因而是审查其他项目结果的一个依据。

按照浸提试剂不同,土壤 pH 分水浸 pH 和盐浸 pH,前者是用蒸馏水浸提土壤测定的 pH,代表土壤的活性酸度(碱度),后者是用某种盐溶液浸提测定的 pH,大体上反映土壤的潜在酸。盐浸提液常用 1mol/L KCl 溶液或用 0.5mol/L $CaCl_2$ 溶液,在浸提土壤时,其中的 K^+ 或 Ca^{2+} 即与胶体表面吸附的 Al^{3+} 和 H^+ 发生交换,使其相当部分被交换进入溶液,故盐浸较水浸 pH 低。

土壤 pH 的测定方法包括比色法和电位法。电位法的精确度较高。pH 误差约为 0.02,现已成为室内测定的常规方法。野外速测常用混合指示剂比色法,其精确度较差,pH 误差在 0.5 左右。

(一)混合指示剂比色法

1. 方法原理　指示剂在不同 pH 的溶液中显示不同的颜色,故根据其颜色变化即可确定溶液的 pH。混合指示剂是几种指示剂的混合液,能在一个较广的 pH 范围内,显示出与一系列不同 pH 相对应的颜色,据此测定该范围内的各种土壤 pH。

2. 操作步骤　在比色瓷盘孔内(室内要保持清洁干燥,野外可用待测土壤擦拭),滴入混合指示剂 8 滴,放入黄豆大小的待测土壤,轻轻摇动使土粒与指示剂充分接触,约 1 分钟后将比色盘稍加倾斜用盘孔边缘显示的颜色与 pH 比色卡比较,以估读土壤的 pH。

3. 混合指示剂的配制　取麝草兰(T.B)0.025g,千里香兰(B.T.B)0.4g,甲基红(M.R)0.066g,酚酞 0.25g,溶于 500ml 95% 的乙醇中,加同体积蒸馏水,再以 0.1mol/L NaOH 调至草绿色即可。pH 比色卡用此混合指示剂制作。

(二)电位测定法

1. 方法原理　以电位法测定土壤悬液 pH,通用 pH 玻璃电极为指示电极,甘汞电极为参比电极。此二电极插入待测液时构成一电池反应,其间产生一电位差,因参比电极的电位是固定的,故此电位差的大小取决于待测液的 H^+ 活度或其负对数 pH。因此可用电位计测定电动势,再换算成 pH,一般用酸度计可直接测读 pH。

2. 操作步骤　称取通过 1mm 筛孔的风干土 10g 两份,各放在 50ml 的烧杯中,一份加无 CO_2 蒸馏水,另一份加 1mol/L KCl 溶液各 25ml(此时土水比为 1∶2.5,含有机质的土壤改为 1∶5),间歇搅拌或摇动 30 分钟,放置 30 分钟后用酸度计测定。

3．注意事项

（1）土水比的影响：一般土壤悬液愈稀，测得的 pH 愈高，尤以碱性土的稀释效应较大。为了便于比较，测定 pH 的土水比应当固定。经试验，采用 1∶1 的土水比，碱性土和酸性土均能得到较好的结果，酸性土采用 1∶5 和 1∶1 的土水比所测得的结果基本相似，故建议碱性土采用 1∶1 或 1∶2.5 土水比进行测定。

（2）蒸馏水中 CO_2 会使测得的土壤 pH 偏低，故应尽量除去，以避免其干扰。

（3）待测土样不宜磨得过细，宜用通过 1mm 筛孔的土样测定。

（4）玻璃电极不测油液，在使用前应在 0.1mol/L NaCl 溶液或蒸馏水中浸泡 24 小时以上。

（5）甘汞电极一般为 KCl 饱和溶液灌注，如果发现电极内已无 KCl 结晶，应从侧面投入一些 KCl 结晶体，以保持溶液的饱和状态。不使用时，电极可放在 KCl 饱和溶液或纸盒中保存。

4．试剂配制

（1）1mol/L KCl 溶液：称取 74.6g KCl 溶于 400ml 蒸馏水中，用 10%KOH 或 KCl 溶液调节 pH 至 5.5～6.0，而后稀释至 1L。

（2）标准缓冲溶液

pH 4.03 缓冲溶液：苯二甲酸氢钾在 105℃烘 2～3 小时后，称取 10.21g，用蒸馏水溶解稀释至 1L。

pH 6.86 缓冲溶液：称取在 105℃烘 2～3 小时的 KH_2PO_4 4.539g 或 $Na_2HPO_4 \cdot 2H_2O$ 5.938g，溶解于蒸馏水中定容至 1L。

二、土壤交换性酸的测定（氯化钾交换—中和滴定法）

土壤交换性酸指土壤胶体表面吸附的交换性氢、铝离子总量，属于潜在酸而与溶液中氢离子（活性酸）处于动态平衡，是土壤酸度的容量指标之一。土壤交换性酸控制着活性酸，因而决定着土壤的 pH；同时过量的交换性铝对大多数植物和有益微生物均有一定的抑制或毒害作用。

（一）方法原理

在非石灰性土和酸性土中，土壤胶体吸附有一部分氢、铝离子，当以 KCl 溶液淋洗土壤时，这些氢、铝离子便被钾离子交换而进入溶液。此时不仅氢离子使溶液呈酸性，而且由于铝离子的水解，也增加了溶液的酸性。当用 NaOH 标准溶液直接滴定淋洗液时，所得结果（滴定度）为交换性酸（交换性氢、铝离子）总量。另外在淋洗液中加入足量 NaF，使铝离子形成络合离子，从而防止其水解，反应如下：

$$AlCl_3 + 6NaF \longrightarrow Na_3AlF_6 + 3NaCl$$

然后再用 NaOH 标准溶液滴定，即得交换性氢离子量。由两次滴定之差计算出交换性铝离子量。

（二）操作步骤

1．称取通过 0.25mm 筛孔的风干土样，重量相当于 4g 烘干土，置于 100ml 三角瓶中。加

1mol/L KCl 溶液约 20ml，振荡后滤入 100ml 容量瓶中。

2．同上多次地用 1mol/L KCl 溶液浸提土样，浸提液过滤于容量瓶中。每次加入 KCl 浸提液必须待漏斗中的滤液滤干后再进行。当滤液接近容量瓶刻度时，停止过滤，取下用 KCl 定容摇匀。

3．吸取 25ml 滤液于 100ml 三角瓶中，煮沸 5 分钟以除去 CO_2，加酚酞指示剂 2 滴，趁热用 0.02mol/L 的 NaOH 标准溶液滴定，至溶液显粉红色即为终点。记下 NaOH 溶液的用量（V_1），据此计算交换性酸总量。

4．另取一份 25ml 滤液，煮沸 5 分钟，加 1ml 3.5%NaF 溶液，冷却后，加酚酞指示剂 2 滴，用 0.02mol/L NaOH 溶液滴定至终点，记下 NaOH 溶液的用量（V_2），据此计算交换性氢离子量。

（三）结果计算

$$\text{土壤交换性酸总量（} C\,\text{mol/kg}\text{）} = \frac{V_1 \times C \times \text{分取倍数}}{\text{烘干土样品重（g）}} \times 100$$

$$\text{土壤交换性氢（} C\,\text{mol/kg}\text{）} = \frac{V_2 \times C \times \text{分取倍数}}{\text{烘干土样品重（g）}} \times 100$$

$$\text{土壤交换性铝（} C\text{mol/kg}\text{）} = \text{交换性酸总量} - \text{交换性氢}$$

式中，V_1，滴定交换性酸总量消耗的 NaOH 体积（ml）；V_2，滴定交换性氢消耗的 NaOH 体积（ml）；C，NaOH 标准溶液的浓度；分取倍数，100ml/25ml＝4。

（四）试剂配制

1．0.02mol/L NaOH 标准溶液　取 100ml 1mol/L NaOH 溶液，加蒸馏水稀释至 5L，准确浓度以苯二甲酸氢钾标定。

2．1mol/L KCl 溶液　配制同前。

3．3.5%NaF 溶液　称 NaF（化学纯）3.5g，溶于 100ml 蒸馏水中，贮存于涂蜡的试剂瓶中。

4．1%酚酞指示剂　称 1g 酚酞溶于 100ml 95% 的乙醇。

三、土壤水解性酸的测定（醋酸钠水解—中和滴定法）

水解性酸也是土壤酸度的容量因素，它代表盐基不饱和土壤的总酸度，包括活性酸、交换性酸和水解性酸三部分的总和。土壤水解性酸加交换性盐基，接近于阳离子交换量，因而可用来估算土壤的阳离子交换量和盐基饱和度。土壤水解性酸也是计算石灰施用量的重要参数之一。

（一）方法原理

用 1mol/L 醋酸钠（pH 8.3）浸提土壤，不仅能交换出土壤的交换性氢、铝离子，而且由于醋酸钠水解产生的钠离子，能取代出有机质较难解离的某些官能团上的氢离子，即可水解成酸。

（二）操作步骤

1. 称取通过 1mm 筛孔风干土样,重量相当于 5.00g 烘干土,放在 100ml 三角瓶中,加 1mol/L CH₃COONa 约 20ml,振荡后滤入 100ml 容量瓶中。

2. 同上多次地加 1mol/L 醋酸钠溶液浸提土样,浸提液滤入 100ml 容量瓶中,每次加入 CH₃COONa 浸提液必须待漏斗中的滤液滤干后再进行,直至滤液接近刻度,用 1mol/L 醋酸钠溶液定容摇匀。

3. 吸取滤液 50.00ml 于 250ml 三角瓶中,加酚酞批示剂 2 滴,用 0.02mol/L NaOH 标准溶液滴定至明显的粉红色,记下 NaOH 标准溶液的用量(V)。

注:滴定时滤液不能加热,否则醋酸钠强烈分解,醋酸蒸发呈较强碱性,造成很大的误差。

（三）结果计算

$$水解性酸度(C\,mol/kg) = \frac{V \times C \times 分取倍数}{烘干土样品重(g)} \times 100$$

式中,V 为 NaOH 标准溶液消耗的体积(ml);C 为 NaOH 标准溶液的浓度。

如果已有土壤阳离子交换量和交换性盐基总量的数据,水解性酸度也可以用计算求得。

$$水解性酸度 = 阳离子交换量 - 交换性盐基总量$$

式中三者的单位均为 Cmol/kg。这样计算的水解性酸度比单独测定的水解性酸度更准确。

（四）试剂配制

1. 1mol/L 醋酸钠溶液　称取化学纯醋酸钠($CH_3COONa \cdot 3H_2O$)136.06g,加水溶解后定容至 1L。用 1mol/L NaOH 或 10% 醋酸溶液调节 pH 至 8.3。

2. 0.02mol/L NaOH 标准溶液　同前。

3. 1% 酚酞指示剂　同前。

四、思考题

1. 土壤水浸和盐浸 pH 有何差别?原因何在?

2. 土壤 pH 与交换性酸有何关系?

3. 为什么一般土壤的水解酸度大于交换酸度?

附: PHS-3C 型酸度计使用说明

（一）准备工作

把仪器电源线插入 220V 交流电源,玻璃电极和甘汞电极安装在电极架上的电极夹中,将甘汞电极的引线连接在后面的参比接线柱上。安装电极时玻璃电极球泡必须比甘汞电极陶瓷芯端稍高一些,以防止球泡碰坏。甘汞电极在使用时应把上部的小橡皮塞及下端橡皮套除下,在不用时仍用橡皮套将下端套住。

在玻璃电极插头没有插入仪器的状态下，接通仪器后面的电源开关，让仪器通电预热30分钟。将仪器面板上的按键开关置于mV位置，调节后面板的"零点"电位器使读数为±0。

（二）测量电极电位

1. 按准备工作所述对仪器调零。

2. 接入电极。插入玻璃电极插头时，同时将电极插座外套向前按，插入后放开外套。插头拉不出表示已插好。拔出插头时，只要将插座外套向前按动，插头即能自行跳出。

3. 用蒸馏水清洗电极并用滤纸吸干。

4. 电极浸在被测溶液中，仪器的稳定读数即为电极电位（mV）。

（三）仪器标定

在测量溶液pH之前必须先对仪器进行标定。一般在正常连续使用时，每天标定一次已能达到要求。但当被测定溶液有可能损害电极球泡的水化层或对测定结果有疑问时应重新进行标定。

标定分"一点"标定和"两点"标定两种。标定进行前应先对仪器调零。标定完成后，仪器的"斜率"及"定位"调节器不应再有变动。

1. 一点标定方法

（1）插入电极插头，按下选择开关按键使之处于pH位，"斜率"旋钮放在100%处或已知电极斜率的相应位置。

（2）选择一与待测溶液pH比较接近的标准缓冲溶液。将电极用蒸馏水清洗并吸干后浸入标准溶液中，调节温度补偿器使其指示与标准溶液的温度相符。摇动烧杯使溶液均匀。

（3）调节"定位"调节器使仪器读数为标准溶液在当时温度时的pH。

2. 两点标定方法

（1）插入电极插头，按下选择开关按键使之处于pH位，"斜率"旋钮放在100%处。

（2）选择两种标准溶液，测量溶液温度并查出这两种溶液与温度对应的标准pH（假定为pH S_1 和pH S_2）。将温度补偿器放在溶液温度相应位置。将电极用蒸馏水清洗并吸干后浸入第一种标准溶液中，稳定后的仪器读数为pH$_1$。

（3）再将电极用蒸馏水清洗并吸干后浸入第二种标准溶液中，仪器读数为pH$_2$。计算 $S=[(pH_1-pH_2)/(pH\ S_1-pH\ S_2)]\times100\%$，然后将"斜率"旋钮调到计算出来的S值相对应位置，再调节定位旋钮使仪器读数为第二种标准溶液的pH S_2。

（4）再将电极浸入第一种标准溶液，如果仪器显示值与pH S_1相符则标定完成。如果不符，则分别将电极依次再浸入这两种溶液中，在比较接近pH 7的溶液中时"定位"，在另一溶液中时调"斜率"，直至两种溶液都能相符为止。

（四）测量pH

已经标定过的仪器即可用来测量被测溶液的pH，测量时"定位"及"斜率"调节器应保持不变，"温度补偿"旋钮应指示在溶液温度位置。将清洗过的电极浸入被测溶液，摇动烧杯使溶液均匀，稳定后的仪器读数即为该溶液的 pH。

实验六　土壤速效养分的测定

土壤中能被植物直接吸收，或在短期内能转化为植物吸收的养分，称为速效养分。养分总量中速效养分虽然只占很少部分，但它是反映土壤养分供应能力的重要指标。因此测定土壤中速效养分，可作为科学种田、经济合理施肥的参考。

一、土壤水解性氮的测定

（一）方法原理

土壤水解性氮或称碱解氮，包括无机态氮（铵态氮、硝态氮）及易水解的有机态氮（氨基酸、酰胺和易水解蛋白质）。用碱液处理土壤时，易水解的有机氮及铵态氮转化为氨，硝态氮则先经硫酸亚铁转化为铵。以硼酸吸收氨，再用标准酸滴定，计算水解性氮含量。

（二）操作步骤

称取通过 1mm 筛的风干土样 2g（精确到 0.01g）和硫酸亚铁粉剂 0.2g 均匀铺在扩散皿外室，水平地轻轻旋转扩散皿，使土样铺平。在扩散皿的内室中，加入 2ml 2% 含指示剂的硼酸溶液，然后在扩散皿的外室边缘涂上碱性甘油，盖上毛玻璃，并旋转之，使毛玻璃与扩散皿边缘完全黏合，再慢慢转开毛玻璃的一边，使扩散皿露出一条狭缝，迅速加入 10ml 1.07mol/L NaOH 液于扩散皿的外室中，立即将毛玻璃旋转盖严，在实验台上水平地轻轻旋转扩散皿，使溶液与土壤充分混匀，并用橡皮筋固定；随后小心放入 40℃的恒温箱中。24 小时后取出，用微量滴定管以 0.005mol/L 的 H_2SO_4 标准液滴定扩散皿内室硼酸液吸收的氨量，其终点为紫红色。

另取一扩散皿，作空白试验，不加土壤，其他步骤与有土壤的相同。

（三）结果计算

$$土壤中水解氮（mg/kg）=\frac{C\times(V-V_0)\times14}{W}\times1\,000$$

式中，C，H_2SO_4 标准液的浓度；V，样品测定时用去 H_2SO_4 标准液的体积；V_0，空白测定时用去 H_2SO_4 标准液的体积；14，氮的摩尔质量；1 000，换算系数；W，土壤重量（g）。

（四）注意事项

在测定过程中碱的种类和浓度、土液比例、水解的温度和时间等因素对测得值的高低，都有一定的影响。为了要得到可靠的、能相互比较的结果，必须严格按照所规定的条件进行测定。

（五）主要仪器及试剂配制

1. 仪器　扩散皿、半微量滴定管（5ml）和恒温箱。

2. 试剂

（1）1.07mol/L NaOH：称取 42.8g NaOH 溶于水中，冷却后稀释至 1L。

（2）2%H_3BO_3 指示剂溶液：称取 H_3BO_3 20g 加水 900ml，稍加热溶解，冷却后，加入混合指示剂 20ml（0.099g 溴甲酚绿和 0.066g 甲基红溶于 100ml 乙醇中）。然后以 0.1mol/L NaOH 调节溶液至红紫色（pH 约为 5），最后加水稀释至 1 000ml，混合均匀贮于瓶中。

（3）0.005mol/L H_2SO_4 标准液：取浓 H_2SO_4 1.42ml，加蒸馏水 5 000ml，然后用标准碱或硼砂（$Na_2B_4O_7 \cdot 10H_2O$）标定之。

（4）碱性甘油：加 40g 阿拉伯胶和 50ml 水于烧杯中，温热至 70～80℃搅拌促溶，冷却约 1 小时，加入 20ml 甘油和 30ml 饱和 K_2CO_3 水溶液，搅匀放冷，离心除去泡沫及不溶物，将清液贮于玻璃瓶中备用。

（5）硫酸亚铁粉：$FeSO_4 \cdot 7H_2O$（三级）磨细，装入玻璃瓶中，存于阴凉处。

（六）参考指标

土壤水解性氮（mg/kg）等级划分，见表 6。

表 6　土壤水解性氮含量等级

土壤水解性氮含量/（mg/kg）	等级标准
<30	甚缺乏
30～60	缺乏
60～90	中等
90～120	丰富
>120	甚丰富

二、土壤中速效磷的测定

了解土壤中速效磷的供应状况，对于施肥有着直接的指导意义。土壤中速效磷的测定方法很多，由于提取剂的不同所得结果也不一样。一般情况下，石灰性土壤和中性土壤采用碳酸氢钠提取，酸性土壤采用酸性氟化铵提取。

（一）碳酸氢钠法

1. 方法原理　中性、石灰性土壤中的速效磷，多以磷酸一钙和磷酸二钙状态存在，用 0.5mol/L 碳酸氢钠液可将其提取到溶液中，然后将待测液用钼锑抗混合显色剂在常温下进行还原使黄色的锑磷钼杂多酸还原成为磷钼蓝进行比色。

2. 操作步骤　称取通过 1mm 筛孔的风干土 2.5g（精确到 0.01g）于 250ml 三角瓶中，加 50ml 0.5mol/L $NaHCO_3$ 溶液，再加一角匙无磷活性炭，塞紧瓶塞，在 20～25℃下振荡 30 分钟，取出用干燥漏斗和无磷滤纸过滤于三角瓶中,同时作试剂的空白试验。吸取滤液 10ml 于 50ml 容量瓶中,用钼锑抗试剂 5ml 显色,并用蒸馏水定容,摇匀,在室温高于 15℃的条件下放置 30 分钟,用红色滤光片或 660nm 波长的光进行比色,以空白溶液的透光率为 100(即光密度为 0),读出测定液的光密度,在标准曲线上查出显色液的磷浓度(mg/kg)。

3．标准曲线制备　吸取含磷(P)5mg/kg 的标准溶液 0、1、2、3、4、5、6ml,分别加入 50ml 容量瓶中,加 0.5mol/L NaHCO₃ 液 10ml,加水至约 30ml,再加钼锑抗显色剂 5ml,摇匀,定容即得 0、0.1、0.2、0.3、0.4、0.5、0.6mg/kg 磷标准系列溶液,与待测溶液同时比色,读取吸收值,在方格坐标纸上以吸收值为纵坐标,磷 mg/kg 数为横坐标,绘制成标准曲线。

4．结果计算

$$土壤中速效磷(mg/kg) = \frac{显色液磷(mg/kg) \times 显色液体积 \times 分取倍数}{烘干土重(g)}$$

式中,从工作曲线查得显色液的磷 mg/kg 数;显色液体积,50ml;分取倍数 = 浸提液总体积(50ml)/ 吸取浸出液 ml 数。

5．主要仪器及试剂配制

仪器:往复式振荡机、分光光度计或光电比色计。

试剂:

(1)0.5mol/L NaHCO₃ 浸提剂(pH=8.5):称取 42.0g NaHCO₃ 溶于 800ml 水中,稀释至 990ml,用 4mol/L NaOH 液调节 pH 至 8.5,然后定容至 1L,保存于瓶中,如超过 1 个月,使用前应重新校正 pH。

(2)无磷活性炭粉:将活性炭粉用 1:1 HCl 浸泡过夜,然后用平板漏斗抽气过滤,用水洗净,直至无 HCl 为止,再加 0.5mol/L NaHCO₃ 液浸泡过夜,在平板漏斗上抽气过滤,用水洗净 NaHCO₃,最后检查至无磷为止,烘干备用。

(3)钼锑抗试剂:称取酒石酸锑钾(C₈H₄K₂O₁₂Sb₂)0.5g,溶于 100ml 水中,制成 5% 的溶液另称取钼酸铵 20g 溶于 450ml 水中徐徐加入 208.3ml 浓硫酸,边加边搅动,再将 0.5% 的酒石酸锑钾溶液 100ml 加入钼酸铵液中,最后加至 1L,充分摇匀,贮于棕色瓶中,此为钼锑混合液。

临用前(当天)称取 1.5g L- 抗坏血酸溶液于 100ml 钼锑混合液中,混匀。此即钼锑抗试剂。有效期 24 小时,如贮于冰箱中,则有效期较长。

(4)磷标准溶液:称取 0.439g KH₂PO₄(105℃烘 2 小时)溶于 200ml 水中,加入 5ml 浓 H₂SO₄,转入 1L 容量瓶中,用水定容,此为 100mg/kg 磷标准液,可较长时间保存。取此溶液稀释 20 倍即为 5mg/kg 磷标准液,此液不宜久存。

(二)0.03mol/L NH₄F - 0.025mol/L HCl 浸提(钼锑抗比色法)

1．方法原理　酸性土壤中的磷主要是以 Fe-P、Al-P 的形态存在,利用氟离子在酸性溶液中络合 Fe³⁺ 和 Al³⁺ 的能力,可使这类土壤中的磷酸铁铝盐被陆续活化释放,同时由于 H⁺ 的作用,也能溶解出部分活性较大的 Ca-P,然后用钼锑抗比色法进行测定。

2．操作步骤　称取通过 1mm 筛孔的风干土样品 5g(精确到 0.01g)于 150ml 塑料杯中,加入 0.03mol/L NH₄F - 0.025mol/L HCl 浸提剂 50ml,在 20~30℃条件下振荡 30 分钟,取出后立即用干燥漏斗和无磷滤纸过滤于塑料杯中,同时作试剂空白试验。

吸取滤液 10～20ml 于 50ml 容量瓶中,加入 10ml 0.8mol/L H_3BO_3,再加入二硝基酚指示剂 2 滴,用稀 HCl 和 NaOH 液调节 pH 至待测液呈微黄,用钼锑抗比色法测定磷,下述步骤与前法相同。

3. 结果计算　与碳酸氢钠法相同。

4. 仪器、试剂配制

仪器:塑料杯,其余与前法同。

试剂:0.03mol/L NH_4F－0.025mol/L HCl 浸提剂,称取 1.11g NH_4F 溶于 800ml 水中,加 1.0mol/L HCl 25ml,然后稀释至 1L,贮于塑料瓶中,其他试剂同前法。

(三) 参考指标

1. 0.5mol/L $NaHCO_3$ 法　用 0.5mol/L $NaHCO_3$ 浸提测得的土壤速效磷含量等级见表 7。

表 7　土壤速效磷含量等级(0.5mol/L $NaHCO_3$ 浸提)

土壤速效磷含量 /(mg/kg)	等级
<5	低
5～10	中
>10	高

2. 0.033mol/L NH_4F－0.025mol/L HCl 浸提　用 0.033mol/L NH_4F－0.025mol/L HCl 浸提测得的土壤速效磷含量等级见表 8。

表 8　土壤速效磷含量等级(0.033mol/L NH_4F－0.025mol/L HCl 浸提)

土壤速效磷含量 /(mg/kg)	等级
<3	极低
3～7	低
7～20	中等
>20	高

三、土壤中速效性钾的测定(火焰光度法)

(一) 方法原理

以醋酸铵为提取剂,铵离子将土壤胶体吸附的钾离子交换出来。提取液用火焰光度计直接测定。

(二) 操作步骤

称取通过 1mm 筛孔的风干土 5g(精确到 0.01g)于 100ml 三角瓶中,加入 50ml 1mol/L 中性醋酸铵液,塞紧橡皮塞,振荡 15 分钟立即过滤,将滤液同钾标准系列液在火焰光度计上测其钾的光电流强度。

钾标准曲线的绘制：以 500mg/kg 或 100mg/kg 钾标准液稀释成 0、1、3、5、10、15、20、30、50mg/kg 钾系列液（用 1mol/L 中性醋酸铵液稀释定容，以抵消醋酸铵的干扰），以浓度为横坐标绘制曲线。

（三）结果计算

$$速效钾(mg/kg)=查得的\ mg/kg\ 数 \times V/W$$

式中，查得的 mg/kg 数指从标准曲线上查出相对应的 mg/kg 数；V 为加入浸提剂的体积（ml）；W 为土样烘干重（g）。

（四）注意事项

加入醋酸铵溶液于土样后，不宜放置过久，否则可能有部分矿物钾转入溶液中，使速效钾量偏高。

（五）主要仪器及试剂配制

1. 仪器　火焰光度计。

2. 试剂　1mol/L 中性醋酸铵溶液：称取化学纯醋酸铵 77.09g，加水溶解定容至 1L，最后调节 pH 到 7.0。

钾标准溶液：准确称取烘干（105℃烘 4～6 小时）分析纯 KCl 1.906 8g 溶于水中。定容至 1L 即含钾为 1 000mg/kg，由此溶液稀释成 500mg/kg 或 100mg/kg。

（六）参考指标

土壤速效钾含量等级见表 9。

表9　土壤速效钾含量等级

土壤速效钾含量 /（mg/kg）	等级
<30	极低
30～60	低
60～100	中
100～160	高
>160	极高

（七）思考题

1. 土壤速效磷的测定中，浸提剂的选择主要根据是什么？

2. 测定土壤速效磷时，哪些因素影响分析结果？

3. 用 1mol/L NH₄Ac 浸提剂提取出的钾是哪两种形态的钾？

4. 简述火焰光度法测定速效钾的基本原理。

实验七　作物营养诊断

　　测定作物植株的氮、磷、钾含量,是研究土壤 - 作物 - 肥料间营养物质转化规律不可缺少的方法。通过对作物体内氮、磷、钾含量的测定,可以了解植株体内氮、磷、钾的累积和转化规律;了解不同环境条件或栽培技术对作物吸收养分的影响;比较不同品种的营养特性,为选育优良品种和合理施肥提供依据,同时对了解作物的食用或饲用品质也有一定参考价值。

　　通过本次实验要求同学了解植物分析样品的采集与处理过程,掌握作物全氮、全磷、全钾含量的测定方法。

一、植株化学诊断样品采集和处理

　　1. 取样的代表性　为了保证速测结果能正确反映客观实际情况,要求选择的测定样株要有充分的代表性。要多点取样,避免采用田边、路旁的植株。采样时要注意长势、长相。凡是过大或过小的植株以及受病害和机械损伤的均不应采集。取样株数一般一个样品应在 10 株以上。

　　2. 取样时间　采样时间要尽可能在同样光照条件下,采样时间一般应固定在上午 8—10 时进行为宜。对于横向比较的样品,必须在同一时间内采取。

　　3. 取样部位　在进行化学诊断时,只需选择作物的某一部位进行分析即可。取样部位除了照顾生理年龄一致外,最主要的还在于选择植株能灵敏地反映被诊断元素丰缺程度的敏感部位。一般新生组织能反映各种养分的丰缺情况,此外为减少叶绿素在比色中的干扰,尽可能选择叶绿素少的部位。

　　4. 样品的处理　一般要求在田间测定。如不能在田间测定,则最好带土盛在塑料口袋或水桶中带回实验室内,以免由于水分蒸发造成测定误差。测定前先将样品中的枯枝败叶和患病部位去掉。并除去黏在植株上的土粒灰尘。最后将待测定的部位取下,剪成小段进行压汁或浸提,然后进行诊断测定。从采样到测定,时间间隔越短越好,一般在采样 2 小时内完成。若不能立即测定,可暂时用清洁的湿布包裹放入塑料袋中防止水分蒸发,必要时放入冰箱,但时间不宜太长。

二、植株汁液和浸提液的制备

　　制备植株汁液的方法有 3 种:一是压汁法,将植株样品适当切碎,用压汁器将组织汁液挤压出来,测定组织汁液的养分浓度;二是用浸提剂浸提,将植株样品适当切碎,混匀,称取一定量样品用浸提剂浸提,测定其组织养分含量;三是直接染色法,将被测植株组织的新鲜切口直接与显色试剂或试纸接触,从切口染色或试纸变色深浅,判断植株组织养分状况。

三、实验原理

　　作物体中的氮、磷、钾通过硫酸和 H_2O_2 消化,使有机氮化物转化成铵态氮,各种形态磷化物转化成磷酸,N、P、K均转变成可测的离子态(氮转化为 NH_4^+,磷转化为 H_3PO_4,钾为 K^+)。然后采用相应的方法分别测定。

1．NH_4^+ 测定原理(奈氏比色法)　NH_4^+ 在强碱性条件下与奈氏试剂作用生成橘黄色沉淀,根据橘黄色深浅判断 NH_4^+ 浓度的大小。

2．磷的测定原理(钒钼黄比色法)　在酸性条件下,溶液中的磷酸根与偏钒酸盐和钼酸盐作用形成黄色的钒钼酸盐。黄色深浅与溶液中磷浓度成正比。此法要求酸度为 $0.04\sim1.6mol/L$(以 $0.5\sim1.0mol/L$ 最好);测磷浓度为 $0\sim20mg/kg$,比色波长为 $460\sim490nm$,磷浓度低选用较短的波长,反之可选较长的波长。

3．钾的测定原理(火焰光度法)　含钾溶液雾化后与可燃气体(如汽化的汽油等)混合燃烧,其中的钾离子(基态)接受能量后,外层电子发生能级跃迁,呈激发态,由激发态变成基态过程中发射出特定波长的光线(称特征谱线)。单色器或滤光片将其分离出来,由光电池或光电管将特征谱线具有的光能转变为电流。用检流计测出光电流的强度。光电流大小与溶液中钾的浓度成正比,通过与标准溶液光电流强度的比较求出待测液中钾的浓度。

四、仪器和试剂

1．分光光度计、火焰光度计,$50\sim100ml$ 开氏消煮管,10ml 移液管,50ml、100ml 容量瓶。

2．浓 H_2SO_4(CP)。

3．30%H_2O_2(CP)。

4．奈氏试剂　溶解 45.5g 碘化汞和 35.0g 碘化钾于少量水中,再转入 1L 容量瓶内,加 112g KOH,加水至 800ml,混匀冷却,稀释至 1L,放置 24 小时后,取上清液使用。

5．钒钼酸试剂　25.0g 钼酸铵〔$(NH_4)2Mo_7O_2 \cdot 4H_2O$〕溶于 400ml 水中,另取 1.25g 偏钒酸铵(NH_4VO_3)溶于 300ml 沸水中,冷却后加入 250ml 浓 HNO_3,冷却后,将钼酸铵溶液慢慢地混入偏钒酸铵溶液中,边混边搅拌,用水稀释至 1L。

6．2,4-二硝基酚指示剂　0.25g 2,4-二硝基酚溶于 100ml 水中。

7．磷、钾混合标准液　称取 105℃烘干的 KH_2PO_4(AR)2.196 8g,KCl 0.703 0g,定溶于 1 000ml。此为含磷 500mg/L、含钾 1 000mg/L 的混合标准溶液。取上液准确稀释 10 倍得到磷、钾分别为 50mg/L 和 100mg/L 的标准液,用于制作标准曲线。

8．10% 酒石酸钠　称取 10g 酒石酸钠于水中,再稀释至 100ml。

9．20%KOH　称 20g KOH 溶于水中,再稀释至 100ml。

10．氮标准溶液　准确称取 105℃烘干的 NH_4Cl(AR)3.817g,溶于 1L 无 NH_4^+ 蒸馏水中,加水定容至 1L。此溶液为 NH_4^+-N 浓度是 1 000mg/L 的贮备液。测定前 1 000mg/L 氮标准液稀释至 10mg/L 氮溶液。

五、实验步骤

(一)植株样品的采集

植株样品包括根、茎、叶组织样品,果实样品等。采集方法应据研究目的而定。要求所采样品具有代表性,即能反映被研究的作物群体的真实情况。如为研究不同品种营养特性的差别,为了解不同处理(施肥、灌溉、免耕、烤田、密度、播期等)对作物吸收养分的影响,或为配合土壤养分诊断,确定作物营养诊断临界指标等,则应采用混合样品。做法是,据采样面积的大小,按 S 形和梅花形选取若干点(3～30 点),各点取 10 株左右。选取植株应有代表性和可比性,并考虑壮株、弱株的比例。将植株混合装入样品袋中,注明品种、田块(或处理)、采样人、采样日期,若为了研究作物缺素病证,取样时应注意典型性,即采集有明显症状的病株,并采集生长正常的同品种植株作参照,以便找出缺素原因。

用湿布擦净附着样品上的泥土等污物,称量鲜重,然后置于 80～90℃的鼓风烘箱中烘 15～30 分钟"杀青",以破坏体内酶的活性。"杀青"后将温度降至 65℃烘 5～6 小时,至烘干为止。放入烘箱时,样品间应留有适当空隙,以利于空气对流,防止下层温度升高而烧毁样品。烘干后将样品放入干燥器内冷却至恒重,研磨过 40 目筛。混匀后装在塑料袋(瓶)中备用。样品量过多时,可用四分法取一部分研磨。在测定 N、P、K 含量时,如样品已放置较长时间,应再度烘干。烘干物质是一切化学分析计算的基础,否则结果难以比较。

(二) 水分测定

由烘干前后样品质量之差求得。植物样品水分含量的计算以鲜重为基数。

(三) 作物全氮、全磷、全钾的测定

1. 植物样品的消化　称取磨细干样品 0.1～0.2g(精确到 0.000 1g)放入 100ml 消煮管内,加浓 H_2SO_4 5ml,使样品和浓 H_2SO_4 混匀,放入消化炉上加热,文火微沸 5 分钟,取出消煮管,冷却,加 30% H_2O_2 10 滴,再煮沸 5 分钟,取下冷却加 30% H_2O_2 5 滴,继续消煮,至消化液清亮透明为止。如消化液未清亮,再加 2 滴 H_2O_2 煮沸 5 分钟,并除去多余 H_2O_2。消煮完毕后,取出消煮管冷却,用少量蒸馏水,少量多次地将全部消化液洗入 100ml 容量瓶内,冷却后,定容。同时作两个空白供全班用。植株样品中包括硝态氮的消煮方法请参阅《土壤农化分析》(南京农学院主编,农业出版社,1980)。

2. 氮的测定　吸取消化液 5ml 于 50ml 容量瓶中,用少量蒸馏水将瓶颈冲洗一下,加 10% 酒石酸钠 5ml(消除 Ca^{2+}、Mg^{2+} 的干扰)然后用 20%KOH 中和(事先取相同于待测液量的消化液加入 50ml 小烧杯中,加酚酞 1 滴,再加 20%KOH,粉红色刚出现时所消耗的 20%KOH 量为所需加入的 20%KOH 量)加水至 40ml,充分摇匀,加萘氏试剂 5ml,摇匀,加水至刻度。25 分钟后进行比色(410mm 波长)。同时作两个空白,校正透光度 100 或吸光度为零。

标准曲线绘制:将标准氮(NH_4^+-N)贮备液 1 000mg/L 稀释为 10mg/L,再分别吸取 10mg/L 标准氮溶液 0、2.5、5.0、7.5、10.0、12.5ml 各置于 50ml 容量瓶中,按上述步骤进行显色,即得 0、0.5、1.0、1.5、2.0、2.5mg/L NH_4^+-N 的标准色阶溶液。然后进行比色。

$$氮(g/kg) = \frac{待测液 NH_4^+-N 浓渡 \times 显色液体积 \times 分取倍数}{W \times 10^6} \times 1\ 000$$

其中,待测液中 NH_4^+-N 浓度(mg/L)指从标准曲线上查得待测液中 NH_4^+-N 浓度(mg/L);显色液体积为 50ml;分取倍数指消煮液定容体积 / 吸取消煮液体积;W 为植物样品烘干重(mg);10^6 指

由 mg/L 换算成 g。

3. 磷的测定　吸取待测液 20ml，放入 50ml 容量瓶中，加 2, 4- 二硝酚指示剂 2 滴，用 6mol/L NaOH 中和至刚现淡黄色，准确加入钒钼酸铵试剂 10ml，摇匀用水定容，摇匀 15 分钟后比色，波长 450nm，以空白液调节吸光度为零。

标准曲线绘制：先取 6 只 50ml 容量瓶，用 50mg/L 磷标准溶液配制工作曲线，分别吸取 50mg/L P 标准溶液 0、1.0、2.5、5.0、7.5、10.0、15.0ml 于 50ml 容量瓶中，按上述步骤显色，即得 0、1.0、2.5、5.0、7.5、10.0、15.0ml/L P 的标准色阶曲线，然后进行比色。

计算方法同上。

4. 钾的测定　将样品消煮液稀释 5 倍（吸 5ml 消煮液定 25ml 容量）。若消煮液中含钾量低于标准曲线范围，则可直接用原液测定。用火焰光度计测定 K。

标准曲线的配制：取 6 只 50ml 容量瓶，用 100mg/L 钾标准液分别配制成 0、5、10、15、20、40mg/L 系列。并各加 5ml 空白消煮液。

计算方法同上。

六、实验报告

分别计算植株氮、磷、钾含量。

七、思考题

1. 植物营养诊断植株样品的选择有什么具体要求？
2. 植物营养诊断植株样品的处理应注意哪些事项？
3. 作物全氮、全磷、全钾的测定原理是什么？

参考文献

1. 黄昌勇. 土壤学. 北京：中国农业出版社，2000.

2. 陆欣，谢英荷. 土壤肥料学. 2 版. 北京：中国农业大学出版社，2011.

3. 吴礼树. 土壤肥料学. 2 版. 北京：中国农业出版社，2011.

4. 谢德体. 土壤肥料学. 北京：中国林业出版社，2004.

5. RAYMOND R W, NYLE C B. The Nature and Properties of Soils. 15th ed. England: Pearson Press，2016.

6. ELDOR A P. Soil Microbiology: Ecology and Biochemistry. 3rd ed. Burlington: Academic Press，2007.

7. 曹志平. 土壤生态学. 北京：化学工业出版社，2007.

8. 沈德中. 污染环境的生物修复. 北京：化学工业出版社，2002.

9. 王果. 土壤学. 北京：高等教育出版社，2009.

10. 尹文英. 中国土壤动物. 北京：科学出版社，2000.

11. 汪建飞. 有机肥生产与施用技术. 合肥：安徽大学出版社，2014.

12. 黄巧云. 土壤学. 北京：中国农业出版社，2006.

13. 龚子同，张甘霖，陈志诚，等. 土壤发生与系统分类. 北京：科学出版社，2007.

14. 林成谷. 土壤学：北方本. 2 版. 北京：农业出版社，1996.

15. 朱祖祥. 中国农业百科全书：土壤卷. 北京：农业出版社，1996.

16. 朱祖祥. 土壤学：下. 北京：农业出版社，1983.

17. 西南农业大学. 土壤学：南方本. 2 版. 北京：农业出版社，1992.

18. 王荫槐. 土壤肥料学. 北京：中国农业出版社，1992.

19. 赵其国. 面向 21 世纪的土壤科学 // 迈向 21 世纪的土壤科学——提高土壤质量、促进农业持续发展. 南京：中国土壤学会，1999：1-5.

20. 赵其国. 现代土壤学与农业持续发展. 土壤学报，1996，33（1）：1-12.

21. 李春俭. 高级植物营养学. 北京：中国农业大学出版社，2008.

22. 黄建国. 植物营养学. 北京：中国林业出版社，2004.

23. 沈其荣. 土壤肥料学通论. 北京：高等教育出版社，2008.

24. 陆景陵. 植物营养学：上册. 2 版. 北京：中国农业大学出版社，2003.

25. 刘春生. 土壤肥料学. 北京：中国农业大学出版社，2006.

26. 杨继祥，田义新. 药用植物栽培学. 2 版. 北京：中国农业出版社，2004.

27. 郭巧生. 药用植物栽培学. 北京：高等教育出版社，2009.

28. 黄璐琦，王康才. 药用植物生理生态学. 北京：中国中医药出版社，2012.

29. 刘文科，赵娇娇. 药用植物栽培系统及其调控. 北京：中国农业科学技术出版社，2015.

30. 蔡庆生. 植物生理学. 北京：中国农业大学出版社，2011.

31. 万德光. 中药品质研究——理论、方法与实践. 上海：上海科学技术出版社，2008.

32. 朱兆良，文启孝. 中国土壤氮素. 南京：江苏科学技术出版社，1992.

33. 史瑞和. 植物营养学. 南京：江苏科学技术出版社，1998.

34. 刘武定. 微量元素营养与微肥施用. 北京：中国农业出版社，1995.

35. 曾广文，蒋德安. 植物生理学. 北京：中国农业科技出版社，2000.

36. 中国农业百科全书总编辑委员会农业化学卷编辑委员会. 中国农业百科全书：农业化学卷. 北京：农业出版社, 1996.

37. 张志明. 复混肥料生产与利用指南. 北京：中国农业出版社, 2000.

38. 张宝林. 功能性复混肥料生产工艺技术. 郑州：河南科学技术出版社, 2003.

39. 周立达, 黄立业. 复混肥料的生产与使用. 北京：中国农业出版社, 1994.

40. 王新民, 金红. 药用植物土壤与肥料. 北京：化学工业出版社, 2009.

41. 中华人民共和国农业农村部. 测土配方施肥技术规程. (2016-10-26)[2021-03-25]. http://www.moa.gov.cn/govpublic/ncpzlaq/201610/t20161028_5327611.htm.